钻井井控

王少一　编著

中国石化出版社

图书在版编目(CIP)数据

钻井井控/王少一编著. —北京：中国石化
出版社，2022.7
ISBN 978-7-5114-6724-9

Ⅰ.①钻…　Ⅱ.①王…　Ⅲ.①油气钻井-
井控　Ⅳ.①TE28

中国版本图书馆 CIP 数据核字(2022)第 090311 号

中国石化出版社出版发行

地址:北京市东城区安定门外大街 58 号
邮编:100011　电话:(010)57512500
发行部电话:(010)57512575
http://www.sinopec-press.com
E-mail:press@sinopec.com
河北宝昌佳彩印刷有限公司印刷
全国各地新华书店经销

*

787×1092 毫米 16 开本 13.5 印张 338 千字
2022 年 7 月第 1 版　2022 年 7 月第 1 次印刷
定价:98.00 元

编 委 会

忽视任何一个溢流征兆，

就可能造成井喷；

延迟一秒钟关井，

就可能使井喷失控；

压井控制的任何一点失误，

都可能造成巨大损失。

前　言

石油天然气是国民经济发展的重要能源之一，陆上石油天然气开采作业过程主要分为物探、钻井、测录井、井下作业、采油采气等阶段，具有点多面广、高温高压、易燃易爆、有毒有害等特点。常见事故类型有井喷、火灾爆炸、硫化氢中毒、物体打击、高处坠落等，其中井喷失控事故是有可能导致巨大损失的灾难性事故。一旦发生井喷失控事故，一方面极易造成重大人员伤亡和财产损失，并污染和破坏生态环境，导致环境灾难，造成恶劣的社会影响；另一方面还会对地下油气资源带来毁灭性破坏，造成巨大的资源浪费。

井控技术是钻井作业中重要的安全和操作技术之一，关系到钻井作业人员安全、设备安全、国家资源和环境保护以及石油工业的社会形象等。因此，掌握和运用好该项技术，是石油钻井作业人员义不容辞的责任。

本教材主要针对钻井工程作业现场工程技术管理人员，结合国际钻井承包商协会（IADC）和国际井控论坛（IWCF）的井控培训要求，突出简洁性、先进性、实用性的特点，不仅适用于国内钻井技术、管理人员的井控培训，也可用于国际承包商队伍相关人员的井控培训。

本教材由王少一担任主编，吴志红、于露露、赵靖担任副主编。其中，第一篇井控工艺技术第一章由于露露编写，第二章由赵靖编写，第三章由吴志红编写，第四章由柴建红编写，第五章由王琰编写，第六章由张凯编写，第七章由谢慧华编写，第八章由耿玉乾编写，

第九章由张文豪编写；第二篇井控装备第一章由张雪晶编写，第二章由李建雄编写，第三章由黄鹏编写，第四章由向俊科编写，第五章由尚磊编写；第三篇井控设计由扈殿奇编写。参加教材审定的人员有何国军、包丰波、韩儒、李国卿、田利英、冯化君，为教材的编写提供了丰富的资料和宝贵的意见。中原油田分公司工程技术管理部和中原石油工程公司技术发展部对技术内容进行审核把关，在此表示深深的谢意。

由于作者水平有限，书中难免有疏漏、不足甚至错误之处，敬请各位读者批评指正。

目 录

第一篇 井控工艺技术

第二篇　井控装备

第三篇　井控设计

第一篇 井控工艺技术

绪 论

石油和天然气工业是国民经济发展的重要支柱。安全开发石油和天然气，是石油工作者基本要求和基本技能。

一、钻井及其风险

石油和天然气深埋于数千米的地下，钻井是勘探开发石油和天然气的主要手段。钻井的主要目的是在地层中形成预先设计大小和轨迹的井眼，形成油气藏与地面的连接通道。其主要任务是破岩，主要工作对象是地层。地层是千百万年来地壳中岩石、矿物经过风化、搬运、沉积、胶结而形成的各种各样的成层的岩石。这些岩石的强度、孔隙度、渗透性各不相同，在其空隙中存在的各种流体具有的压力也差异很大。有的地层（比如地表的岩层），地层压力低，钻进时容易发生井漏和坍塌；有的地层（比如油气层），岩石强度高、孔隙度大，渗透性好，具有异常高的地层压力，钻进时容易发生溢流和井喷；而有些地层岩石强度低、孔隙度大，渗透性好，具有异常高的地层压力，钻进时既容易发生井漏，又容易发生溢流和井喷。为了解决这些问题，钻井工程发展出了两项重要技术：一是钻井液技术，二是固井技术。在正常钻进时，通过调整钻井液性能来平衡地层压力，防止地层坍塌。对于那些钻井液技术难以解决的复杂地层，则下套管固井，把复杂地层封堵起来，保证钻井继续进行。目前钻进时所下套管分为三类：一类是表层套管，主要用于封固地表疏松地层和地下水层；二是中间套管，也叫技术套管，主要用于封固钻井液技术难以处理的复杂地层。根据井深和复杂程度，技术套管可能有两层以上；三是油层套管，主要用于封固产层以上所有其他地层，保证后期的正常生产和增产措施的实施。因此，钻井液体系是安全钻井的第一道屏障，随时搞好钻井液系统的设计、性能监测和维护是十分重要的。套管及管外水泥环，包括套管顶部安装的井口防喷器组，是安全钻井的第二道屏障。作为第一道屏障失效时的补救措施，保证固井质量，安装维护好防喷设备也是十分重要的。按照当前的安全管理理念，钻井过程中要随时至少保证两道安全屏障正常工作。

但是，由于地层情况的复杂性和作业人员素质的不均衡性，导致两道屏障全部失效的情况时有发生。纵观世界钻井发展史，恶性井喷事故带来的损失触目惊心。总的来说，恶性井喷事故会造成以下影响：

①人员伤亡；②设备损失；③油气藏的严重破坏；④环境的严重污染；⑤油气资源的极大浪费；⑥恶劣的社会影响。

二、井控技术的发展历程

油气井压力控制技术，简称井控技术，是指利用先进的工艺技术和仪器设备，通过合理的设计和施工，达到预测并控制地层压力，防止井喷事故发生的一整套工艺技术。

井控技术作为钻井技术的有机组成部分，是随着钻井工艺技术水平的发展而不断发展的。井控技术在世界范围内的发展，可分为三个阶段。

第一阶段为经验阶段，时间大约为20世纪50年代及其以前的整个时期。这个时期由于勘探领域一般限于陆地，井深比较浅，客观环境对井控技术要求不高，因此，井控技术没有形成系统的理论，行动上带有较大的盲目性。甚至把井喷作为暴露油气层的重要途径，结果使不少井喷失控。

第二阶段为理论化阶段，时间从20世纪60年代初到70年代。海上油气勘探和开发已正式开始，特别是近海石油勘探开发工作发展很快。自1970年以来，钻井船数量平均每年以9.8%的速度增加，另外陆上钻井方面，深部油气藏的勘探开发已成为油气产量和储量增加的重要方向，并钻成功了一批深井和超深井。以上形势对井控技术提出了迫切要求，这个时期，井控技术的文章大量出现，井控理论也逐渐系统和完善，井控设备从无到有，实现了手动关井的能力。井控培训学校的大量出现，也是这个时期的特征。

第三阶段为现代化阶段，时间从20世纪70年代中期到现在。这个阶段的特征是将电子技术用于井控作业，特别是用于预测和监测地层压力方面，井控理论更加完善，液控设备更加安全、快速，增加了井控的可靠性。

我国现代石油工业起步较晚，但目前已进入井控的现代化阶段。井控技术、井控装备和管理水平，基本满足了现代钻井的井控要求，使井控事故发生率呈逐年减少的趋势。

未来井控技术的发展趋势有如下几个特征：

（1）进一步强调压力预测的重要性。利用更先进的理论和仪器，对预探局域的各层压力分布、地层压力了解得更详细、更准确，以更好地指导钻井设计和施工。

（2）溢流探测的提前性和准确性进一步提高。目前正在研制和探索的新的溢流探测技术，可以更及时、准确地探测溢流的发生，实现早发现、早关井、早处理的目标。

（3）设备压力级别更高，功能实现智能化。随着钻探深度的增加，地层压力越来越高，从而使高压力级别防喷器的研制工作不断发展，数字技术的不断发展和在钻井领域的应用，将带来井控技术的智能化，使井控工作更加安全、可靠。

三、现场存在的问题

世界各国都十分重视井控技术的研究。我国从新中国成立以来也相继颁布了许多关于井控技术和管理的条例和法规，各油田也加大了井控管理和培训力度，使我国石油工业的井控技术水平有了长足的发展。然而随着钻井深度和难度的增加，井控问题仍然比较突出，人们对井控工作重要性的认识仍然不足，主要表现在以下几个方面：

（1）妄自尊大："我高于规章制度，规章制度只适用于其他人。"

（2）过于自信："我很好，我不必小心，我一切都会做得很好。"

（3）侥幸心理："事故不会让我碰上。"试问，事故会让谁碰上呢？

（4）宿命论观点：你的命数到头了，你就该死，你做什么也没用。

（5）下级不服从上级：这种观点就是"我不会任人摆布"。

（6）竞争："努力争先"，为击败伙伴或同行，其他什么也不顾了。

因此，产生如下行为：

（1）幻想井控问题不会发生，不认真设计或不认真执行设计，井控工作偷工减料，甚至违章作业。

（2）效益与安全关系不清，认为高级别防喷器没必要，租金太高，影响成本，偷工减料。

（3）设备安装不认真，不爱惜设备，试压走过场，自欺欺人。

（4）井控培训不落实，学习积极性差。

这些意识和行为都是井控安全的极大隐患。随着钻井深度和难度的增加，井控问题更加突出，钻井工作者搞好井控工作的责任仍然很大。我们应该本着为个人、集体和国家负责的态度，认真把井控工作搞好。

第一章　井控基础知识

第一节　流体及其力学性质

井控，也称油气井压力控制，其实质就是通过各种工艺措施、借助各种专用设备，对油气井内的流体压力进行有效控制。因此，充分了解流体及其力学性质，对搞好井控工作是很有帮助的。

一、流体及其分类

在外力作用下，能够连续变形(俗称流动)的物质称为流体。比如水，在泵压或重力作用下，会发生从一处向另一处的流动；天然气，在地层压力和内力作用下，从井内喷出等。

根据流体介质的相态和分子间力，可把流体分为三类：

(1)液体：如水、原油、钻井液等，常态下有统一的连续界面。

(2)气体：如空气、天然气等，没有连续界面，具有充满整个空间的趋势。

(3)泡沫：气体按一定比例混合于液体中，如混气钻井液，泡沫钻井液等。

二、流体的力学性质

1. 密度和液柱压力

单位体积内流体物质所具有的质量称为流体的密度。不同的流体密度差异很大。常见的液体密度为 $0.60 \sim 2.5 \text{g/cm}^3$；标准状态下常见气体密度为 $0.00121 \sim 0.00225 \text{g/cm}^3$；泡沫的密度则取决于混气量的大小。

由于流体具有一定的质量，因此一定体积的流体对其下部的物体会产生相应的压力，该压力称为流体的液柱压力。

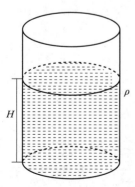

图 1 - 1 - 1　液柱压力的形成

如图 1 - 1 - 1 所示，一个容器内盛有密度为 ρ 的液体，液体对容器的底部会产生压力。如果液体垂直高度为 H，容器底面积为 A，则液体的压力为：

$$P = \rho g H A / A = \rho g H \qquad (1 - 1 - 1)$$

根据国际统一单位制，力的单位为 N(牛顿)，面积的单位 m^2(平方米)，压力的单位为 Pa(帕)($1\text{Pa} = 1\text{N/m}^2$)。

由于 Pa 的单位太小，不利于工程使用，故引入了 kPa 或 MPa，换算公式为：

$$1kPa = 1 \times 10^3 Pa$$

$$1MPa = 1 \times 10^6 Pa$$

在工程应用中，密度 ρ 的常用单位为 g/cm³，液柱高度 H 的单位通常为 m（米），如果压力 P 的单位为 MPa，则液柱压力计算的工程公式为：

$$P = 0.0098\rho H \tag{1-1-2}$$

在英制单位中，压力的单位是 psi（磅/英寸²），高度的单位是 ft（英尺），密度单位是ppg（磅/加仑），其液柱压力计算公式为：

$$P = 0.052\rho H \tag{1-1-3}$$

英制与国际单位的换算关系是：

$$1MPa \approx 143psi \text{ 或 } 1000psi \approx 7MPa$$

2. 压缩膨胀性

流体在压力增高、温度降低时体积缩小；在压力减小、温度升高时体积增大的性质，称为流体的压缩膨胀性。

不同的流体压缩膨胀性变化很大。在工程层面上，液体的压缩膨胀性几乎忽略不计。相反，气体的压缩膨胀性则十分明显。这种特性可用下面的公式来描述：

$$PV = ZnRT \text{ 或 } \frac{P_1 V_1}{Z_1 T_1} = \frac{P_2 V_2}{Z_2 T_2} = \text{常数} \tag{1-1-4}$$

式中，P 为气体所受到的压力，V 为气体的体积，n 为气体摩尔数，R 为气体常数，T 为气体的绝对温度，Z 为气体的压缩性系数。

如果不考虑气体的压缩性系数及温度的变化，则式（1-1-4）变为玻义耳-马勒特定律：

$$P_1 V_1 = P_2 V_2 \tag{1-1-5}$$

即气体的体积与所受压力成反比。

3. 气体的溶解性

在温度、压力和组分相近的情况下，气体可以溶解于液体中，这种现象称为气体的溶解性。而在另外的情形下，溶解的气体又会从溶液中析出，回到气体状态。溶解的气体由于相态的变化，其体积发生巨大变化。比如天然气溶解油基钻井液中，其体积只有原来体积的几百分之一。或者说以溶解状态的气体析出时，其体积要增大几百倍。这种变化对流体系统的密度、压力关系都会造成极大影响。

第二节　地层及地层压力

面对喷涌而出的滚滚气流，面对震耳欲聋的熊熊大火，人们不禁要问，井为什么会喷呢？对此问题的最初级的解释就是：地层压力太高了。那么，地层压力是怎么形成的？到底有多大？只有搞清这个问题，才能有效控制井内压力平衡。因此，对地层及地层压力的充分了解，是我们搞好钻井工作的前提。

一、地层及油气圈闭

1. 地壳与沉积岩

地球是茫茫宇宙中的一个星体，大约形成于45亿年前，是一个平均半径为6356.03km的椭球体。以地表为界，地球分为内圈和外圈。外圈包括大气圈、水圈和生物圈；内圈分为地壳、地幔和地核。

地壳是由许多岩石（火成岩、变质岩、沉积岩）和矿物组成的薄薄的固体硬壳，又称为岩石圈，平均厚度35km。地壳表面凹凸不平，有高山、深壑、高原、湖泊。河流纵横，海洋广阔。在太阳、大气、水和生物作用下，地表的岩石和矿物发生崩裂和分解，这就是所谓的风化作用。风化的岩石碎屑和溶解物质被风、水流、冰川等携带，迁移到其他地方，这就是搬运作用。搬运的距离与碎屑大小、溶解物质稳定性及搬运介质的搬运能力有关。随着搬运能力的减弱，岩石的风化产物便逐渐一层一层地沉淀堆积，这就是沉积作用。沉积物经过压实、胶结和其他物理化学作用，就形成了所谓的沉积岩。常见的沉积岩分为碎屑岩（砾岩、砂岩、粉砂岩）、黏土岩（页岩、泥岩）、碳酸盐岩和浊积岩。

沉积岩，尤其是碎屑岩，如砂岩，在沉积过程中，携带大量水和动物遗体，具有较大的孔隙度和渗透性，因此是良好的油气生成层和储积层。

2. 地层与油气圈闭

地层是指某一地质历史时期的沉积物被保存下来形成的一套成层的岩石。正常情况下，后形成的地层总是覆盖在先形成的地层之上。为了生产开发的需要，人们根据地层的顺序，把地层分为许多层段并加以命名，以代表一定地质年代及地层特点。如中原油田的主要层段划分为平原组、明化镇组、馆陶组、东营组、沙河街组等。

地层在地壳运动和沉积环境的影响下，其原始形态会发生各种各样的变化，如弯曲、扭转、断裂等，从而形成不同的地质构造和圈闭。如果其他条件合适，地层中的油气水便会被圈闭在这些构造中，形成油气藏。常见的油气圈闭类型有：构造圈闭（背斜圈闭、断层圈闭）、地层圈闭、岩性圈闭（砂岩尖灭、透镜体），如图1-1-2所示。

3. 地层的物理性质

不同的地层具有不同的物理性质，这些性质对油气开发和井控安全具有较大影响。

1）孔隙度

单位岩石体积内孔隙体积所占的比例称为孔隙度。孔隙度大，地层流体含量高，岩石可钻性好。在这些地层钻进时，通常钻速较快，油气显示好，对钻井液性能的影响也比较显著。如果地层流体为气体，其影响将更加显著。

2）渗透率

在一定的压差下，地层流体在单位时间内流经单位面积岩石的体积，称为渗透率。地层岩石的渗透率反映了岩石内部孔隙的连通性。连通性好，渗透率就高。渗透率对钻井和采油都有很大影响。钻遇渗透性好的地层，如果钻井液液柱压力过高，容易发生井漏；如果钻井液液柱压力过低，则容易发生较大的溢流，使后期处理难度增加。

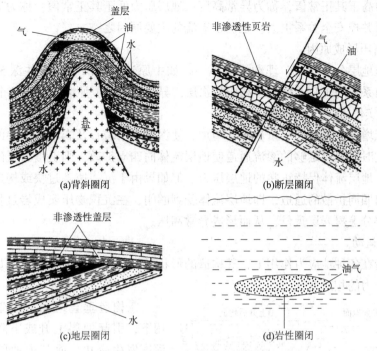

图 1-1-2 各种类型的圈闭

3）地层强度

地层强度是指地层抵抗外力破坏的能力。井控现场常见的与地层强度有关的概念是地层抗破裂强度，即地层破裂前能承受的最大压力。超过这个压力，地层就会形成裂缝，造成井漏等复杂情况。井漏不仅严重影响正常钻井生产，诱发井下复杂，严重井漏处理不当时还会诱发溢流和井喷。地层强度可以利用各种勘探技术进行预测，也可以进行现场地层强度实验实测。相对来讲，实测数据对钻井生产更有指导意义。

二、地层压力

地层在沉积过程中及其后期，各种地层流体会充填其孔隙空间。地层压力就是地下岩石孔隙内流体所具有的压力，也称地层孔隙压力，通常用 P_P 表示。

1. 正常地层压力

正常沉积条件下，地层与其上各层连通良好，形成地层到地面的连续的地层水柱。地层压力等于该地区同一深度处地层水的静液柱压力。这种地层压力称为正常地层压力。由液柱压力公式可知，正常地层压力的大小主要和地层水的密度及地层埋深有关。根据调查统计，不同的沉积环境地层水的密度为 $1.0 \sim 1.07 \mathrm{g/cm^3}$，因地层水的矿化度而变化。比如某地层深 3000m，地层水的密度为 $1.0\mathrm{g/cm^3}$，则其地层压力为：

$$P = 0.0098\rho H = 0.0098 \times 1.0 \times 3000 = 29.4\mathrm{MPa}$$

即该地层压力为 29.4MPa。

2. 异常地层压力

在某些条件下，尤其在各种圈闭中，地层压力高于或低于其正常值，称为异常地层压力。地层压力高于其正常值，称为异常高压；地层压力低于其正常值，称为异常低压。异常地层压力对井控安全关系很大，是诱发溢流的主要原因之一。

1）异常高压形成原因

异常高压地层分布广泛，埋藏深度不一。如中原油田濮深4井在井深5511m的沙四段，发现压力系数为1.925的异常高压盐水层。异常高压形成原因有以下几个方面：

（1）欠压实作用。

随着沉积增加，上覆岩层重量不断增加，使深部地层岩石及岩石孔隙中的流体受到的压力增加。此时只要有足够的渗流通道使地层流体向四周扩散，则上覆岩层的压力全部由岩石来承担，地层流体保持正常的地层压力。但如果由于沉积速度过快或构造的影响，堵塞地层流体向四周扩散的通道，即地层流体受到圈闭，在沉积物压实成岩过程中，地层流体将承受一部分上覆岩层重量，从而形成异常高压。

（2）构造运动。

地层构造在各种地应力作用下，其构造的形状和位置经常会发生变化，从而引起构造内地层流体压力的相对变化。

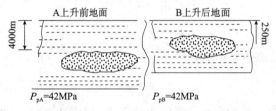

图1-1-3　原始压力型的异常高压

①构造垂直运动。构造在地应力作用下，引起地层上升或下降，使其埋藏深度发生变化，而其中地层流体的压力在圈闭状态下保持原值，从而造成异常地层压力，如图1-1-3所示。

②构造形状变化。原始构造在地应力作用下发生变化而使内部地层流体受到挤压而引起地层压力增加，如图1-1-4所示。

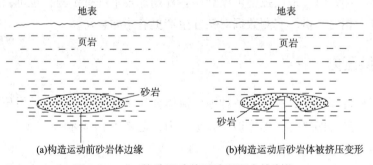

(a)构造运动前砂岩体边缘　　　　(b)构造运动后砂岩体被挤压变形

图1-1-4　构造运动前后地层压力的变化

（3）密度差作用。

当地下构造的产状为非水平状态，且构造内的流体为气体时，由于气体密度很小，其高端的埋藏深度较浅，压力又接近低端的地层压力，从而形成异常高压。如图1-1-5所示。

（4）流体运移作用。

由于外来流体的进入使地层压力升高而造成地层异常高压，如油田注水、固井质量差引起的深层向浅层的窜漏、地下井喷等。如图1-1-6所示。

1号井　　2号井　　3号井
井深=3000m　井深=3500m　井深=4000m

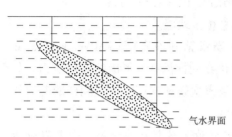

气水界面

图1-1-5　密度差形成异常高压

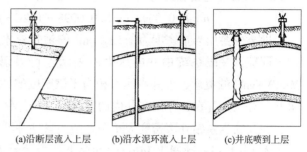

(a)沿断层流入上层　(b)沿水泥环流入上层　(c)井底喷到上层

图1-1-6　流体运移形成异常高压

2）异常低压形成的原因

（1）生产多年已衰竭的油气层；

（2）露头低于地面的地层；

（3）构造运动引起的地层下降；

（4）地下水位下降。

3．地层压力的表示方法

在工程上，如果仅仅知道某地层压力的总值，而不知道其深度，很难知道该地层压力属于正常还是异常，以及需要用多大的钻井液密度来平衡。为此，我们引入了三个地层压力的表示方法，使其传达的信息更明确。

（1）压力数值表示法：用压力总值表示，如某油层压力70MPa。这种表示方法对于预期最大地面压力计算、防喷设备额定压力级别选择都有意义。

（2）压力梯度表示法：

$$G = P/H \tag{1-1-6}$$

式中，G为压力梯度，MPa/m；P为地层压力MPa；H为地层垂直深度(井深)，m。

如，深度3000m地层压力为29.4MPa，其地层压力梯度为：

$$G = P/H = 29.4/3000 = 0.0098\text{MPa/m}$$

如果深度3000m地层压力为45MPa，其地层压力梯度为：

$$G = P/H = 45/3000 = 0.015\text{MPa/m}$$

仅从压力梯度就可以看出该地层是否属于异常压力，而且压力梯度对液柱压力相关计算也很方便。

（3）当量流体密度表示法：

某地层压力等于相当密度的流体在该深度所形成的液柱压力。用它表示压力时，不仅可消除井深影响，同时，相对于钻井液密度表示更直观方便。如，深度3000m地层压力为29.4MPa，相当于多大密度的钻井液产生的液柱压力？

根据液柱压力计算公式进行转换：

$$\rho = P/0.0098H = G/0.0098 = 102G = 0.0098 \times 102 = 1.0\text{g/cm}^3 \tag{1-1-7}$$

式中，ρ为钻井液当量密度，g/cm³；P为地层压力，MPa；H为井深，m；G为压力梯度MPa/m。

上述表达式的意义是：平衡该地层压力至少需要密度 $1.0g/cm^3$ 的钻井液或盐水。如果深度 3000m 地层压力为 45MPa，其地层压力当量密度为：

$$\rho = P/0.0098H = G/0.0098 = 102G = 0.015 \times 102 = 1.53g/cm^3$$

即至少要用当量密度为 $1.53g/cm^3$ 的钻井液才能平衡该地层。

同理，井眼系统中井内压力的表示也可以引入当量钻井液密度（EMW，Equivalent MudWeight）的概念，即井内压力相当于该密度的钻井液在同样深度处形成的液柱压力。如果井口有压力存在，作用在井内的实际压力当量钻井液密度就和深度有关，同样的井口压力，浅井的当量钻井液密度大于深井的当量钻井液密度。

例 1 – 1 – 1：使用 $1.14g/cm^3$ 的钻井液密度对某井做地层破裂压力试验，套管鞋垂深 1219m，测深 1676m，地层漏失时的地面压力是 8.2MPa，请问地层破裂压力当量钻井液密度（EMW）是多少？

根据液柱压力的计算公式进行转换：

$$EMW = \rho_0 + P_{井口}/(0.0098 \times H_{管鞋}) = 1.14 + 8.2/(0.0098 \times 1219) = 1.82g/cm^3$$

第三节　井眼系统压力

在钻井过程中，我们主要依靠钻井液液柱压力平衡地层压力。而在循环和起下钻等操作过程中，不仅液柱压力会发生变化，还会产生其他的各种压力。钻屑、地层压力、地层流体也会对井内各种压力产生影响。井内压力反过来又会对地层强度、井眼完整性造成影响。这些压力互相影响、互相制约。了解这些压力的产生和作用，对井控工作至关重要。

一、钻井液液柱压力

钻井液液柱压力是钻井过程中用以平衡地层压力的主要措施，是井控安全的一道独立屏障，随时保持适当的液柱压力是保证井控安全的前提。

液柱压力工程公式：

$$P = 0.0098\rho_m H \tag{1-1-8}$$

式中，P 为垂深 H 处的液柱压力，MPa；ρ_m 为液体密度，g/cm^3；H 为液柱垂直高度，m。

例如：钻井液密度为 $1.2g/cm^3$，在 3000m 处的液柱压力为：

$$P = 0.0098\rho_m H = 0.0098 \times 1.2 \times 3000 = 35.28MPa$$

液柱压力的大小取决于两个参数：液体的密度和液柱的垂直高度。如果钻井液密度下降（气侵、混油过多、加重材料沉降），液柱压力将减小；如果液柱高度下降（起钻不灌浆、严重井漏），液柱压力也将减小。下面分别探讨密度和液柱高度对液柱压力产生影响的几种情况。

1. 液柱密度变化对液柱压力的影响

例 1 – 1 – 2：某井井深 3000m，环空容积 $120m^3$。现用钻井液密度 $1.3g/cm^3$，用 215.9mm 钻头在一个循环周期内钻进 4m，如果地层岩石密度为 $2.5g/cm^3$，此时的环空钻井液密度为多少? 井底的钻井液液柱压力为多少?

解: 钻出的岩屑体积为: $V = \pi D^2/4 \times h = 3.14 \times 0.216^2 \times 4/4 = 0.146 m^3$

钻出的岩屑质量为: $W = \rho V = 0.073 \times 2.5 = 0.366 t$

此时环空钻井液密度为: $\rho_{mL} = \rho_m + W/V_a = 1.3 + 0.366/120 = 1.33 g/cm^3$

原来的井底钻井液液柱压力为: $P = 0.0098\rho_m H = 0.0098 \times 1.3 \times 3000 = 38.2 MPa$

此时井底钻井液液柱压力为: $P = 0.0098\rho_m H = 0.0098 \times 1.33 \times 3000 = 39.1 MPa$

由此可以看出快速钻进时岩屑对钻井液液柱压力的影响。

2. 液柱高度变化对液柱压力的影响

例1－1－3: 某井井深3000m, 现用钻井液密度1.3g/cm³, 用215.9mm钻头钻进, 发现溢流2m³, 如果溢流为气体, 钻铤长度100m, 环空容积系数为28L/m, 钻杆与井壁环空容积系数为40L/m, 问此时环空内气柱高度为多少? 假如忽略气柱质量, 井底的钻井液液柱压力为多少?

解: 原井底压力为: $P = 0.0098\rho_m H = 0.0098 \times 1.3 \times 3000 = 38.2 MPa$

2m³气体在井底环空的高度为: $(2 - 0.028 \times 100)/0.04 + 100 = 143 m$

此时井底压力为: $P = 0.0098\rho_m H = 0.0098 \times 1.3 \times (3000 - 143) = 36.4 MPa$

钻井液液柱压力虽然是平衡地层压力的主要措施, 但也不是越大越好。过大的液柱压力容易造成井漏、压差卡钻等复杂事故, 还会降低钻速、抑制油气显示, 损害油气层。因此, 液柱压力通常要在合理的范围内。井控标准规定, 钻井液密度设计以各裸眼井段中的最高地层孔隙压力当量钻井液密度值为基准, 另加一个安全附加值:

①油井、水井为0.05 ~ 0.10g/cm³或控制井底压差1.5 ~ 3.5MPa。

②气井为0.07 ~ 0.15g/cm³或控制井底压差3.0 ~ 5.0MPa。

③含硫化氢和二氧化碳等有毒有害气体的油气层钻井液密度其安全附加值及附加压力应取其上限。比如500m的井深, 产生1.5MPa的附加压力需附加的钻井液密度为0.306g/cm³。

3. U形管原理

钻井过程中, 钻柱内部和外部环空连通, 组成了一个连通器, 在水力学中称为U形管。U形管两侧液柱压力相互平衡、相互影响。但是, 无论两侧压力怎么变化, 在平衡状态时, U形管最底部的压力分别等于U形管两侧的液柱压力和集中压力之和, 这种压力关系称为U形管原理。U形管原理能很好地解释井内压力关系。

如图1－1－7所示, 在一个开口的U形管的两侧注入同样的流体(如淡水), 则U形管的两侧液面相等, U形管底部的压力等于两侧的液柱压力。

如果在其一侧注入盐水, 另一侧注入淡水, 则盐水一侧的液面会降低, 而另一侧液面升高, 使两侧在U形管底部产生的液柱压力相等, 此时底部的液柱压力高于两侧同为淡水时的液柱压力。如图1－1－8所示。

如果在淡水一侧顶部施加一个压力, 此压力如果等于盐水柱与淡水柱压力差值, 则两边液面又回到相等, 但此时的U形管底部压力则等于盐水柱压力或淡水柱压力加上附加压力。如图1－1－9所示。

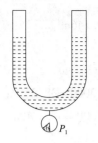
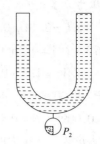
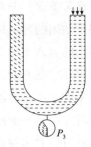

图 1-1-7　两侧流体相同　　　图 1-1-8　一侧盐水一侧淡水　　　图 1-1-9　淡水侧施加压力

二、循环阻力

根据水力学原理，流体在管道中流动时，要克服流体与管壁、流体分子之间的摩擦而产生的阻力，称为循环摩擦阻力。钻井液泵就是给钻井液提供能量，克服循环摩擦阻力的工具，泵压就是循环摩擦阻力的体现。

循环阻力的大小与流动速度的平方、流体的黏度、流体的密度、管道的长度(井深)成正比，与管道的直径成反比。另外，与管道的粗糙度、管道的形状及管内流体的流型有关。循环阻力的方向与流体流动方向相反，总是朝向流动的上游方向。

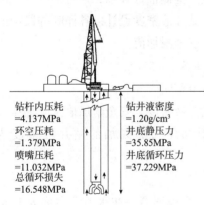

钻杆内压耗
=4.137MPa
环空压耗
=1.379MPa
喷嘴压耗
=11.032MPa
总循环损失
=16.548MPa

钻井液密度
=1.20g/cm³
井底静压力
=35.85MPa
井底循环压力
=37.229MPa

图 1-1-10　井内循环压力损失

1. 正常钻进时摩阻的组成与分布

常规钻井过程中循环阻力分布示意图如图 1-1-10 所示。

从图 1-1-10 可以看出，正常钻进时，钻井液循环阻力主要分布在钻头水眼处、钻柱内、环空内。

钻头以上的摩阻方向向上，对井底不产生影响，只对泵压有影响。钻头以后的摩阻，如环空摩阻、节流压力则方向向下，作用于井底，不仅对泵压有影响，而且使井底压力增加。常规钻进时环空摩阻数值较小，通常不予考虑。但对于小井眼钻井、深井，或者固井注水泥、循环超黏流体情况来说，环空摩阻必须给予考虑，否则将引起严重井控问题。

由于环空摩阻使井底压力上升，相当于钻井液密度增高，因此，可以用当量循环密度来表示环空摩阻：

$$\rho_e = 102 P_{环空} / H \qquad (1-1-9)$$

而此时的井内压力的循环当量密度(ECD，Equivalent Circulating Density)用下式进行计算：

$$ECD = \rho_e + \rho$$

式中，ρ 为当前钻井液密度，g/cm³。

2. 循环泵压

根据 U 形管原理，如果钻柱内外钻井液密度相等，这些摩阻之和就是泵压。如果钻柱内外钻井液密度不相等，还要考虑液柱压力差值对泵压的影响，即：

$$P_泵 = P_{钻柱} + P_{喷嘴} + P_{环空} - \Delta P \qquad (1-1-10)$$

式中，$P_泵$ 为正常钻进时的泵压，MPa；$P_{钻柱}$ 为钻柱内摩阻，MPa；$P_{喷嘴}$ 为钻头喷嘴摩阻，MPa；$P_{环空}$ 为环空摩阻，MPa；ΔP 为钻柱内外液柱压力差值，MPa。

由于泵压主要由各种摩阻组成，因此，泵压与流动速度的平方、流体的黏度、流体的密度、管道的长度(井深)成正比，与管道的直径成反比。在相同的钻井液性能、钻具组合条件下，井深越大，泵压越高；在相同的钻井液性能和井深条件下，钻具内径越大，泵压越低。在相同的井深和钻具组合条件下，钻井液黏切越大，泵压越高。在这些影响因素中，基本可以定量计算的有两个：

(1)排量与泵压的关系：

$$P_1/P_2 = (Q_1/Q_2)^2$$

或

$$P_2 = P_1(Q_2/Q_1)^2 \qquad (1-1-11)$$

式中，P_1 为调整前的泵压，MPa；P_2 为调整后的泵压，MPa；Q_1 为调整前的排量，m^3/min；Q_2 为调整后的排量，m^3/min。

用这个关系可以估算调整排量后的泵压大小，以免盲目调整造成问题。

(2)泵压与钻井液密度的关系：

$$P_1/P_2 = \rho m_1/\rho m_2$$

或

$$P_2 = P_1 \rho m_2/\rho m_1 \qquad (1-1-12)$$

压井过程中，用重浆顶替原浆时，就要遇到钻井液密度变化问题。如果只考虑液柱压力变化而不考虑摩阻变化，泵压控制就会偏低，造成二次溢流，导致压井失败。

3. 压井循环时泵压的组成

压井循环时，井口防喷器关闭，钻井液通过节流管汇和节流阀循环。因节流阀出口较小，钻井液流速高，因而此处有较大的摩阻。压井时为了保证井控安全，通常使用比正常钻井低的泵速。从前面介绍知道，泵速降低时，泵压也会成一定比例降低。另外压井循环时钻具内外液柱压力变化较大。节流循环时泵压的组成为：

$$P_泵 = P_{钻柱} + P_{喷嘴} + P_{环空} - \Delta P + P_{节流阀} \qquad (1-1-13)$$

式中，$P_泵$ 为正常钻进时的泵压，MPa；$P_{钻柱}$ 为钻柱内摩阻，MPa；$P_{喷嘴}$ 为钻头喷嘴摩阻，MPa；$P_{环空}$ 为环空摩阻，MPa；ΔP 为钻柱内外液柱压力差值，MPa；$P_{节流阀}$ 为节流阀处的摩阻，MPa。

三、低泵速试验

为了正确实施井控，我们应该随时确切了解各种状态下尤其是压井泵速下循环阻力的大小，以便通过观察泵压控制井底压力。理论计算虽然可以进行，但由于井下情况的复杂性，理论计算误差很大，现场通常用实验方法来获得循环压力的数据。求压井泵速下循环摩阻的试验称为低泵速实验，记录的压力称为低泵速压力。

《石油天然气钻井井控技术规范》(GB/T 31033)规定：每只新入井的钻头开始钻进前以及每日白班开始钻进前，以 1/3 ~ 1/2 钻井流量检测循环压力，并做好泵冲、流量、循环压力的记录。当钻井液性能或钻具组合发生较大变化时应补测。所以司钻接班后的首要事情是做低泵速实验。每台泵通常做不止一个低泵速试验，司钻可调整泵速(或排量)为通常速度(或排量)的 1/4 或 1/2、1/3，待钻井液循环均匀，泵压稳定后，分别记录不同泵速下的泵压，填在压井预计录数据表中，以便压井或遇到问题(如节流阀堵、液气分离器分离能力不足)调整泵速时可以有效调整相应的控制压力。

低泵速实验是对现有钻井液密度、井眼情况和井下钻具组合而进行的实验。如果这些参数发生了下列变化，应重新进行实验：①每钻进 150m 之后；②改变钻具结构之后；③改变井眼尺寸之后；④换钻井液之后。

四、钻柱运动对井内压力的影响

钻井过程中，钻柱的上下运动是经常发生的，比如接单根、起下钻、划眼等，各种钻井操作都会引起井内压力变化。如果不加以控制，将引起钻井或井控问题。

1. 抽吸压力

起钻时，钻井液流向钻柱下部填补因钻柱上提产生的空间需要克服向上的流动阻力，使作用在井底的有效液柱压力下降，从而使井底压力降低，这种降低的压力称为抽吸压力。当抽吸压力过大，导致井底压力低于地层压力时，地层流体就会进入井眼，使井底压力降低。抽吸发生频繁，进入井内的地层流体就越多，量越来越大。当静止液柱压力小于地层压力时，就会诱发溢流。

2. 激动压力

下钻时，由于钻柱下部被挤压的钻井液向上流动需要克服流动阻力，使钻柱下部的钻井液压力升高，这种升高的压力称为激动压力。当激动压力过高，导致井底压力大于地层破裂压力时，就会导致严重井漏。严重井漏会导致静液压力降低，诱发溢流。

因此，钻井过程中应采取有效措施，减少井内的波动压力。波动压力实质上是由于钻井液流动产生的阻力，因此其影响因素与循环阻力的影响因素相同，包括：

1)管柱的起下速度

起下速度越大，波动压力越大。因此，标准规定：在油气层及以上 300m 内起钻速度不能超过 0.5m/s，或者说，起一个单根时间不低于 20s。

2)钻井液的黏度、切力和密度

钻井液的黏度、切力和密度越大，相同起下速度引起的压力波动越大，因此起钻前调整好钻井液性能很重要。

3)环形空间的大小

相同条件下，环空间隙越大，波动压力越小。环空间隙取决于钻井设计、地层与钻井液性能的相容性以及司钻对钻井操作规程的执行。加强钻井液抑制性，减少泥页岩缩颈、钻头泥包，及时划眼拉井壁，都可以保证较大的环空间隙，降低波动压力。

4）管柱内的形态

主要指管柱内部的连通状态，即有无堵死的情况。比如起钻时，钻头水眼堵死，抽吸作用就大。下钻时，如果钻柱内安装有浮阀，激动压力就比没有浮阀时要大。

为减少波动压力的影响，应该控制管柱的起下速度，调整好钻井液性能，减少井眼缩径、钻头泥包造成的阻、卡现象。

3. 井内液面变化

起钻时，如果没有及时灌浆，起出的钻具体积要由井内钻井液来充填，从而造成井内钻井液液面降低，进而使钻井液液柱压力降低。尤其是拔活塞起钻时，环空内的钻井液被排出，钻柱内的钻井液进入环空充填钻头下的空间，井底压力下降更多。液面降低的多少取决于钻具尺寸及状态（排代量、环空容积系数的大小）。

1）排代量

排代量是将固体（如钻杆）放入一定体积流体内时排出的流体量，即被淹没管子的体积。起钻时的灌浆量和下钻时的排出量，应该等于起出或下入钻具的排代量。

2）排代系数

由于钻柱很长且外形规则，通常将单位长度钻柱的排出体积称为排代系数。排代量等于排代系数乘以淹没深度。

3）湿排代量

指管子内部堵死，排出体积等于淹没管子的外部总体积。如喷嘴堵死时起钻，或有浮阀时下钻。

4）干排代量

指管子开口畅通，排出体积等于淹没管子固体部分的体积。因此，同尺寸的钻具在不同状态下的排代系数并不一定相等，甚至同一种钻具在起、下钻状态下排代系数也不相同。

五、井口压力

正常钻进时，地面能看到的只有一个压力，即泵压。当地层压力大于环空液柱压力关井后，通常才能看到其他井口压力。井口压力是指作用在钻井液液柱顶部——即在地面可以用压力表读出的压力，包括泵压、关井立压、关井套压和节流压力。

1. 关井立压

关井立压指关井状态下立管压力表处钻井液具有的压力。在发生溢流关井时，地层压力高于钻柱内钻井液的液柱压力的部分将传至井口，反映在立压表上，此时的立管压力称为关井立压。其大小取决于地层压力和钻井液液柱压力的差值。

立压通常作用在井口钻杆、方钻杆、水龙带和地面管汇内部，因此这些管汇的耐压能力必须大于或等于最大立压。

2. 关井套压

关井套压指关井后套管压力表的读数。发生溢流关井时，地层压力高于环空液柱压力的部分或由于气体溢流的膨胀滑脱而产生的压力，反映在套管压力表上称为关井套压。

关井套压通常作用于套管、井壁、套管头和井口防喷器组内部，因此，套管、井壁、套管头和井口防喷器组的耐压能力必须大于或等于最大套压。或者说，最大关井套压不能大于套管、井壁、套管头和井口防喷器组的耐压能力。同时关井套压也作用于井筒内，使井内地层和钻柱受力。

六、井底压力

井底压力是井底钻井液所受到的或所具有的压力，它是井内各种压力作用效果的综合。在不同工况下，其大小是不同的。井底压力是井控作业的主要目标，因此要了解不同工况下的井底压力的组成和变化。

1）开井静止状态：井底压力 = 井内钻井液液柱压力

2）正常循环时：井底压力 = 环空液柱压力 + 环空摩阻

3）起钻时：井底压力 = 环空液柱压力 − 抽吸压力 − 灌浆不够而引起的液柱压力降低值

4）下钻时：井底压力 = 环空液柱压力 + 激动压力

从以上井底压力在不同工况下的组成来看，起钻时井底压力最小，因此，起钻作业是井控关键作业之一。

第四节　井内压力平衡

井控的目标是保持井底压力等于或稍大于地层压力，即保持井底压力与地层压力的平衡。这个平衡保持不好，就会产生一系列井控问题。

一、近平衡钻井状态（$\Delta P > 0$）

随时了解地层压力，控制钻井液密度，使井底压力大于地层压力一定范围，达到既不严重污染油气层，又能实现安全快速钻井的目的。但这是很理想的钻井状态，对钻井设计和监测设备要求很高。不仅要求对地层压力要充分了解，同时还要对井底压力及时掌控。目前配置地质导向、MWD、LWD 等先进设备的井队可以实现这种钻井方式。在多变的地层压力条件下，一般的井内压力平衡很容易丧失。

二、井内压力平衡的丧失

钻井过程中，很多因素会影响井内压力平衡，如果不能及时发现并消除这些影响，井内压力平衡就会丧失，酿成井喷或井喷失控的惨剧。

1. 井侵

在钻井过程中，少量地层流体(如钻屑气)不可避免地进入到井眼系统中，使钻井液密度及井底压力在一定程度上降低，但没有出现负压差，这一现象称为井侵。

2. 溢流

如果井侵不能及时消除、井漏或因地层压力升高而没有及时上提钻井液密度，使井底压力低于地层压力，使较多的地层流体进入井内，这一现象称为溢流。关井前进入井内地层流体的体积称为溢流量，通常用钻井液池液面增量来计量。

3. 井涌

溢流入井后，因其密度通常较低，再加上气体滑脱、膨胀的特性，极大地降低井底压力，更多的地层流体进入井内，推动钻井液自动外溢，严重时从喇叭口溢出，这一现象称为井涌。

4. 井喷

如果井涌发现较晚或关井不及时，钻井液将快速上喷，喷出转盘面甚至到二层平台，这种现象称为井喷。根据中石化的规定，井喷即为事故。

5. 井喷失控

井喷发生后，因各种原因无法关井而造成长时间井喷甚至爆炸着火的现象，称为井喷失控。根据中国石化的规定，井喷失控为特大事故。

三、井控分级的概念

根据井控内容和控制地层压力程度的不同，井控作业通常分为三级，即一级井控、二级井控和三级井控。

1. 一级井控

一级井控是指正常钻进和钻进高压油气层时，利用井内钻井液柱压力控制地层压力的方法，即无溢流产生的井控技术。一级井控工作是钻井过程中井控工作的基础。

2. 二级井控

二级井控是指溢流或井喷发生后，通过实施关井与压井，重新建立井内压力平衡的工艺技术。这是钻井井控工作的关键，也是目前培训钻井人员掌握井控技术的重点。

3. 三级井控

三级井控是指井喷失控后，重新恢复对井口控制的井控技术。

钻井过程中要力求使一口井经常处于一级井控状态。同时，应做好一切应急准备，一旦发生井涌或井喷能迅速地进行控制、处理，并恢复正常钻井作业。在钻井过程中，如果地层压力与井眼系统压力失去平衡，一般通过一级井控(即调整钻井液密度)和二级井控(即使用井控设备)就能够有效地减少井下复杂情况和故障(井喷、井漏、卡钻等)的发生，实现安全快速钻井。因此，科学地把握和运用井控技术，对于安全快速钻井、提高钻井工程质量和经济效益，具有十分重要的意义。

4. 井控工作中的"三早"

井控工作中的"三早"就是"早发现，早关井，早处理"。

(1)早发现：溢流被发现得越早，越便于关井控制，因此也越安全。国内现场要求溢流量在1m³内被发现称为早发现，这是安全、顺利关井的前提。

(2)早关井：在发现溢流或预兆不明显、怀疑有溢流时，应停止作业，立即按关井程序关井。

(3)早处理：在准确录取溢流数据和填写压井施工单后，尽快进行压井作业。

显然，一级井控是最安全、最经济的井控状态，钻井人员应尽最大努力保持井眼处于一级井控状态；二级井控作为对一级井控的补充，杜绝三级井控发生具有重要意义。因此，井控的指导方针是：立足一级井控，搞好二级井控，杜绝三级井控。

第二章　溢流的原因与预防

在钻进过程中随时保持一级井控是至关重要的，搞好一级井控的主要工作包括：①使用密度适当的钻井液；②随时保持井筒充满；③随时监控现用钻井液总量，尤其是起下钻时；④随时监测地层压力变化和井内返出钻井液密度、体积和流速的变化，并立即采取正确措施。

一级井控技术的关键是及时了解地层压力的变化，精心施工，防止溢流发生，保证安全钻井。

第一节　溢流的原因

产生溢流从而导致一级井控失败主要有以下四个因素。

一、没有保持井筒充满

钻井液液柱压力是井控安全的第一道屏障。在钻井液密度适当的前提下，随时保持井眼充满，才能有效保持液柱压力，平衡地层压力。但是在钻井过程中，下列因素会导致钻井液液柱高度下降。如果这些下降没有被察觉或没有被重视，就会引起溢流。

1. 起钻时灌浆不正确

起钻时，由于管柱从井内起出，井内钻井液液面下降，进而导致井内液柱压力下降。如果不能及时正确灌浆，当下降值足够大时，会使井底压力小于地层压力而导致溢流。

2. 井漏

井漏的原因有下列因素：①孔洞或裂缝性地层；②异常低压地层；③下钻过快；④泥包钻头或泥岩页井壁缩径造成激动压力过大；⑤环空摩阻过高；⑥钻井液切力过高开泵时引起的过高井内压力；⑦套管破损。

严重井漏时，井内钻井液液面下降使液柱压力降低，如果不能及时发现并采取有效措施，液面将下降至井内液柱压力等于地层压力，此时油气将进入井内，使液柱压力进一步降低。当液柱压力小于地层压力时将引起溢流。

3. 下套管(钻杆)时浮阀失效

固井或钻进时，为了阻止钻井液或水泥浆回流，通常在套管柱和钻柱中连接浮阀。这样在下钻时，由于浮阀的作用，管柱下部的钻井液不能进入管内，整个管柱处于掏空状态。为了克服浮力作用、套管抗挤强度问题以及井控问题，要求下钻10柱、下套管5柱要向管柱内灌钻井液。但是，如果在灌浆前浮阀突然失效，环空内的钻井液将在液柱压力作用下回流，填补管柱内部的空间，最终使管柱内外液柱高度保持平衡。而此时的液柱高度则远低于失效前的环空液柱高度，井底压力将显著下降。地层流体进入井筒，形成溢流。再加上下钻时钻柱或套管柱进入溢流段引起的溢流高度剧增，会导致严重的井控问题。

二、没有维持合理的钻井液密度

正常的钻井液密度是根据物探解释、测井等各种手段获得的地层压力数据反推的，钻井设计中有明确规定。一般情况下井队应该按照设计密度实施钻井。钻井过程中，许多因素会引起钻井液密度下降。如果没有及时发现并维护钻井液性能，尤其是保持合理密度，钻井液液柱压力将不断下降，最终导致溢流发生。

1. 地层流体尤其是气体入井

钻进过程中，岩屑中的地层流体不可避免地进入钻井液系统，影响钻井液密度。由于地层流体密度低于钻井液密度，混合的结果是钻井液密度降低。如果地层流体是气体，由于气体的膨胀性，密度降低的效果更加明显。虽然一个循环周内的岩屑气不足以造成欠平衡。但是不加强除气，气侵钻井液反复循环，累加的效果就会很快导致溢流发生。

2. 加重材料沉降

为了达到设计密度要求，有时钻井液需要加重材料来提高密度。加重材料的密度通常较高，如重晶石密度一般为 $4.0 g/cm^3$，钛铁矿密度一般为 $7.0 g/cm^3$。高密度的加重材料需要钻井液具有良好的网架结构才能实现良好的悬浮效果。如果这种网架结构不能很好保持，循环罐中的加重材料就会沉降到罐底，使钻井液泵入口密度低于设计要求，进而使井筒内钻井液液柱压力降低，诱发溢流。

3. 钻井液稀释

钻进过程中，为了满足工艺需要，通常需要不断向钻井液中加入水、胶液、混油等物质来降低钻井液黏度，以保证泥饼润滑性。但是如果加入量控制不当，就会导致钻井液密度下降，诱发溢流。有时热带地区的大雨也会引起钻井液稀释，密度下降。

4. 井内泵入过多低密度流体

有时为了工艺需要，向井内泵入低密度流体。比如注水泥前的隔离液、解卡时泵入的解卡剂等。如果泵入低密度流体的密度和体积控制不当，使井筒液柱压力低于地层压力，就会诱发溢流。

5. 注水泥候凝时，水泥浆失重

固井时，水泥浆的密度是根据地层压力和适当的安全附加值计算出来的，完全可以平衡地层压力。但是在候凝期间，水泥浆内逐渐形成的网架结构阻止了水泥浆液柱压力的有效传递，使下部的液柱压力显著降低，进而诱发溢流。

三、钻遇异常高压地层

虽然开钻前的各种探测技术能够预测大多数的地层压力，但不是全部，也不是绝对准确的。再加上油田开发阶段的各种增产措施使很多原始数据发生变化，遭遇异常地层压力的情况时有发生。钻井过程中各种地层压力监测手段可以对这种意外遭遇提出警示，使技术人员及时发现地层压力异常并调整钻井液密度。但是如果井队人员不够警觉、培训不到位、检测手段缺乏，就不能发现钻遇的异常高压地层。此时井底压力低于地层压力，溢流就会发生。

四、抽吸

当钻柱或大尺寸工具从井内起出时，井底压力总会一定程度地下降。如果由于操作不当或井下异常(如起钻速度过快、井眼缩径、钻头泥包、钻井液黏切过高)，抽吸压力将大于井底压差，将地层流体抽进井筒。反复的抽吸使更多的地层流体进入井筒，直至总的液柱压力低于地层压力，引起溢流。

五、机械屏障失效

机械屏障如套管、封隔器、水泥塞等是井控安全中除了液柱压力之外的另一道屏障。

1. 套管破裂

有些技术套管及其水泥环是为了密封隔离高压层的。套管在钻井过程中承受钻具的反复碰撞和摩擦，还要承受地层应力的作用，严重时就会发生破裂。而此时的钻井液密度通常不足以平衡该地层的地层应力，从而在此处发生溢流。进入井筒的地层流体还会导致整个井筒的钻井液液柱压力下降，诱发井底的溢流。

2. 水泥塞失效

在多底井、填井侧钻等工艺过程中经常用水泥塞封闭下部高压层。如果因为各种原因导致水泥塞封闭失效，将导致地层流体窜入井筒，形成溢流。

第二节　安全屏障

一、屏障理论

井控的所有操作都要在屏障保护下进行，通常要求有两道可用的屏障。如果一个屏障失效，必须停止当前的工作，等到失效屏障修复后才能恢复工作。

1. 定义

屏障是用于限制和控制流体与压力的任何系统或设备。它可以是能够定期试压的一套阀件(如防喷器、内防喷工具、节流压井管汇)；可以是能够施加充分液柱压力以平衡地层压力的液柱(如钻井液液柱)；也可以是井内经过试压的套管或水泥塞。

2. 屏障的分类和性质

根据屏障的状态和用途，通常将屏障按如下方式进行区分：

(1)开式屏障：常态下开放但随时准备关闭，如防喷设备；

(2)闭式屏障：在井内永久安装的设施，如套管及其水泥环、水泥塞、封隔器等；

(3)第一屏障：用于首先起作用的设施，如钻井液液柱、水泥塞、套管；

(4)第二屏障：用于为第一屏障失效进行补救的设施，如防喷器、内防喷工具等；

(5)独立性屏障：不依赖另外的屏障单独起作用的屏障，如套管、钻井液液柱；

(6)依赖性屏障：依赖另一个屏障才能起作用的屏障，如单流阀，需要充分的压差才能实现关闭和密封。

二、机械屏障

下列屏障属于机械屏障：封固试压良好的套管/衬管；试压合格的水泥塞；BOP 组合；节流管汇及其平板阀；试压合格的内防喷工具。

开式屏障必须经常试压；闭式屏障在安装时必须试压，试压方向必须与承压方向一致。

如果屏障失效，必须立即进行修复或更换屏障，再恢复工作。

三、流体屏障

下列屏障属于流体屏障：足以平衡地层压力的钻井液液柱；和堵漏材料一起使用的盐水柱；动态液柱，即在大漏情况下连续灌注形成的液柱。

在上述屏障中，只有钻井液液柱可以定义为独立的屏障，它可以通过泥饼阻止漏失而保持液柱压力。但是因为其加重材料的沉降受温度的影响，所以为了保持其密度和压力值，钻井液必须不断循环，因此又被看作是临时屏障。

有时为了工艺需要，向井内泵入一定体积的密度不同的流体段，这些流体段会对流体屏障产生不同的影响。如注水泥前的隔离液，解卡时泵入的油、酸、解卡剂等，都是低密度流体。如果泵入低密度流体的密度和体积控制不当，使井筒液柱压力低于地层压力，就会诱发溢流。低密度流体对于环空液柱压力的降低值为：

$$\Delta P_{\mathrm{max}} = 0.0098\left(\rho_{\mathrm{m}} - \rho_{\mathrm{i}}\right) V_{\mathrm{i}} / Ca \tag{1-2-1}$$

式中，ρ_{i} 为流体的密度；V_{i} 为流体的体积；Ca 为环空容积系数。

有时，需要向井内注入高密度流体，临时增加环空的液柱压力。如在起钻前打入的重浆段，用增加的液柱压力抵消起钻造成的抽吸作用，并实现干起的目的。还有在易漏地区钻井液帽钻井时，环空中的高黏重浆帽也属于这种情况。

对于重浆段注入，主要是要校核其最大液柱压力增量是否会造成井漏等问题。如果最大液柱压力增量超过压力窗口的限制，在下一环节开始前，要采取合理措施（如分段循环的方法）将重浆段循环出井。

无固相的盐水多数情况下不能看作是独立的屏障，只有在其堵漏材料能够承担过平衡压力时才能视为第一屏障，或者通过循环来保持盐水柱高度。

盐水加桥塞只能看作是一个屏障。因为盐水是否漏失取决于桥塞。桥塞失效，盐水柱将漏失至不能平衡地层压力。

在严重漏失地区，通常用动态液柱作为屏障。此时必须指明最小灌入速度。如果不能达到，必须关井，直到能够达到要求或采取其他措施。

四、屏障试压

屏障必须试压，确保其阻流能力在可接受的标准之内。可接受的标准包括试压合格的标准及没有达到要求的建议措施。试验压差必须足够大，能够满足承压要求。试压时，屏障的密封性通常是用屏障两侧的压力差或流过的流体体积来测量和评价。试压的时间长度必须足以使试压条件稳定，流体的体积和压力的改变量必须能够精确计量。试压频率必须能够保证屏障的使用性能，试压结果必须保存好。

第三节 钻进时的溢流预防

一、正常钻进

1. 严格执行钻井设计的钻井液密度值

钻井队应严格按工程设计选择钻井液类型和密度值。当发现设计与实际不相符合时，应按审批程序及时申报，经批准后才能修改。但若遇紧急情况，钻井队可先处理，再及时上报。

2. 及时发现地层压力变化并相应调整钻井液密度

及时发现地层压力异常增加是维护一级井控、防止溢流的重要步骤。由于地层情况千变万化，地震资料和邻井资料很难准确反映本井的实际地层压力情况。因此，在钻井过程中，我们必须利用各种手段，随时监测地层压力的变化趋势，以便及时调整钻井液密度和钻井参数，实现安全优质快速钻井。

1）机械钻速法

机械钻速与钻压、转速、钻头类型和尺寸、水力因素、钻井液性能、地层岩石可钻性和井底压差有关。在其他条件不变的情况下，影响机械钻速的关键因素是井底压差。压差增大，机械钻速变小；相反，压差减小，机械钻速增加。在钻遇压力过渡带及高压地层时，一方面岩石的压实程度变小，可钻性增加；另一方面，地层压力升高，井底压差减小。因此，在钻入压力过渡带和高压层时，机械钻速加快，而不是像正常情况那样随井深增加而均匀减小，利用这个特点可以预报异常高压。

在没有自动记录机械钻速的仪表装置时，可以按每 1.5~3m 一点（钻速慢时）或每 9~15m 一点（钻速快时）作出机械钻速与井深的关系曲线，从曲线上确定正常机械钻速基线，根据实际机械钻速偏离基线的情况，就可以确定压力过渡带的顶部位置。机械钻速法受到的影响因素有：

（1）岩性变化是不能控制的，有时机械钻速的突然变化经常是由于岩性变化引起的。

（2）钻头的磨钝程度也是难以控制的。

（3）保持钻压和转速不变很难做到。

2）$d(dc)$ 指数法

d 指数是从标准钻速方程推导出来的。d 指数的大小与机械钻速成反比，也就是说，d 指数与井底压差有关。正常情况下 d 指数随井深而增大，在压力过渡带和异常高压地层，实际的 d 指数将较正常基线偏小。因此，d 指数可用来预报异常高压。

在钻过压力过渡带时，往往提高钻井液相对密度以平衡地层压力，妨碍 d 指数方法的运用。为此必须把钻井液相对密度对 d 指数的影响加以校正，这就是 dc 指数。

$$dc = d\frac{\rho_m}{\rho_{mL}} \tag{1-2-2}$$

式中，ρ_m 为正常钻井液相对密度；ρ_{mL} 为实际所用钻井液相对密度。

相同井 d 指数和 dc 指数曲线的比较如图 1 – 2 – 1 所示。

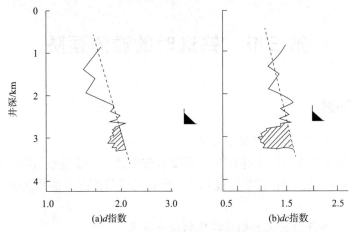

(a)d指数   (b)dc指数

图 1 – 2 – 1　相同井 d 指数和 dc 指数曲线的比较

3）页岩密度法

正常情况下，由于压实作用页岩的密度随深度的增加而增加。但在压力过渡带和异常高压的情况下，高的地层压力妨碍页岩的压实，使岩石的孔隙度增加而密度下降，这个特点可用来预报异常高压的存在。

其基本方法是：在钻井过程中，取页岩井段返出的岩屑，测其密度，作出密度与深度的关系曲线，通过正常压力井段的密度值画出正常趋势。密度值偏离正常趋势的点，即压力异常点或过渡带的顶部。

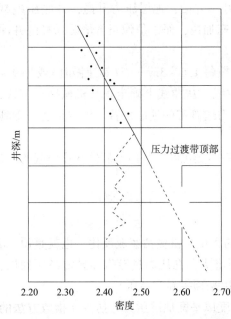

图 1 – 2 – 2　典型的页岩密度录井示意图

页岩密度的测定方法如图 1 – 2 – 2 所示。

（1）将页岩岩屑加入相对密度秤的钻井液杯中，使加盖后称得的相对密度值恰好为 1kg/L；

（2）然后用水注满钻井液杯，再次称得相对密度值为 γ_T；则页岩的密度为：

$$\gamma_{ab} = \frac{1}{2 - \gamma_T} \qquad (1 - 2 - 3)$$

页岩岩屑的密度可以每 1.5m、3m 或 9m 确定一次，而在钻得快的软地层可取 10m 或 20m 的间隔。选取岩屑时要卡准层位，把岩屑处理好。使用此方法的影响因素有：

（1）岩屑中存在的页岩天然气使岩屑的视密度减少。

（2）岩屑中混有部分掉块或多次冲刷的岩屑。

（3）地质年代交界、不整合等也可以大大影响正常压实基线。

（4）岩性变化(高碳酸盐含量，粉砂质或砂质页岩、泥岩、泥灰岩等)可能引起错误的压力评价。

(5)重矿物的存在使页岩密度增加，掩盖异常高压的顶部。

4)其他监测方法

除了上述常用方法外，还有如下一些监测方法作为补充。

(1)钻井液中天然气含量；

(2)钻井液中氯化物含量；

(3)钻井液性能变化；

(4)钻井液返出的温度；

(5)页岩岩屑中的搬土含量；

(6)化石资料。

这些资料大多可以通过地质录井手段而获得。

3. 及时维护钻井液性能

钻屑及地层流体进入钻井液系统，会对钻井液性能产生较大影响。如钻屑引入的固相使钻井液密度上升、黏度上升。气、水侵会使钻井液密度下降，黏切发生变化。如果不及时进行钻井液维护，其性能将逐渐变差，影响钻井和井控安全。因此，钻井液人员应随时监测钻井液性能并进行相应的维护，以保证钻井液性能良好。受侵钻井液未经处理不得重新注入井内。若需对钻井液加重，应在停止钻进的情况下进行，这样便于液面监控，严禁边钻进边加重。

4. 及时处理井漏等复杂问题

钻进中发生井漏应将钻具提离井底，方钻杆提出转盘，采取定时、定量反灌钻井液措施保持井内液柱压力与地层压力平衡防止发生溢流，其后采取相应措施处理井漏。

发生卡钻需泡油、混油或因其他原因需适当调整钻井液密度时，井筒液柱压力不应小于裸眼段中的最高地层压力。

处理缩径卡钻、沉砂卡钻、钻头泥包等井下复杂事故后，应进行溢流检查，然后循环一周，以排除抽吸等原因进入井内的地层流体。

5. 联系协调停注工作

在油田开发后期，地层压力衰减，常用注水提高采收率，但注水打乱了地下压力分布，影响钻井，因此，钻井公司应与采油厂联系将附近的油水井停掉。

6. 及时录取低泵速等井控资料

每只钻头入井开始钻进前及每日白班开始钻进前，都要以正常排量的 $1/3 \sim 1/2$ 测低泵速循环压力，并做好泵冲数、排量、泵压记录，当钻井液性能或钻具组合发生较大变化及进尺超过 150m 之后应补测。其他如钻具内容积、环空内容积等资料也要同时计算好，填写在井控预计录数据表中。

二、钻开油气层

油气层是钻探工作的目的层，同时也是井控工作的关键层位。通常因其压力高、含易燃易爆及有毒气体，使得井控难度更高，要求更严格。因此钻开油气层之前，井队应做好充分的准备工作，其主要准备工作如下：

1. 地层承压能力试验

油气层通常压力较高，钻开油气层后，所需的钻井液密度也较高，将要使用的较高的钻井液密度及其所产生的更高的液柱压力有可能对上部薄弱地层的承压能力造成威胁，如果不及早验证其承压能力，就会在打开油气层后发生下喷上漏的复杂情况，使钻井工作陷入被动，浪费油气资源。因此，钻进过程中应加强地层对比，及时提出可靠的地质预报，在进入油气层前50～100m，按照下步钻井的设计最高钻井液密度值，对裸眼地层进行承压能力试验。

地层承压能力试验的方法与破裂压力试验相似，但不要求将地层压破，只要井底压力的当量钻井液密度等于设计打开油气层最高钻井液密度值且压力稳定即可。

如果油气层顶面井深为 H，现用钻井液密度为 ρ_1，设计最高钻井液密度为 ρ_2，则试验井口压力值应为：

$$P = 0.0098(\rho_2 - \rho_1)H$$

需要注意的是井口压力不能超过防喷器的额定工作压力及套管抗内压强度的80％。

2. 人员技术准备

(1)由钻井队技术人员向钻井现场所有工作人员进行工程、地质、钻井液、井控装置和井控措施等方面的技术交底，并提出具体要求。

(2)以班组为单位，落实井控责任制，作业班每月不少于一次不同工况的防喷演习。钻进作业和空井状态应在3min内控制住井口，起下钻作业状态应在5min之内控制住井口，并将演习情况记录于"防喷演习记录表"中，对演习中出现的问题及时讲评和纠正。此外，在各次开钻前、特殊作业(取心、测试、空井作业等)前，都应进行防喷演习，并达到合格要求。

(3)钻井队应组织全队职工进行防火演习，含硫地区钻井还应进行防硫化氢演习，并检查落实各方面安全预防工作，直至合格为止。

(4)强化钻井队干部在生产作业区24h轮流值班制度，检查、监督各岗位严格执行井控岗位责任制，发现问题立即督促整改。

(5)建立坐岗制度，定专人定点观察溢流显示和循环池液面变化，并定时将观察情况记录于"坐岗记录表"中。

3. 设备器材准备

(1)检查所有井控装置、电路和气路的安装是否符合规定，功能是否正常，发现问题及时整改。

(2)按设计要求储备足够的加重钻井液和加重材料，并对储备加重钻井液定期循环处理。

4. 申报审批

(1)钻井队通过全面自检，确认准备工作就绪后，向上级主管部门汇报自检情况，并申请检查验收。

(2)检查验收组由钻井公司和油气田分公司所属二级单位相关部门有关人员组成，按标准进行检查验收工作。

(3)检查验收情况记录于"钻开油气层检查验收证书"中。如存在井控隐患，应当场下达"井控停钻通知书"，钻井队按"井控停钻通知书"规定期限整改，整改后重新检查验收，检查合格并经检查人员在检查验收书上签字，由双方二级单位主管生产技术的领导或其委托人签发"钻开油气层批准书"后方可钻开油气层。

第四节　起下钻时的溢流预防

从世界范围看，约40%的溢流发生在起钻过程中。起下钻时井底压力最小，容易因抽吸、灌浆不够引起溢流。如果员工训练有素而且严格遵守操作规程，这些问题是可以避免的。

一、起下钻前应进行的准备工作

1. 检查井眼状况

在开始起钻前，钻井液应处于良好的状态，循环一个迟到时间达到下列指标才能起钻：

（1）没有井漏；

（2）没有油气水侵显示；

（3）进出口钻井液密度差不超过 $0.02g/cm^3$；

（4）按要求进行泵冲试验，油气层起钻前测油气上窜速度，确保油气上窜速度满足标准。

2. 准备好灌浆罐

灌浆罐是用于计量起钻灌浆量和下钻返出量的小容积计量罐。卸方钻杆或顶驱之前，应将灌浆罐充满密度适当的钻井液并倒好流程，处于待命状态。目前的灌浆形式有连续灌浆和定期灌浆之分，不管采取哪种灌浆措施，必须保证井眼充满后，多余的钻井液返回灌浆罐，以便准确计量。

3. 准备好起钻数据表

起钻数据表是专门列出不同钻具容积系数和对应排代量的图表，即起出钻具的立柱数和对应的灌浆量。根据起钻数据表，可以方便地查出起出或下入相应钻具的灌浆量或排代量。

容积系数指每单位深度的容器能容纳的流体体积。钻具内容积系数用于计算钻杆内容积，环空容积系数用于计算环空容积。排代量是指钻杆放入一定体积流体内时排出的流体量。根据钻柱的状态，起钻分为干起和湿起。干起指钻杆上下连通，起钻时很少或没有钻井液带出；湿起指钻杆下部堵死，起钻时将钻杆内的钻井液带出。湿排代量等于淹没管子的外部总体积；干排代量等于淹没管子固体部分的体积。

起钻前应准备好起钻数据表，以便随时校对灌浆量。目前钻井队钻井液值班房内都张贴有常用钻具的起钻数据表，有些图表甚至列出起出钻具对应的泵冲数或钻井液池液面下降高度，坐岗人员应仔细了解。

4. 准备好内防喷工具

起钻前应准备好适当的内防喷工具和开关工具以及适用于所有钻杆、钻铤的转换配合接头，放在钻台上相应的地方。安全阀及抢接装置应处于全开状态，以便抢装时减少上顶力。

5. 重钻井液段

可能的话，在溢流检查确认井眼稳定之后，将一段重钻井液顶替到钻柱中。重钻井液段主要用于起钻时防止钻杆内钻井液喷溅，因此，重钻井液段的基本要求是使钻杆内的液面低于钻台面30m以上。

如果原浆密度为ρ_1，井深h，满钻柱灌重浆所需钻井液密度ρ_2，简单计算公式如下：

$$\rho_2 = \rho_1 h/(h-30) \tag{1-2-4}$$

如果原浆密度为ρ_1，现有重浆ρ_2，要让钻柱内液面下降30m，所需灌浆高度为h，简单计算公式如下：

$$h = 30\rho_1/(\rho_2 - \rho_1) \tag{1-2-5}$$

例1-2-1：某井用1.2g/cm^3的钻井液钻至3000m时起钻，井队现有重浆密度为1.4g/cm^3，问需打多少重浆？

解：$h = 30\rho_1/(\rho_2 - \rho_1) = 30 \times 1.2/(1.4-1.2) = 180\text{m}$

$V = hc = 180\text{m} \times 9.26\text{L/m} = 1666.8\text{L}$

针对裂缝型油气藏气侵，可以采用气滞塞技术，用于井筒内油气上返速度过快的钻井施工，对井内油气形成较大的阻滞力，减缓油气上窜速度，减少起下钻过程中的排气时间，从而降低井控风险。

6. 钻井液收集罐(钻井液伞)

如果重钻井液段无法泵入或者管柱必须湿起，比如水眼堵死或钻头严重泥包，则必须准备一个钻井液收集罐并连接好，使收集罐里的钻井液能流到灌浆罐中去。如果没有钻井液收集罐，可在转盘下安装钻井液伞。钻井液伞收集到的散落的钻井液也应返回到灌浆罐中。

二、起钻井控措施

1. 溢流检查

溢流检查是在停泵状态下观察井眼情况以确定是否有溢流发生。溢流检查的时间长短由监督决定，但无论如何必须有充分的时间来判定井眼是否稳定，一般来讲为5~10min。油基钻井液钻井时观察时间可适当增加。

2. 控制起钻速度

抽吸压力的主要影响因素之一是起钻速度，应尽量控制起钻速度以减少抽吸压力。国内规定钻头在油气层中和油气层顶部以上300m井段内起钻速度不得超过0.5m/s。

3. 正确灌浆并计量灌浆量

起钻灌浆分为连续灌浆和分段灌浆两种方式。使用连续灌浆设备时，可以通过喇叭口循环并监视罐内钻井液量实现连续灌浆。如果没有连续灌浆设备或不能用，起钻时可以使用钻井液泵灌浆。这种情况下，应每起3~5柱钻杆、1柱钻铤灌一次。隔离吸入罐仔细监测灌浆量，并派人专门观察返流槽，当灌满时发出信号及时停泵。

起钻时要认真核对灌浆量并填写起钻数据表。对湿起的情况，应考虑流回灌浆罐中的钻井液量，并加入灌浆量表中，实际灌浆量应等于理论灌入量和返回量两者之和。返回量应接近起出钻柱的内容积。

如果灌浆量不正确，应停止起钻，进行溢流检查，并通知负责人。大多数情况下应将钻具下回井底，并在下钻过程中仔细检查返出量，找出灌浆量不正确的原因。

4. 划眼

在疏松地层，特别是造浆性强的地层，遇阻划眼时应保持足够的流量，防止钻头泥包。

5. 起钻中止

如果起钻作业由于各种原因中止，应手动安装旋塞阀或其他内防喷工具，以防止班组人员忙于应对其他问题时发生溢流而难以抢接内防喷工具。

6. 给灌浆罐灌浆

给灌浆罐重新灌满钻井液时，应停止起管柱，以便准确计量钻井液体积。

7. 刮泥板的使用

如果灌浆量正确且没有起钻遇阻产生抽吸的可能，应在起出 5 柱钻杆或钻头进入套管之后加上刮泥板。

8. 起钻完

起钻完后应通过灌浆罐进行灌浆循环以确保井眼充满稳定。起钻完应及时下钻，严禁在空井情况下进行设备检修。

三、下钻井控措施

1. 控制下钻速度

激动压力的主要影响因素之一是下钻速度，因此应尽量控制下钻速度以减少激动压力。下钻速度应根据井下地层情况、钻具尺寸、钻井液性能等综合考虑。超过 40kN 使用辅助刹车装置，防止下钻速度过快形成裂缝。

2. 正确计量排浆量

和在起钻时利用灌浆罐监视井下状况一样，下钻时灌浆罐也用来监视井下状态，不同的是计量排出的钻井液量而不是灌入量。对于带回压阀的钻柱，排代量应按湿排代量计量；对于不带回压阀的钻柱，司钻应了解灌浆罐的液面受钻头喷嘴尺寸的影响，即如果喷嘴尺寸小时，由于摩阻的影响，钻柱内外液面平衡较慢，使排出量大于理论值。为了减少这种误差的累积效应，可以考虑分段循环。

3. 分段循环

为了减少过高激动压力的可能性，当套管鞋深度超过 2100m 以上时，应在进入裸眼段之前开泵，分段循环以减少开泵引起的井底压力激动，防止憋泵和压漏地层。

4. 钻杆内灌浆

如果安装钻杆回压阀，每下 10～15 柱钻杆应灌浆一次，防止因回压阀突然失效造成的井底压力下降。钻铤在裸眼内时，为避免卡钻，灌浆时应上下活动钻具。

5. 开始循环

在下钻到底开始循环前，应了解清楚现用罐的容积及正常液面，钻井液录井设备和钻台上的监测系统都应安装好并且启用。

第五节 固井时的溢流预防

固井是钻井施工中非常重要的部分，它包括下套管、注水泥浆固井和声波变密度测井等工作。搞好固井施工中的井控工作，与搞好固井质量一样，都关系到油气井的寿命和对油气资源的保护。

固井全过程通过选择合理的固井方法、注水泥施工设计以及关井憋压候凝等技术措施，保证固井作业期间井内情况正常、稳定，保证压稳油气层，防止固井作业中因井漏、注水泥候凝期间因水泥浆失重、气窜及地层流体侵入造成井内压力平衡被破坏而导致井喷。

一、下套管作业井控基本要求

（1）作业前，使用适合地层特性的钻井液体系和密度，储备合理的加重钻井液、加重剂和其他处理剂。储备的加重钻井液应定期循环处理一次。

（2）下套管前应压稳地层，油气上窜速度应小于 10m/h；起钻钻井液进出口密度差不超过 0.02g/cm³。

（3）下套管前，应采用短程起下钻方法检查油气侵和溢流。就是将钻具起至套管鞋内或安全井段，停泵观察一个起下钻周期加其他空井作业时间，再下回井底循环一周半的方法来观察是否有溢流发生。

（4）下套管前，需换装与套管尺寸相同的半封闸板芯子并试压合格。另一种做法是准备一个转换接头连接钻杆，如果发生溢流，该接头可以接上钻杆下钻再关井。

（5）下套管时，应及时按湿起下排代量计量排出钻井液体积，及时发现井漏和溢流现象。每下 5~10 柱套管灌浆一次，防止套管挤扁或者浮阀失效引起环空钻井液液面下降造成溢流。

（6）下套管中途，加强钻井液循环，通过循环降低井内钻井液的切力，减小套管的下放阻力，避免下套管中途或下完套管后循环流动阻力过大而造成井漏。

（7）下完套管后应充分循环钻井液洗井，以排除后效应。洗井时注意控制排量，防止摩阻过高压漏地层。

二、注水泥作业井控基本要求

（1）为保证固井质量，应努力提高注水泥时水泥浆的顶替效率。尽量降低钻井液黏度；充分循环钻井液；下套管前除去套管表面的锈迹和油污；加入扶正器之类的刮削部件；尽量使套管居中；对于在用的注水泥车，应配备相应的管线和接头，以满足正循环、反循环压井工作的需要，并配备从钻井泵到注水泥车的供液硬管线。

（2）开始注水泥前要测量好循环罐液面，并派两人根据隔离液及水泥浆泵入速度随时计算监测循环罐液面位置。

（3）泵入足量稀的隔离液，至少保持隔离液与井壁有 10min 的接触时间并尽量以紊流顶替。但要计算好隔离液密度，确保隔离液与钻井液柱在环空的总液柱压力高于地层压力。

（4）水泥浆出套管鞋后开始活动套管，上下活动或转动，对大斜度井最好是转动；如果条件允许，尽量使水泥浆紊流上返。

三、候凝期间井控基本要求

（1）如果条件允许，应使用多凝或多级注水泥，尽量减少水泥浆失重诱发溢流的可能。

（2）双级注水泥作业时，应在一级固井完、二级固井前先坐好套管悬挂器，然后再进行二级固井作业。

（3）采用憋压候凝。对没有使用多凝或多级注水泥的井，可以采用憋压候凝等措施，减少水泥浆失重诱发溢流的可能。

（4）候凝期间执行固井作业过程中领导干部24h值班制度，坚持"坐岗"观察相应的压力和溢流显示。

四、固井质量检查

一口井固井完，检查固井质量项目包括人工井底、水泥返高和环空封固质量。要求人工井底距油气层底界以下不少于15m；水泥返高达到设计要求；环空水泥封固质量检查方法有声波幅度测井、变密度测井和SBT测井及正负压试验法。

1. 正压试验法

该方法通常在钻完水泥塞后进行，具体做法见第四章第一节的破裂压力试验和第二章第三节的承压试验。

2. 负压试验法

固井后，人为降低井内液柱压力，降低量根据井眼情况而定，检查套管及水泥环密封情况。

负压试验时，因具有较大溢流可能，因此应做好溢流检查，发现溢流，及时关井。

第三章 溢流的发现和确认

在发生溢流的过程中会有许多现象，如果我们对溢流的征兆很敏感，及时发现溢流并正确关井，则许多溢流不会演变成井喷失控。不同工况下，溢流的现象不同，确认方法和应对措施也不同。

第一节 溢流的现象

一、溢流的早期信号

现在还没有异常高压的规律可循，但在地层压力升高至足以引起溢流之前下列现象经常会发生：

(1)机械钻速增加。在钻正常压力的泥页岩地层时，如果钻压、转速、水力参数不变，机械钻速通常会逐渐减少；当钻遇异常高压地层时，井底压差及页岩密度减小而引起机械钻速的逐渐增加。

(2)后效增加。起下钻和接单根的后效可以认为是地层压力增高的现象。后效增加可能是由于抽吸或地层压力增加，如果后效持续不断，则可以认为是地层压力增加。

(3)扭矩及起钻阻力增加。当欠平衡钻进某些页岩段时扭矩和起钻阻力增加，这是由于泥页岩的膨胀和坍塌，这同时导致下钻不到底的现象，这是地层压力升高的一个信号。单纯靠扭矩和起钻阻力增加来判断是不准确的，因为这可能是由于页岩水化地层变化、钻头磨损或井斜过大引起的。

(4)dc 指数变化。在正常压力地层，dc 指数随井深而增加，但在压力过渡带，dc 指数减少，低于预期的数值。需要注意的是，dc 指数法主要用于泥页岩地层。

(5)岩屑尺寸和形状改变。正常压力地层的页岩岩屑小、圆而扁平，而异常高压地层的岩屑则长而棱角分明。当井底压差减小时，岩屑倾向于崩离井底。另外，由于井底压差减小，页岩中的流体膨胀引起微裂缝并产生掉块，岩屑形状的改变常伴随着岩屑总量的增加，这时说明异常高压已经出现。

(6)氯根含量。进出口钻井液滤液中的氯根含量都可以监测，一种方法是比较两者的变化趋势可以提供地层压力增加的可能或确切信号。

另一种方法是连续测量进出口钻井液的电阻率，需要注意的是，钻井液添加剂和补充水都会影响钻井液电阻率和氯根的测量值。

(7)页岩密度减小。正常情况下页岩密度随井深增加，但当钻遇异常高压时页岩密度将会减小，岩屑的密度可以在地面测量并作出页岩密度与井深关系曲线。

(8)温度变化。在返流槽处连续测量钻井液温度可以发现地温梯度的改变，这种改变与钻遇异常地层压力有一定的相关性。异常高压层的地温梯度总是高于正常压力地层，这种温度增加常发生在钻遇交结面之前，因而可以作为异常压力的早期信号。这种方法的局限性是由于钻井液温度只能在地面监测，因而会受到外部环境的影响。

应当注意的是，如果上述现象之一出现，不能作为异常高压的信号，但如果这些现象同时出现，将是有价值的信号。

发现上述现象时，通常先进行一次溢流检查。如果没有溢流，应适当提高钻井液密度，每次提高值不大于 $0.02g/cm^3$，并注意观察上述现象是否稳定。如果稳定，说明此时钻井液密度可以满足要求；否则，应继续上提钻井液密度，并及时进行溢流检查。

二、溢流的中期信号

1. 钻进放空

当钻头钻入高压层时，司钻会发现钻进更容易。钻速在很大程度上取决于井底压力和地层压力之间的压差。如果压差过大，机械钻速就低；当压差低时，机械钻速就提高。如果钻井液液柱压力不变，地层压力的增加会减小压差而使机械钻速提高，钻时加快、钻进放空。

2. 泵压的变化

正常钻进时，泵压变化是井下情况的重要信号。从前面的分析可知，泵压是各处摩阻和钻柱环空液柱压力差的综合。泵压变化就是上述参数发生了某种变化。有相当多的因素影响泵压变化，因而泵压的变化能反映井下许多情况。

溢流发生时，泵压的变化分为两种情况：

(1)高压低渗地层。钻遇这种地层时，溢流是逐步发生的。首先，少量的高压地层流体尤其是气体随钻屑及渗流作用进入井眼，在循环过程中逐渐膨胀，使环空钻井液密度减小，而钻柱内钻井液密度保持不变，这样两者的液柱压力差就会引起泵压的减小，而且这种变化是逐渐增减的。司钻发现这种现象，应结合其他录井监测数据综合判断井下情况，必要时可做溢流检查或关井观察。

(2)高压高渗地层。钻遇这种地层时，溢流是立即发生的。如果地层渗透率足够高，渗流面积足够大，当溢流进入井内后将推动环空钻井液上行，使钻井液上返速度的增加量形成的多余的环空摩阻等于井底的负压差，即地面可以看到明显的井涌或井喷。所幸的是高压层的打开是逐渐的，打开初期渗流面积很小，溢流量不足以推动环空钻井液持续高速上返。即使这样，环空钻井液上返速度会有少量增加，同样泵压也会少量增加。如果地层流体是高压盐水，可能使钻井液变稠而难以泵送，从而泵压上升。司钻发现这种现象，应结合地面返速、循环罐液面及其他录井监测数据，综合判断井下情况，必要时可做溢流检查或关井观察。

3. 钻井液返流速度增加

和泵压变化一样，钻井液返流速度增加也分为两种情况：

(1)高压低渗地层。钻遇这种地层时，溢流是逐步发生的。少量的高压地层流体尤其是气体随钻屑及渗流作用进入井眼，在循环过程中逐渐膨胀，使环空钻井液体积不断增加，从而可以看到钻井液返流速度逐渐增加。如果结合泵压逐渐下降的现象，就可以判断井下情况。必要时可做溢流检查或关井观察。

（2）高压高渗地层。钻遇这种地层时，溢流是立即发生的。由于溢流推动钻井液上返，钻井液返出速度开始增加。这种增加相对来说更加突然，循环时可以观察到返流槽上钻井液返速增加，有时能听到钻井液流动声音的增大。如果结合泵压上升的现象，应立即进行溢流检查或关井观察。

流速增加早于钻井液池液面上升，因而发现溢流较早，但这有赖于良好的返速计量仪。目前国内井队配备较少，录井公司通常可以全程计量返速。

4. 钻井液池液面上升

正常钻进时，钻井液是一个封闭的、体积固定的系统，如果钻井液体积发生任何我们可以探测到的变化，必须找出原因。钻井液池液面上升，钻井液体积增加，增加量可能来自地层或加入了新钻井液。司钻应与其员工保持良好的联系，以便使司钻及早了解新加入的钻井液和添加剂能。反之，如果钻井液面下降，也可能是井漏的结果。

钻进时有些情况会使通过钻井液罐液面监测发现溢流变得困难：

（1）钻进时调整钻井液密度。加重钻井液时循环罐液面会有所上升，如果加重和钻进同时进行，就很难分清液面变化是由于溢流还是加重引起的。

（2）钻进时倒换钻井液。有时因为工艺需要，要用新的钻井液更换原来的钻井液，如淡水泥浆更换为饱和盐水泥浆或油基钻井液，此时返回的钻井液直接排放至污水池，导致循环罐液面无法测量。

（3）轻微井漏。发生溢流时如果井内存在轻微井漏，溢流增加的体积正好与井漏的体积抵消，从而很难发现液面变化。

（4）固控设备和除气设备使用。将钻井液中的大颗粒固相及钻井液中混杂的气泡排除后，钻井液体积减小，溢流增加的体积正好与减少的体积相抵消，从而很难发现液面变化。

（5）地面设备外溢或泄漏。如果钻井液罐安装不适当，会存在外溢或泄漏问题。该问题也会掩盖溢流的发生。

（6）开泵和停泵。开泵和停泵会引起循环罐液面的变化。开泵时，钻井液首先要充满地面管线、立管、水龙带等，需要一定体积的钻井液。其次，开泵造成的环空摩阻使井壁发生弹性变形而使环空容积变大，需要一定体积的钻井液。再次，对某些低压破碎地层，开泵造成的环空摩阻使地层裂缝扩展，吸收一定体积的钻井液。这些都会使钻井液罐液面下降。相反的情况是停泵。停泵时，钻台面以上高压管汇的钻井液要回流。开泵造成的环空摩阻此时消失，使井壁发生弹性收缩而使环空容积变小，地层裂缝扩展吸收的钻井液也要回流，这些都会使钻井液罐液面上升。这些液面变化都会引起溢流发现变得困难。

为了及时发现钻井液池液面变化，许多井队配备了钻井液池液面检测仪，而且指定专门人员坐岗，定期检查、监控钻井液池液面变化。但由于计量精度和液面波动的影响，通过钻井液池液面上升来发现溢流通常较晚。

5. 钻井液性能的变化

当地层的油、气、水侵入钻井液后，将改变钻井液的性能，包括氯根、全烃、失水、切力等，主要是黏度和密度的改变。油侵时，不但钻井液中可见到油花，而且会使钻井液的黏度升高、密度下降；盐水侵时，会使钻井液密度下降、黏度升高、失水增加、氯根含量增加；气侵时，会使钻井液密度下降、黏度升高，可以看到许多气泡。总之，钻井液受侵后，外观物理性质如颜色、形态、气味也会有大的变化。

6. 起钻灌浆量异常

起下钻发生溢流通常是因抽吸造成的。正常情况下，起钻时的灌浆量或下钻时的排出量应等于起出或下入钻具的体积。因溢流占据了环空空间，并滑脱上升和膨胀，导致灌浆量小于起出钻具的体积。在有些情况下，如钻头泥包、严重缩颈等情况，甚至会出现灌不进钻井液的情况。遇到这种情况应加强划眼并进行溢流检查。

7. 下钻返浆量异常

下钻时，由于钻具体积进入井眼，理论上应排出与下入钻具体积相等的钻井液量。如果下钻时井眼内存在因起钻抽吸造成的气体溢流，会出现两种情况：

（1）气体不滑脱。在下钻后期，当钻具穿过该段溢流时，其气柱高度将大大增加，其上的液柱压力明显减小，从而造成气柱的体积膨胀，使排出钻井液量大于下入钻具体积。此时应进行溢流检查。或者接方钻杆进行节流循环，将气柱排出，再继续下钻。

（2）气体滑脱。井内溢流持续滑脱膨胀，引起返浆量持续大于下入钻具体积。溢流检查时能看到自动外溢现象。此时，应关井，采取分段压井、置换法压井或强行下钻等措施，视情况而定。

三、溢流的晚期信号

如果溢流早期和中期信号不明显，或者由于各种原因无法检测，将导致环空钻井液液柱压力严重下降，地层流体以较大的速度进入井眼，形成明显的溢流现象。

1. 停泵或空井时返流槽处钻井液自动外溢

接单根停泵时，钻台面以上高压管汇的钻井液要回流，此时环空摩阻消失，使井壁发生弹性收缩而使环空容积变小，地层裂缝吸收的钻井液也要回流，因此停泵后一段时间内，返流槽的钻井液将继续流动，逐渐减小至停止。返流时间的长短与井深、泵压、钻井液性质和地层情况有关。但如果发生了溢流，返流将不会减弱和停止，甚至会逐渐增加。

空井时返流槽处钻井液自动外溢是溢流的确切征兆，这是不言而喻的。此时应立即关井。有时起钻完井队通过灌浆罐进行循环，返出的钻井液进入灌浆罐，此时则应严密监视灌浆罐液面变化。

2. 井涌或井喷

当大段气体溢流循环至井眼上部时，因气柱以上的液柱压力大大减小，气体溢流将急速膨胀，钻井液高速涌出喇叭口，甚至喷出转盘面。

第二节　溢流的检查与确认

溢流现象尤其是早期现象只代表着溢流存在的可能性，如果这些现象发生时全部立即关井，则钻井工作将无法进行。但是，对上述现象也不能听之任之。当发现上述现象时，要及时确认其原因，必要时进行溢流检查。对于溢流中后期的现象，则以及时关井、再关井观察为妥。

一、正常钻进时溢流检查

正常钻进时，要检查溢流是否发生，司钻应停泵并派人在返流槽处观察钻井液的流动。很多司钻因担心停泵引起的沉砂会形成井下复杂，或者期望早点证实溢流的存在，更愿意循环观察。对井控来讲，这是不可取的。因为循环状态下很难发现返速的微小变化，再加上循环加速了气体溢流的膨胀，使更多的溢流进入井筒，给后续的关井和压井带来困难。

正常情况下，由于钻井液的流动惯性、钻具和井壁的弹性变形以及地层微裂缝的闭合等因素，钻井液流动会在停泵后一段时间内逐渐停止。如果超过正常返流时间仍有钻井液流动，甚至流动有增加的趋势，说明溢流已经发生。关键问题是如何确定正常情况下停泵后钻井液的返流时间。返流时间的长短与井深、泵压、钻井液性质和地层情况有关。为此，司钻应尽量采用固定的钻井参数，从钻水泥塞开始，总结钻井液返流时间的基本长短的规律，在此基础上，对井眼进行观察。对于水基钻井液来说，通常观察 5~10min；对于油基钻井液，观察起来就比较困难，即使已经停泵，气体溶解于钻井液中只在接近地表时才析出，对油基钻井液也许需要观察 30min 以上。如果发现溢流，司钻应尽快关井以减少溢流量。溢流检查的步骤如下：

（1）发出警报；

（2）停转盘；

（3）上提方钻杆至下接头出转盘面；

（4）停泵；

（5）派人监视返流槽至少 5~10min；

（6）如果溢流，两声短鸣笛，立即关井；

（7）如果没有溢流，三声短鸣笛，继续钻进并仔细观察进一步的显示；

（8）记录检查结果。

二、起下钻时溢流检查

起下钻时溢流发生的早期现象主要是灌/排浆量和起出、下入的钻具体积不对，因此，起下钻时一定要认真核对灌/排浆量，如果发现异常，立即进行溢流检查。即使没有溢流信号，也应在下列时间检查：

（1）刚提离井底时；

（2）起前 10~20 柱；

（3）钻头出水平段前；

（4）发现阻卡之后；

（5）钻头起到套管鞋处；

（6）第一柱钻铤进入防喷器之前；

（7）空井时（不断检查）；

（8）下钻时到套管鞋时；

（9）下钻到井深的一半。

起下钻时进行溢流检查的步骤如下：

(1)发出警报；

(2)将钻具坐在转盘上；

(3)安装全开安全阀并关闭(井口回压阀)；

(4)确认井眼充满钻井液；

(5)监视灌浆罐体积变化5~10min；

(6)如果溢流，发两声短鸣笛信号，立即关井；

(7)如果没有溢流，查明异常原因，否则，如果是起钻，则下回井底并认真校核排出量。下钻过程中及时计量排浆量，按下钻要求执行；如果是下钻，则接方钻杆循环，必要时节流循环，注意观察返出钻井液性能；

(8)记录检查结果。

第三节　复杂井井控要求

溢流的及早发现和确认是井控最关键的环节，在钻井的各个环节都要谨慎小心，科学对待。随着油气开发日益困难，复杂区块越来越多，钻井过程中溢流发现的工作更应从各个细节入手。下面介绍复杂地区钻井的一些注意事项和要求。

一、窄压力窗口钻井

窄压力窗口是指地层破裂压力与地层孔隙压力之间的差值很小。钻进时，钻井液密度高很容易造成井漏，而钻井液密度低，则容易发生溢流，且在后期压井时很难有效排出溢流。在这类地区钻进时，应注意以下问题：

(1)确保接单根停泵时返流体积和返流时间得到记录，有时甚至要求返排流体要流到计量罐进行计量，并与其他接单根时的情况进行对比。继续钻进时，钻井液罐液面要与接单根停泵前的高度一致。如果液面增加，就要进行溢流检查，发现溢流，立即关井。如果找不出液面上升原因，很有可能是起钻时抽吸的地层流体。循环一个迟到时间，注意观察返速和循环罐液面，不正常增加则预示为气体。

(2)除非储层压力已知，否则在加重、换浆、使用固控设备(离心机)时不要钻进，因为这些操作会影响溢流发现。如果要进行，需停钻循环。只有各方面都能保证计量的准确性，才能同时钻进。

(3)在防喷器试压时，要对比不同地点的压力表读数，以确保读数正确。

(4)开泵前缓慢转动并活动钻柱，可以降低开泵压力激动。

(5)停泵时间过长时，应通过灌浆罐地面循环来监控井眼。

(6)灌浆罐备用时应保持半罐钻井液，这样既增加了返出钻井液计量的准确性，又可以在需要的时候随时向井内灌浆。灌浆罐内的钻井液应每班用现用钻井液更换一次。

(7)节流管汇按硬关井设置。

(8)不要为了防止压漏地层而放喷。

(9)喷嘴应尽可能大，以便随时循环堵漏材料或注水泥。

(10)安装钻具旁通阀，在水眼堵塞时可打开钻具旁通阀。

(11)使用欠平衡钻井。

二、钻井液密度/压力管理

井底压力是井控关注的焦点。井底压力是钻井液液柱压力和环空摩阻的函数，这两者都和钻井液密度有关，反过来井底压力和温度又影响钻井液密度。因此随时了解井下条件下的钻井液密度和井底压力对安全钻井很重要。这可以通过使用相关仪器和软件来实现。

1. 压力管理的目标

(1)确保充分的井底压力以平衡地层压力。

(2)在破裂压力和地层压力之间保持合理的压力值，实现既不溢流又不出现漏失及返吐现象。

(3)使各种钻井操作在合理的范围内进行，即起下钻速度不至于太慢，泵速不至于太低。

要达到该目标的前提是钻井液性能维护好，具有良好的流变性，既能保持井眼清洁，又能足以悬浮固相颗粒，还不会有太大的激动压力和摩阻。

2. 实现压力管理的方法

(1)通过实验获得最薄弱地层的破裂压力。

(2)设定操作所需的过平衡值，如果需要，可采取预堵漏等措施提升地层抗破压力。

(3)评价各种操作的影响效果。

(4)设定井下静止压力，然后计算所需的地面钻井液密度。

(5)在返流槽出口及循环罐中测量钻井液密度和温度，发现偏差及时报告。

(6)必要时可以调整操作参数，如降低泵速减少环空摩阻。

(7)监控各种操作并持续评价过平衡值。

三、循环罐管理规定

(1)循环罐容积的任何变化都应看作是因井内问题造成的。

(2)任何倒换钻井液、使用固控设备、添加化学药品、稀释钻井液等能影响钻井液体积的工作开始和结束时都要告知司钻和录井人员。

(3)不要向现用罐添加任何能改变其容积的物质。必须添加时，应停止钻进，原地循环。钻井液工程师应计算该活动引起的液面变化。

(4)不要随意使用固控设备，除非你能精确掌握其对液面产生的影响。

(5)在下钻后循环、溢流检查时，要指派两名有经验的员工进行观察。

(6)停泵前后都要检查当时的液面高度。

(7)每班一次检查确认液面报警器工作正常。另外，确认钻井液录井人员和司钻记录的钻井液体积的一致性。

四、机械钻速控制

(1)在一个循环迟到时间内进尺不要太多，这样打开的高压层裸露面积也不多。监督应根据井下情况决定一个迟到时间内的最大进尺。钻井液录井人员要让司钻随时知道井底钻井液上返的确切位置。

(2)钻井参数应保持正常一致,以确保地层压力及返流的正常趋势和异常变化能得到确认。为确保用钻速预测地层压力数据的有效性,要用停钻循环的方法控制进尺,而不是改变钻井参数。

五、地层压力监测

地层压力变化时会有许多信号传递到地面,通过及时收集这些信号,可以及时发现地层压力变化,调整钻井液密度,保障井控安全。这不仅对常规井有意义,对复杂井的意义更大。

1. 钻井液气测值

钻井液气测值升高是地层压力升高的良好显示,背景气量升高是地层压力升高的定量显示。但在使用气测值解释地层压力变化时应注意一些问题,因为除了地层压力外,还有其他因素影响气测值(如接单根或溢流检查)。因此,一些操作尽量使用标准化操作程序是很重要的,这样可以方便地分辨出这些操作对气测值的影响。在监测因地层压力变化引起的钻井液气测值变化之前,有必要先找出规定的泵速和上提钻柱速度条件下引起的钻井液气测值变化规律。基本做法是:

(1)用标准化的停泵操作产生可在地面观察到的钻井液气测值变化;

(2)保持稳定泵速,努力消除背景气的突变;

(3)通过保持一致的钻井参数消除岩屑气测值的突变;

(4)在返流槽和钻井液罐上定量测量钻井液气测值。

停泵对钻井液气测值的影响有两个方面:一个方面是停泵时环空摩阻消失引起的气测值升高;另一个方面是上提钻柱的抽吸效果引起的气测值升高。因此,可以用两个实验分别确认这两种操作的影响效果。

2. 停泵试验步骤

(1)钻进一段距离,拉井壁;

(2)循环3min,把岩屑气和停泵气分开;

(3)停泵10min,同时缓慢活动钻具;

(4)循环3min;

(5)继续钻进,根据迟到时间,在地面测量记录钻井液气测值。

该试验也可在接单根时进行。如果接单根的停泵时间为8min,则可以多停泵2min,同时缓慢转动钻柱,以便试验结果之间进行比较。

3. 抽吸试验

抽吸试验用于确认静态过平衡量或起钻安全余量,步骤如下:

(1)停泵,用已知和记录的中等速度上提钻具一个半单根;

(2)下回井底,循环30s;

(3)停泵,用同样的速度上提钻具一个半单根,再下回井底;

(4)继续钻进并循环一个迟到时间,当循环至距井口相当一段距离时开始节流循环,可在返浆处测气体含量;

（5）如果井底接近平衡状态，实验结果将会有两个间隔30s的气测峰值。抽吸引起的井底压力下降值和气测峰值可用于解释地层压力变化。

4. 其他要求

（1）所有钻井液密度要根据温度变化情况进行调整，应随时监测返流槽温度。

（2）全泵速循环要逐步建立，尤其是开泵前要缓慢转动和上提钻具。

（3）在小井眼段，停泵时很容易发生溢流，因此，停泵时要精确计量返流钻井液量，还要仔细对比停泵前后的钻井液罐液面，任何异常都要进行溢流检查。有溢流，立即关井。

（4）先停泵再上提钻具很容易产生溢流，接单根时必须在开泵的情况下上提钻柱。

（5）起下钻前，上提速度对应的抽吸压力必须计算。

（6）每次下钻后，进行一次节流循环。

5. 膨胀与反吐现象

有许多理论描述井眼膨胀的基本原理，最常见的是由于钻井液静液压力及环空摩阻使井筒向外鼓胀，或是这些压力使钻井液进入由它引起的不断增长的岩石裂缝中。当压力减小时，井筒收缩或裂缝闭合，驱使流体返回井眼而在地面造成明显的外溢现象。

在任何窄压力窗口井上，膨胀和反吐是很可能发生的。但是现场上，要注意反吐和回排、滞流的区别。回流是指停止循环时，返流槽、高压管汇等处的钻井液回流到钻井液罐中，需要一段时间，且会使钻井液罐液面升高。滞流是指停止循环时，由于钻井液的流动惯性、钻柱内压的释放及钻井液受热膨胀等原因继续回流的现象。

因此，回排和滞流效果在不同泵速下的时间规律应在钻技套水泥塞前进行测定，其结果可以作为模板供以后对比。

反吐现象并非在每个高压地层都会遇到，其严重程度取决于地层性质、井眼状态和施工情况。典型的发生在8½in及以下井眼中的反吐现象是由环空摩阻引起的，可以通过停泵观察到，看上去就像井涌在发生。如果此时关井，关井立压将等于或稍低于环空摩阻。

经常发现在发生反吐后循环一个迟到时间的气测值高于常规接单根气、岩屑气和背景气，使人们误以为气体因欠平衡而进入井内，其实仅仅是因为压入地层裂缝的流体返回井内。

困难的是如何区分反吐和真正的溢流，而且更为困难的是对于高环空摩阻的情况，真正的溢流只有在停泵时才能显示出来，很难在循环过程中依靠液面观察来发现异常。如果判断错误，就意味着可能浪费时间去压一个并不存在的溢流，而且压过之后加重钻井液在开泵时膨胀更严重，反吐更明显。相反，如果一个真正的溢流被误认为是反吐，就可能导致关井过晚、溢流量过大，最终井喷失控。

处理反吐现象要点：

（1）反吐现象在每次接单根时的表现应该是一致的，不应该在两次接单根时有明显的反吐量的增加。因此，应在每次接单根时监测反吐量并归纳出规律。钻井液录井人员也应进行该项工作，并与司钻的观察相互佐证。建立趋势线时一定要很小心，即第一次反吐时要按溢流处理，直到能够证明其为反吐现象。一旦趋势建立，连续的现象就应该看作反吐而继续钻进。

（2）由于很难确定停泵后外溢是溢流还是反吐，最好任何外溢现象都先关井。原因是很难区别外溢是由于当前井底发生了溢流还是不久前的井侵在井口附近的膨胀造成的。第一种情况在较长时间内会引起井喷或失控，第二种情况短时间内就会有危险。这种情况的原因可能是前面的溢流被误认为是反吐而循环至井口或者是低渗地层的溢流没有被察觉而循环至井口。

（3）反吐流体在井中的位置应随时掌握。只有这样，在这些流体接近井口时才能给予特别的注意，使其不过分膨胀，并及时根据情况改为节流循环。

（4）在油气层钻进时尤其是打开新的地层后，不能依靠前期经验，把钻井液外溢当成反吐，要保证万无一失。

第四节　钻井液维护及坐岗

一、钻井液维护及处理

1. 钻井液日常测量性能情况

钻井液是钻井的血液，没有钻井液就不能实现正常施工，钻井液常规性能是钻井现场使用的钻井液准则，维护钻井液性能在一定的设计范围是保证钻井液稳定的标准。特别是钻井液密度日常维护是搞好井控安全生产和施工顺利的重要保证。

钻井液常规性能包括：钻井液的密度、黏度、切力、失水量、固含量等。钻井液的密度是指每单位体积钻井液的质量，常用 g/cm³ 表示。钻井液密度测量是钻井工程中较难解决的问题，因为钻井液是在不停地循环流动，钻井液池中的钻井液还要不停地搅拌，其温度变化范围较大，钻井现场的环境也较恶劣，这给准确测量密度带来了一定的困难，下面列举了几种密度测试方法。

1）谐振频率法

该装置根据弹簧质量系统原理，设计成直管或 U 形管两种形式。闭环振荡电路保持该谐振管作自由振荡，由于振荡频率与流过管内液体的密度有关，我们可以把这个系统简化为一个弹簧振子模型。由于钻井液是通过振动管参与系统的振动，当钻井液的密度 ρ 发生变化时，在恒定体积中的钻井液质量即：$m = \rho \cdot v$ 也发生了变化，导致系统振子的质量 m 发生变化，因此该系统的固有频率 f 也相应变化。在工程应用的数值范围里，这个频率可以和通过系统的液体密度成一一对应关系。

通过数字处理电路，可根据检出的频率换算成流体密度。该装置的测量精度极高，如美国加利布朗系统公司的一种 SPUP620 型密度计，其精密可达 0.0001g/cm³，但是在钻井现场要使用它，必须要加接钻井液专用管道，进行引流和回流。

2）吹泡测压法

整个装置由气源、稳压阀、恒定流量计、压力变送器和插入容器下面的管子组成。因为通过管子的气体流速是恒定的，所以保持气体恒定流动的压力（即送入变送器的压力）就等于管口处到液面垂直距离乘以液体的相对密度。

3）浮子浮力法

该系统由浮子、吊索和拉力传感器等组成，由于在液体中的浮子 W，受到的浮力为：

$$F = V_w \rho g \qquad (1-3-1)$$

式中，V_w 为浮子排开液体的体积；ρ 为液体密度；g 为重力加速度。

吊索的张力为：
$$T = Q_w - F \qquad (1-3-2)$$

式中，Q_w 为浮子重力；F 为浮子浮力。

可得到：
$$T = Q_w - V_w \rho g \qquad (1-3-3)$$

式中，Q_w，V_w，g 均为常数，则张力 T 与液体密度 ρ 成反比例的线性关系，只要测出张力 T，就能换算出液体密度。

4）双法兰差压法

该装置由差压变送器和固定机架组成，上法兰、下法兰所受的压力分别是 P_1、P_2：
$$P_1 = \rho g h_1 \qquad (1-3-4)$$
$$P_2 = \rho g h_2 \qquad (1-3-5)$$

式中，ρ 为液体的密度；g 为重力加速度；h_1、h_2 分别为上、下法兰距液面的距离。
$$P_2 - P_1 = \rho g (h_2 - h_1) \qquad (1-3-6)$$

由于
$$H = h_2 - h_1, \quad \Delta P = P_2 - P_1$$

则
$$\Delta P = \rho g H \qquad (1-3-7)$$

当 H、g 都是常数时，ΔP 与 ρ 即是线性的一一对应关系，通过测量 ΔP 就可以换算出液体的密度。

钻井液常规性能密度、黏度测量频率一般在正常钻进阶段，每 0.5 ~ 1 h 测 1 次；特殊情况需加密测量，5 ~ 10min 测一次，如钻遇油气层中快钻时或测后效。其他性能，如流变性能 $\Phi 300 ~ \Phi 600$、AV（表观黏度）、PV（塑性黏度）、FL（滤失量）、pH 值、YP（动切力）等，每 6h 测 1 次，调整性能后或有复杂情况发生时加密测量；固含量、膨润土含量、含砂量、$HTHP$（高温高压滤失量），每天测 1 次，调整性能后或有复杂情况发生时加密测量。

2. 钻井液日常维护处理情况

钻井过程中坐岗人员须了解钻井液日常维护量，这是准确测量钻井液不可缺少的项目。钻井液日常维护与处理是保证井下安全、井眼畅通的重要手段。钻井液日常维护与处理方法是在钻进或循环时在 1 号循环罐加入，一般在一个或两个循环周进行边循环边加入胶液。钻井液日常维护与处理量与所钻井眼地层、井眼尺寸、井深和钻井液类型有关。不同地层、井眼尺寸、井深和钻井液类型，其日常维护与处理量不同。如中原油田内部一口设计井深 3500m，二开采用 $\Phi 311.2mm$ 钻头钻至 1500m，下 $\Phi 244.5mm$ 技术套管 1500m，三开采用 $\Phi 215.9mm$ 钻头钻至 3500m，下 $\Phi 139.7mm$ 油层套管 3500m。在二开大井眼阶段 300 ~ 1500m，地层：明化镇、东营，使用低固相聚合物钻井液每天补充胶液 70m^3 控制造浆。三开 $\Phi 215.9mm$ 井眼，井段 1500 ~ 3500m，地层：沙一段，每天补充胶液 30 ~ 50m^3 控制钻井液失水，防止水化分散。如有盐层，需要每天补充胶液 40 ~ 60m^3 才能顺利穿过盐层，防止沙一盐污染。在沙二地层，每天补充胶液 30 ~ 40m^3 进行日常维护钻井液性能。在沙三段地层，如无盐层，每天补充胶液 20 ~ 30m^3 进行日常维护钻井液性能；如有文 23 盐和文 9 盐，使用饱和盐水泥浆，每天补充胶液 20 ~ 50m^3 进行日常维护钻井液性能。同时还要考虑使用固控设备净化钻井液，运转时效，排出的沙子多少所占的钻井液体积。所以，在不同地层、井眼尺寸、井深和钻井液类型其钻井液处理量不同，坐岗测量钻井液液面时要考虑到所加的胶液量和排出的沙子量，这样可以准确测出液面变化，为正确判断溢流提供可靠信号。

二、坐岗

1. 坐岗人员确定及要求

开发井从钻开油气层前100m，探井、"三高"井从安装防喷器到完井，应安排专人24h坐岗观察，定时将观察情况记录于"坐岗记录表"中，发现溢流、井漏应按程序处置并上报。中原油田要求坐岗由钻井人员、钻井液人员和地质录井人员负责，钻井人员重点监测钻井液液面变化，钻井液人员重点监测钻井液性能变化，地质录井人员重点监测参数变化。录井队录井工从录井施工之日起开始坐岗；观察井口钻井液返出情况、每15min记录一次罐液面变化并做好记录。发现异常情况加密监测，发现溢流或其他异常情况及时报告。

起下钻由钻井液工每3柱钻杆或1柱钻铤核对一次钻井液灌入、返出量与起出、下入钻具体积，并做好记录；在电测、空井时，坐岗工应坐岗观察钻井液出口管，并认真填写坐岗观察记录。钻井队值班干部应检查坐岗工坐岗情况，并签字。

2. 坐岗人员丈量、计算、记录钻井液量变化的具体方法

出口管钻井液返出量增大，钻井液液面升高，起钻时钻井液灌入量小于起出钻具体积或灌不进钻井液，停泵或停止下放钻具时井口仍有钻井液自动外溢等现象都是溢流的直接而主要的显示，因此，通过观察，记录钻井液量的变化是及时发现溢流的主要手段。及时发现在不同工况下的溢流显示，并及时校核对钻井液量的变化，及时提醒灌浆，报告险情迅速控制井口，是坐岗人员的重要职责。

1) 钻进工况坐岗方法

钻进或循环钻井液时由井架工坐岗，每10~15min观察记录一次返出量的变化，观察钻井液槽面有无气泡、油花、气味（H_2S）和钻井液池液面变化，并测定一次钻井液密度、黏度。

正常钻进中，随着井深的增加，井筒容积也不断增加。因此，在钻井液总量（井筒钻井液量＋地面循环灌中的钻井液量）没有人为变化的情况下，地面循环灌中的钻井液量将不断减少。每钻进单位进尺时：

$$井筒容积增量 = \pi D^2/4 \times 进尺 \qquad (1-3-8)$$

式中，D 为钻头外径，dm。

$$钻具体积增量 = 每米钻具体积 \times 进尺$$
$$井筒钻井液增量 = 井筒容积增量 - 钻具体积增量$$
$$地面钻井液减少量 = 井筒钻井液增量 + 自然消耗量（地面蒸发、地层渗漏、井径扩大等）$$

所以，正常情况下每钻进单位进尺，钻井液循环罐中的钻井液减少量，至少应该等于井筒钻井液量增量。若钻井池中的钻井液减少量小于井筒钻井液增量或不减少反而有液面升高趋势，说明有地层流体侵入井内，发生了溢流。若钻井液减少量很明显，大大超过井筒钻井液增量时，说明井下出现漏失。为了计算方便，应将循环罐钻井液的变化用液面高度的变化来表示。

$$循环罐钻井液增减量 = N \times 循环罐液面高度增减量 \times 循环灌长 \times 循环灌宽$$

正常钻进中，每钻进单位进尺，循环罐至少应该下降的液面高度 = 每钻进单位进尺井筒钻井液增量/[N \times 钻井液罐长 \times 钻井液罐宽]

式中，N 为钻井液罐数量，若钻井液罐大小不一，则应分别计算，如果正在处理钻井液加胶液，还要考虑向循环罐加入的胶液量。

实际工作中，每 10~15min 观察一次钻井液变化量，并量出钻井液液面变化高度，然后再换算成体积记录在坐岗记录本上。

2)起、下钻工况坐岗方法

起、下钻工况由钻井液工坐岗。起钻作业中，观察灌钻井液时井口是否返出。下钻时观察钻井液返出量是否正常，并及时复核钻井液灌入量或返出钻井液量是否与起出或下入钻具体积相符，每 15min 填写一次坐岗记录。

(1)起钻工况坐岗方法：

起钻作业中，原来由钻具和钻井液充满的井筒，因钻具起出而出现掏空，使钻井液液柱高度下降，为了保持钻井液高度必须向井内灌入与起出钻具体积相等的钻井液量，即：

$$起钻灌入钻井液体积 = 起出钻具体积$$

$$循环罐液面下降高度 = 起出钻具体积 / [N \times 钻井液罐长 \times 钻井液罐宽]$$

因此，起钻作业中要连续灌浆，使井筒中因钻具起出而下降的钻井液液面得到及时补充。一般情况下起钻杆每 3 柱灌满一次，钻铤每 1 柱灌满一次。灌浆时坐岗人员必须在返流槽处观察是否灌满返出，若没有钻井液返出应提醒司钻继续灌浆，直到钻井液返出井口；然后丈量钻井液罐液面下降高度，再换算成体积与起出钻具体积相比较，看钻井液灌入量是否等于起出钻具体积，并将灌入量记录在坐岗记录本上，发现异常立即报告司钻和值班干部，查明原因，并采取有效措施。

(2)下钻工况坐岗方法：

下钻作业中，因钻具的下入要从井筒内排出一部分钻井液，其排出量在正常情况下应等于下入钻具体积。随着井内钻井液的排出，钻井液罐面液面高度就不断上升。

$$循环罐液面上升高度 = 下入钻具体积 / [N \times 循环罐长 \times 循环罐宽]$$

下钻作业中，坐岗人员要观察井口返出量和循环罐液面上升情况，丈量上升高度是否与计算值相符。因此，要求每 10~15min 观察记录一次返出量，待钻具下放静止，出口停止返出时，丈量钻井液罐液面上升高度，并换算成体积记录在坐岗记录本上，与下入钻具体积相比较，发现异常也应立即报告司钻和值班干部，查明原因，采取有效措施。

3)空井工况坐岗方法

空井工况是坐岗人员最易发现溢流的，如果未向井内灌浆，循环罐内液面不发生变化。如空井时间长，需要向井内灌浆，灌浆后要重新丈量循环罐液面。空井工况坐岗人员在返流槽处观察即可，但每 10~15min 填写一次坐岗记录，如出现返浆说明发生溢流，立即报告司钻和值班干部。

第四章 关井与防喷演习

尽管一级井控是我们追求的目标，是井控的最高境界，但由于井下情况的复杂性及操作人员素质、设备性能的不一致性，一级井控失效是经常发生的，这样井队必须面对二级井控的局面，即关井并压井。

钻井过程中及时发现溢流，并采用正确的操作程序迅速地控制井口，是防止发生井喷的关键。通过迅速关井，可以使进入井内的地层流体及排出的环空钻井液体积达到最小，从而可以减小初始关井套压和压井时的循环套压及套管鞋处的压力，降低压漏地层、发生地下井喷或憋破套管、抬井口的可能性。

第一节 关井原则

一、溢流量最小原则

一旦确认溢流，就应及时关井。关井越迅速，溢流就越小；溢流越小，越容易控制，一般控制程序也越安全。如果关井太晚，溢流量过大，关井时套压会超过最大允许套压，或者在压井循环过程中，套压超过最大允许套压，给压井带来困难，甚至导致井喷失控。要做到这一点，班组人员要牢记两个子原则：

1. 井控安全第一原则

班组员工应该把井控安全放在首位。工作中发现的任何和井控相关的异常现象，应立即停止手头工作，向司钻汇报。

2. 班自为战原则

发现异常情况，司钻必须反应迅速，行动果断，不能徘徊、观望，等待指令甚至心怀侥幸，从而丧失关井的最佳时机。

二、最大允许套压

关井及压井过程中，套压作用在井口防喷器组、最内层套管和下部的裸眼地层上。防喷器组、套管都有其额定的抗压能力，如果超过其额定的抗压能力，将发生套管破裂或防喷器损坏。而裸露的地层当压力过高时会产生裂缝，形成井漏或地下井喷。如果套管下深较浅、地下裂缝与地面连通时，油气将会从钻台周围喷出造成井喷失控。因此，关井及压井过程中，为确保地面设备、套管和地层三方面的安全，未下技术套管理的井必须控制套压不超过井口装置额定工作压力、套管抗内压强度的80%、地层破裂压力所允许的关井套压值三者中的最小值，此值称为最大允许套压。已下技术套管的井，最大允许关井套压应同时不超过井口装置额定工作压力、套管抗内压强度的80%。

对于深井或套管下得很深而防喷器配置压力级别低的井，套管的抗内压强度和防喷器的额定工作压力也许会成为最小值。对于浅井和中深井，通常薄弱部分是在最后一层套管鞋附近的地层。

套管的抗内压强度和防喷器的额定工作压力可以根据供货商提供的资料或手册来确定。地层破裂压力所允许的套压值则取决于地层破裂压力与当前所使用钻井液密度，即：

$$P_{cmax} = P_f - 0.0098\rho_m H_c$$

要获得当前井眼状态下的最大允许套压，需至少确定三个参数：在用钻井液密度、套管鞋垂直深度和地层破裂压力数据。前面两个参数很容易获得，而地层破裂压力的确定通常是通过地层破裂压力试验。

在获得地层破裂压力数据后，结合可能的钻井液密度调整情况，钻井队通常把不同钻井液密度对应的最大允许套压列表贴在钻台和节流管汇附近，以供关井和压井时参考。

三、地层破裂压力试验

1. 破压试验操作步骤

在准备好破压试验所需试压泵、工具及管汇后，即可着手进行试验。

(1) 将钻具下至井底，开泵循环，并调整钻井液性能。使进出口密度差最小，达到全井钻井液密度均匀。然后，将钻头提至套管鞋处，并关闭闸板防喷器。

(2) 在井口接好试压接头，以小排量（约 40～80L/min，或 0.66～1.32L/s）从钻具内注入钻井液。精确测定并记录注入量与相应时间的井口压力。

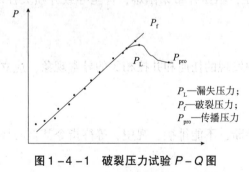

图 1-4-1 破裂压力试验 P-Q 图

(3) 根据相应注入量 Q 与井口压力 P，作出 $P-Q$ 图（图 1-4-1）。

(4) 记录下 $P-Q$ 图上的漏失压力 P_L，破裂压力 P_f 及传播压力 P_{pro}。

(5) 求破裂压力。

$$P_f = 0.0098\rho_m H_c + P_c \qquad (1-4-1)$$

式中，ρ_m 为试验时所用钻井液密度，g/cm³；H_c 为套管鞋井深，m；P_f 为破裂压力，MPa；P_c 为地层破裂时的套压，MPa。

2. 地层破裂时的套压

从以上压力关系可以看出，地层破裂时的套压和地层破裂压力、井内钻井液密度有关。对于一口井来讲，套管鞋的深度、地层及其破裂压力是不会改变的，但钻井液密度则根据具体情况发生变化，这样引起套管鞋处破裂的套压也随着发生变化。如下式所述：

$$P_c = P_f - 0.0098\rho_m H_c \qquad (1-4-2)$$

如果钻井液密度增加，引起套管鞋处破裂的套压将减小。

许多井队做完破裂压力试验后，根据实验结果将可能用到的钻井液密度与对应的引起套管鞋处破裂的套压值计算好，以表格的形式贴在节流管汇处，供关井时参考。

3. 地层破裂压力试验应注意的问题

(1)下套管后，钻出一定裸眼长度(通常 3~5m)或套管鞋下第一个砂层 1.0m 后，就应做破压试验。

(2)试验时，必须小排量进行。排量过大，可能引起快速破裂，难于测定和记录破裂压力，最好用水泥车或试压泵，否则应控制压力增量或每次泵入钻井液量。

(3)若试验时可能引起过高井口压力或试压泵能力较低时，可适当提高井内钻井液密度进行试验。

(4)对于碳酸盐地层，破裂试验压力只做到预期最大钻井液密度，能保证套管鞋处在钻进高压层或关井时不发生破裂即可。

(5)对于砂泥岩地层，通常以漏失压力作为计算依据。

(6)为保证试验结果准确，应保证套管鞋深度准确、压力表灵活、钻井液密度均匀。

四、最大允许钻井液密度

由最大允许套压概念可以推出最大允许钻井液密度的概念，即不会引起套管鞋处地层破裂的最高钻井液密度：

$$\rho_{mmax} = 102P_f/H_c \qquad (1-4-3)$$

五、溢流容限

由于套管鞋处的承压能力是有限的，因此，其能关闭溢流的能力也是有限的，这个限额就称为该套管的溢流容限，也叫井涌余量。即当前关井套管压力与最大允许关井套压的差值。也可以用最大允许钻井液密度与当前压井所需密度差值来表示。

关井时，关井套压可以用下式表示：

$$P_c = P_m - P_p - P_k = 0.0098\rho_m(H-H_k) - P_p \qquad (1-4-4)$$

溢流容限：$KT = 102(P_{cmax}-P_c)/H = 102\{P_{cmax}-[0.0098\rho_m(H-H_k)-P_p]\}/H$

式中，P_m 为钻井液液柱压力，MPa；P_p 为地层压力，MPa；P_k 为溢流段占用的钻井液液柱压力，MPa；H 为井眼垂深，m；H_k 为溢流高度，m；KT 为溢流容限，g/cm³。

由上式可以看出，溢流对井口和套管鞋处的压力影响或者说当前关井套压受许多因素的影响，主要的因素有两个：

①溢流层的地层压力。即使没有溢流，过高的地层压力也会导致套管鞋处的压力达到破裂压力。

②溢流高度。即使地层压力低于钻井液液柱压力，由于抽吸或岩屑气引起的溢流也会影响溢流容限。

以上是两个极端的情况。通常情况下，地层压力会有某些升高，溢流也有一定的体积，此时溢流容限介于两者之间。

第二节　关井方法和步骤

听到警报后，在各自的岗位上按照司钻的统一指挥，采取正确的行动迅速控制井口，即"早期发现，班自为战"八字要求，是钻井队每一个工作人员应具有的基本技术和重要的职责。

一、井口及其控制设备

为防止井喷，及时关井，井口配备了以液压防喷器为主体的井口装置(又称防喷器组合)以及节流管汇为主的井控管汇。主要包括：①液压防喷器及其控制系统；②套管头；③四通；④过渡法兰；⑤节流压井管汇及手、液动平板阀及节流阀。

其布置如图1-4-2、图1-4-3所示。其中，套管头连接在套管上，用以支撑上部四通和防喷器组合。过渡法兰用于调整四通的高度，保持防喷管线平直接出。四通是节流循环及放喷的出口。液压防喷器组合用以关闭各种状态下的井口环空。节流压井管汇用于关井、压井及放喷。

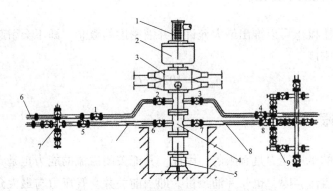

图1-4-2　双四通井口井控管汇示意图

1—防溢管；2—环形防喷器；3—闸板防喷器；4—四通；5—套管头；
6—放喷管线；7—压井管汇；8—防喷管线；9—节流管汇

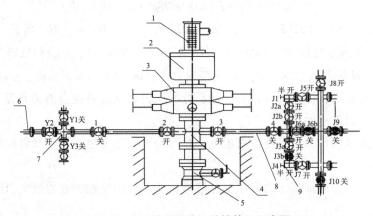

图1-4-3　单四通井口井控管汇示意图

1—防溢管；2—环形防喷器；3—闸板防喷器；4—四通；5—套管头；
6—放喷管线；7—压井管汇；8—防喷管线；9—节流管汇

二、关井方法

常用的关井方法有两种：一种是软关井，一种是硬关井。其主要差别在于关闭防喷器前是否打开液动平板阀及节流阀。

软关井是待命情况下节流阀处于半开状态，关井时先打开液动平板阀，在有钻井液出口的前提下关闭防喷器，最后关节流阀试关井。

硬关井是不打开液动平板阀，直接关闭防喷器。

软关井的主要优点在于关井时可以减小钻井液对井口的水击作用，且关井时可以观察套压变化，防止关井套压过高压漏地层。但其关井时间长，造成溢流量大，后续压井过程中套压及套管鞋处压力偏高；硬关井则相反。现场工作中采用哪种关井方法取决于井眼情况和各公司的具体规定。

因关井方法不同，要求节流压井管汇的状态也不同。正常情况下，防喷管线上的1#、4#(8#)平板阀处于关闭状态，2#、3#平板阀及各防喷器处于全开状态。节流管汇各阀开关位置如表1-4-1所示。

表1-4-1 节流管汇闸门开关状态

闸门编号	开关位置
J2a、J2b、J3a、J5、J6a、J7、J8	开
J1、J4	开 3/8～1/2(软关井) 关(硬关井)
J3b、J6b、J9、J10	关

三、钻进过程中的软关井程序(以方钻杆为例)

(1)发：发出信号。

发信号的目的是报警，通知井内可能发生了溢流，井处在危险之中，指令各岗人员迅速就岗，执行其井控职责，准备实施对井口的控制。信号统一为：一长鸣笛信号(15～30s)。

(2)停：停转盘，上提方钻杆，停泵。

上提方钻杆是指把钻具提至合适位置。一般是把方钻杆下的第一根钻杆上接头提出转盘面0.4～0.5m。上提方钻杆有三个目的：①为关井创造条件。②为扣一空吊卡或坐卡瓦创造条件，防止刹车系统失灵造成顿钻。③防止井下出现复杂情况或地面循环系统出现故障，为采取补救措施创造条件。

关于停泵时机，国内外意见有分歧。国内油田的习惯做法是停转盘、停泵，再上提钻具，认为这样可以避免忘记停泵的失误，防止溢流过分上行、膨胀。国外的习惯做法是停转盘、上提钻具，再停泵。这样做有三个好处：①最大限度地减少抽吸。因为带方钻杆上提钻具时，如果停泵，钻杆相当于堵死状态，上提时抽吸严重，相当于拔活塞。②维持环空摩阻，增大井底压力，减少溢流量。③开泵上提钻具，可以冲散溢流，防止大段气体聚集，从而降低溢流出井时的套压。总体来看，国外的做法有利于井控工作的进行。

停泵后进行溢流检查，无溢流，恢复钻进；否则，发两声短鸣笛关井信号（鸣笛时间每声 2~3s；间隔 2s），实施关井。

（3）开：开启液（手）动平板阀。

软关井节流阀待命时是处于半开状态，单四通打开 4#平板阀或双四通打开 8#平板阀后，节流管汇就可开通，实现软关井。

（4）关：关防喷器（先关环形防喷器，后关半封闸板防喷器）。

国内要求是先关环形防喷器，后关半封闸板防喷器。这里存在一个问题，即环形防喷器和半封闸板防喷器同时承压，或者半封闸板防喷器承压。而半封闸板防喷器比环形防喷器更接近井口，从屏障理论上讲更重要。对于只有一道半封闸板防喷器的井口防喷器组合，如果半封闸板防喷器失效，就无法带压维修或更换。因此，国外要求先关环形防喷器，根据情况再关半封闸板防喷器，如环形防喷器刺漏、井内钻具较少有上顶危险等。

（5）关：关节流阀试关井，再关节流阀前的平板阀。

试关井是指关节流阀时，注意观察套压表的变化，防止套压超过最大允许套压。在将达到最大允许套压时，不能再继续关节流阀，应在控制套压接近最大允许套压的情况下，节流放喷，并迅速用钻进时排量向井内打入储备的加重钻井液，采用低节流法压井，控制溢流，重建井内压力平衡。当关井套压没有超过最大允许套压时，则可把节流阀关闭。

有些类型的节流阀没有完全断流功能，正常关井后，为获得准确的关井压力数据，应关闭节流阀前的平板阀。但新型节流阀可以实现完全断流，此时没有必要关闭节流阀前的平板阀。

（6）看：确认关井，认真观察、准确记录立管和套管压力变化、关井时间以及循环池钻井液增减量，并迅速向队长或钻井技术人员及甲方监督汇报。

关井完成后，应在井口、返流槽等处进行检查，确认无钻井液刺漏或返出。同时监控检查防喷器控制系统是否完好。如果关闭半封闸板防喷器，此时应锁紧。

发生溢流后，由于井眼周围地层流体进入井内，致使井眼周围地层压力小于实际地层压力。关井后井眼周围地层压力逐渐恢复，使关井压力不断增长。恢复时间的长短与欠平衡压差、地层产量和地层渗透率等因素有关，这就要求关井后必须坐岗仔细观察记录立管压力和套管压力的变化，从而准确确定地层压力。

四、起下钻杆时的软关井程序

（1）发：发出信号。

（2）停：停止起下钻作业，等内、外钳工抢接止回阀后，上提钻具，吊卡提离转盘面 5cm。

（3）抢：抢接内防喷工具。

起下钻发生溢流，应先控制钻具内喷，抢接钻具内防喷工具。优先选用的内防喷工具是旋塞阀。如果没有配备旋塞阀，则选用箭式回压阀。如果喷势大，可抢装防喷单根或防喷立柱。

接好内防喷工具后，进行溢流检查。无溢流，下钻到井底，检查灌浆量不对的原因。否则，发两声短鸣笛关井信号(鸣笛时间每声2～3s，间隔2s)，实施关井。

(4)开：开启液(手)动平板阀。

(5)关：关防喷器。

(6)关：关节流阀(试关井)，再关节流阀前的平板阀。

(7)看：确认关井，认真观察、准确记录套管压力变化、关井时间以及循环池钻井液增减量，并迅速向队长或钻井技术人员及甲方监督汇报。

五、起下钻铤时的软关井程序

(1)发：发出信号。

(2)停：停止起下钻铤作业。如果只剩一柱钻铤，则抢时间起完，然后按空井处理。

(3)抢：抢接防喷单根。接好内防喷工具后，进行溢流检查。无溢流，下钻到井底，检查灌浆量不对的原因。否则，发两声短鸣笛关井信号(鸣笛时间每声2～3s，间隔2s)，实施关井。

(4)开：开启液(手)动平板阀。

(5)关：关防喷器(先关环形防喷器，后关半封闸板防喷器)。

(6)关：关节流阀(试关井)，再关节流阀前的平板阀。

(7)看：确认关井，认真观察、准确记录套管压力变化、关井时间以及循环池钻井液增减量，并迅速向队长或钻井技术人员及甲方监督汇报。

六、空井及电缆操作时的软关井程序

(1)发：发出信号。

(2)开：开启液(手)动平板阀。

(3)关：关全封闸板防喷器。

(4)关：关节流阀(试关井)，再关节流阀前的平板阀。

(5)看：确认关井，认真观察、准确记录套管压力变化、关井时间以及循环池钻井液增减量，并迅速向队长或钻井技术人员及甲方监督汇报。

七、下套管操作时的软关井程序

(1)发：发出信号。

(2)停：停止下套管作业，尽快将钻具坐于井口。

(3)抢：抢接转换接头及内防喷工具，必要时固定套管。

(4)开：开启液(手)动平板阀。

(5)关：关环形防喷器，再关套管闸板防喷器。

(6)关：关节流阀(试关井)，再关节流阀前的平板阀。

(7)看：确认关井，认真观察、准确记录套管压力变化、关井时间以及循环池钻井液增减量，并迅速向队长或钻井技术人员及甲方监督汇报。

第三节　关井过程中异常情况处理

如果注意观察溢流信号，及时进行溢流检查并及时关井，绝大多数井可以正常关闭。但也会有特殊情况造成关井困难，此时应处变不惊、有条不紊地采取相应的应对措施，防止井喷失控。

1. 套压超过最大允许关井套压

此时应保持套压接近最大允许关井套压放喷，同时用大排量循环储备的重钻井液，争取尽快建立大的液柱压力，加上较大的环空摩阻及节流阻力平衡地层压力，排出溢流，恢复井内压力平衡。

2. 防喷器失效

在井控设计中，对溢流和井喷的防控要求至少达到三层屏障，即：钻井液液柱压力、闸板防喷器和环形防喷器。对于高温、高压、高毒的井，要求增加半封闸板、剪切闸板防喷器，以增加关井的保险系数。在关井时，应优先使用最外侧的防喷器。如果该防喷器失效，可以关闭里层的防喷器，对外层防喷器进行及时维修或更换闸板或胶心。如果是闸板防喷器控制系统失效引起的不能关井，还可以采取手动关井。作为最后的选择，可以使用剪切/全封闸板防喷器关井。

用剪切闸板剪断井内钻杆或油管，关井程序如下：

(1)确保钻具/油管接头不在剪切闸板防喷器剪切位置后，锁定钻机刹车系统。

(2)关闭剪切闸板防喷器上面的环形防喷器。

(3)打开放喷管线闸阀泄压。

(4)在转盘面上的钻具/油管上适当位置处安装相应的钻具死卡，并与钻机底座连接固定；打开剪切闸板防喷器上面和下面的半封闸板防喷器。

(5)打开防喷器远程控制台储能器旁通阀，关闭剪切闸板防喷器，直到剪断井内钻具/油管。

(6)关闭全封闸板防喷器，控制井口。

(7)手动锁紧全封闸板防喷器和剪切闸板防喷器。

(8)关闭防喷器远程控制台储能器旁通阀，将防喷器远程控制台管汇压力调整至常规值。

3. 控制系统失效

对于液压控制的防喷器组，关井通常由司钻在司控台处操作。司钻应一手打开气源，一手按下防喷器关闭手柄。按压时间通常为 3~8s，主要以相应压力表下降为准。关环形时看环形防喷器控制压力表，关闸板时看管汇压力表。如果 8s 之后没有观察到控制压力下降，远控台相应的三位换向阀没有到位，副司钻在远控台实施操作。副司钻扳动闸板的三位四通阀后用手势通知井架工。如果井架工观察到闸板防喷器没有动作，发信号给司钻，司钻可以打开旁通阀用 21MPa 的压力关闸板防喷器，或者实施手动关井。

第四节 关井过程中的错误做法

因员工的观念意识或技术问题，关井过程中常出现一些错误做法，使关井出现困难。这些做法必须加以克服，才能做到及时、正确关井。

1. 发现溢流后不及时关井

这样不能及时阻止溢流，只会使溢流更严重。造成关井和压井时井口、套管、地层受到更高的压力，甚至超过允许值，致使关井、压井变得困难或不可能。因此，发现溢流后无论严重与否，必须及时、迅速地关井。

2. 起(下)钻发现异常时抢起(下)

这种情况大多出现在起钻后期，操作人员不愿下回井底检查异常原因，企图抢时间起钻完再下钻。但往往适得其反，关井时间的延误会造成严重的溢流，增加井控难度，甚至恶化为井喷失控。其正确方法是有溢流及时关井，否则，下钻到底检查异常原因。

3. 关井时把钻具提离井底很高，甚至提到套管鞋内

操作人员这样做是担心关井期间钻具处于静止易发生压差或沉砂卡钻，但这样做贻误了关井时机，同时钻具提离井底过高会给以后循环排除溢流和压井带来困难。

4. 在未超过最大关井套压的情况下放喷

应利用上述方法合理控制井口压力，井口压力未超过最大允许关井套压不许放喷。即使放喷也应控制一定的回压，同时开泵大排量循环加重钻井液。

5. 关闸板防喷器时，三位四通换向阀扳至关位后直接回中位

三位四通换向阀扳至关位后直接回中位，将导致防喷器泄压，防喷器封井失效。应在关闭闸板防喷器后使三位四通换向阀处于工作位置，手动锁紧闸板。

6. 井内有钻具试图用关全封闸板的方法剪切钻具

这种做法是错误的，全封闸板起不到剪切闸板的作用。

7. 职责不明，配合失误

在关井过程中，作业人员应十分清楚本岗位的井控职责、做到分工负责、密切配合，关井应由司钻统一指挥，严防乱指挥造成误操作；要经常进行防喷演练，做到班自为战；要从严格管理和井控培训上下功夫。只有这样才能迅速正确无误地控制住井口。

第五节 防喷演习

防喷演习是锻炼员工井控素质的重要手段。根据 GB/T 31033—2014 石油天然气钻井井控技术规范，作业班每月不少于一次不同工况的防喷演习。钻进作业和空井状态应在3min 内控制住井口，起下钻作业状态应在 5min 内控制住井口，并将演习情况记录于"防喷演习记录表"中。此外，在各次开钻前、特殊作业(取心、测试、完井作业等)前，都应进行防喷演习，达到合格要求。

演习不能变为演戏。没有压力、不慎重的训练导致不明智的决策、一系列错误和笑

话。演习应该进行突然袭击以锻炼员工的警惕程度和团结协作能力，从而达到及时正确关井，避免井喷失控发生。

除了关井演习外，防喷演习还可以进行节流操作的演练。固井后，在钻水泥塞之前，关井并稍微憋压，然后模拟开泵和调节节流阀的程序。这样可以训练节流阀操作人员和司钻的协作，同时还可以感受压力迟到时间。

目前，没有统一的防喷演习标准，各油田根据自己的情况和理解制定了自己的演习方案和要求。中原油田的防喷演习程序见表1-4-2～表1-4-6。

表1-4-2　钻进时关井程序

岗位分工 ＼ 控制程序	1. 发出信号（一声长喇叭15～30s）	2. 停转盘、上提方钻杆、停泵	3. 打开液动平板阀	4. 关防喷器（先关环形防喷器，后关半封闸板防喷器）	5. 先关节流阀（试关井），再关节流阀前的平板阀	6. 认真观察、准确记录立压、套压及循环池钻井液增量，并迅速向值班干部报告
司钻	发现溢流显示，立即发出警报	停转盘、上提方钻杆，钻杆上接头出转盘面后停泵。扣上吊卡，使接头台阶离开吊卡5cm处刹死刹把	发出两声短笛信号，刹把交给外钳工，快速到司控台打开液动平板阀	关防喷器（先关环形防喷器，后关半封闸板防喷器）	接到内钳工闸板已关的手势后，将钻具坐到吊卡上。关液动节流阀，指挥井架工关J2a	确认J2a关闭后，获取立压、套压、溢流量，将关井结果报告值班干部
副司钻	听到警报信号，立即到远控房	检查油量、动力源、各压力值及手柄位置，之后到远控房右侧，面向钻台待令	听到两声短笛后，及时监控制手柄到位情况		闸板手柄到位后，到远控房右侧，面向钻台待令	看到闸板已关的信号，沿液控管线进行检查
井架工	听到警报信号，立即到节流管汇处	检查各闸阀开关在正确位置，压力表完好	听到两声短笛后，观察液动阀是否打开，并向内钳工发出信号	到井架大门前，观察闸板关闭情况，打手势汇报	接到关闭J2a指令后，关闭J2a，并打手势汇报	观察关井套压
内钳工	听到警报信号，迅速到位	待钻杆接头出转盘面，与外钳工配合迅速扣上吊卡	听到两声短笛后，到钻台右前方，向司钻和井架工传递信号			
外钳工	听到警报信号后，迅速到位	待方钻杆接头出转盘面，与内钳工配合迅速扣上吊卡	听到两声短笛后，迅速协助司钻刹死刹把			
场地工	迅速赶到节流管汇，协助井架工关J2a平板阀、观察套压变化，记录关井时间，观察并记录套压变化（每5min记录一次）					
柴油司机	开柴油机排气管冷却水。开3#柴油机；停1#柴油机；配合井场作业					
发电工	打开消防房，配合井场作业					
泥浆工	负责观察架空槽是否还有溢流，收集记录钻井液量、性能变化，并向司钻汇报					

表 1-4-3 起下钻杆时关井程序

控制程序＼岗位分工	1. 发出信号(一声长喇叭 15～30s)	2. 停止起下钻作业	3. 抢接钻具止回阀	4. 开启液动平板阀	5. 关防喷器(先关环形防喷器，后关半封闸板防喷器)	6. 先关节流阀（试关井），再关节流阀前的平板阀	7. 接方钻杆后求压认真观察、准确记录立压、套压及循环池钻井液增减量，并迅速向值班干部报告
司钻	接溢流信号，立即发出警报	停止起下钻作业，将吊卡坐转盘面，将空吊环提离转盘面 3m 左右	等内、外钳工抢接止回阀后，上提钻具，吊卡提离转盘面 5cm	按两声短笛后，刹把交给外钳工，快速到司控台打开液动平板阀	关防喷器(先关环形防喷器，后关半封闸板防喷器)	接到内钳工闸板已关的手势后，将钻具坐到吊卡上。关液动节流阀，指挥井架工关 J2a	确认 J2a 关闭后，获取立压、套压、溢流量，将关井情况报告值班干部
副司钻	听到警报信号，立即到远控房	检查油量、动力源、各压力值及手柄位置，之后到远控房右侧，面向钻台待令	听到两声短笛后，及时监控控制手柄到位情况		闸板手柄到位后。到远控房右侧，面向钻台待令	看到闸板已关闭的信号，沿液控管线进行检查	
井架工	听到报警信号，立即停止作业	到节流管汇处，检查各闸阀开关位置，压力表完好	听到两声短笛后，观察液动阀是否打开，并向内钳工发出信号	到井架大门前，观察闸板关闭情况，打手势汇报		接到关闭 J2a 指令后，关闭 J2a，并打手势汇报	观察关井套压
内钳工	听到报警信号后与外钳工配合，抢接止回阀，释放顶杆			听到两声短笛后，到钻台右前方，向司钻和井架工传递信号			
外钳工	听到报警信号后与外钳工配合，抢接止回阀			听到两声短笛后，迅速协助司钻刹死刹把			
场地工	迅速赶到节流管汇，协助井架工关 J2a 平板阀，观察套压变化，记录关井时间，观察并记录套压变化（每 5min 记录一次）						
柴油司机	开柴油机排气管冷却水。开 3# 柴油机；停 1# 柴油机；配合井场作业						
发电工	打开消防房，配合井场作业						
泥浆工	负责观察架空槽是否还有溢流，收集记录钻井液量、性能变化，并向司钻汇报						

表 1-4-4 起下钻铤时关井程序

控制程序 岗位分工	1. 发出信号(一声长鸣喇叭不少于 15~30s)	2. 停止起下钻作业	3. 抢接带止回阀的钻杆	4. 开启液动平板阀	5. 关防喷器(先关环形防喷器,后关半封闸板防喷器)	6. 先关节流阀(试关井),再关节流阀前的平板阀	7. 接方钻杆后求压认真观察、准确记录立、套压以及循环池增减量,并迅速向值班干部报告
司钻	接溢流信号,立即发出警报	停止起下钻作业,将吊卡坐转盘面,将空吊环提离转盘面 3m 左右	指挥内、外钳工抢接防喷单杆,吊卡离转盘面 5cm 处刹死刹把	按两声短笛后,刹把交给外钳工,快速到司控台打开液动平板阀	关防喷器(先关环形防喷器,后关半封闸板防喷器)	接到内钳工闸板已关的手势后,将钻具坐到吊卡上,关液动节流阀,指挥井架工关 J2a	确认 J2a 关闭后,获取立压、套压、溢流量,将关井情况报告值班干部
副司钻	听到警报信号,立即到远控房	检查油量、动力源、各压力值及手柄位置,之后到远控房右侧,面向钻台待令	听到两声短笛后,及时监控制手柄到位情况		闸板手柄到位后,到远控房右侧,面向钻台待令	看到闸板已关闭的信号,沿液控管线进行检查	
井架工	听到警报信号,立即停止作业	到节流管汇处,检查各闸阀开关位置,压力表完好	听到两声短笛后,观察液动阀是否打开,并向内钳工发出信号		到井架大门前,观察闸板关闭情况,打手势汇报	接到关闭 J2a 指令后,关闭 J2a,并打手势汇报	观察关井套压
内钳工	听到警报信号后,迅速到位	听到两声短笛后,到钻台右前方,向司钻和井架工传递信号					
外钳工	听到警报信号后,迅速到位	听到两声短笛后,协助司钻刹死刹把					
场地工	迅速赶到节流管汇,协助井架工关 J2a 平板阀、观察套压变化,记录关井时间,观察并记录套压变化(每 5min 记录一次)						
柴油司机	开柴油机排气管冷却水。开 3#柴油机;停 1#柴油机;配合井场作业						
发电工	打开消防房,配合井场作业						
泥浆工	负责观察架空槽是否还有溢流,收集记录钻井液量、性能变化,并向司钻汇报						

表 1 - 4 - 5　空井时关井程序

控制程序 岗位分工	1. 发出信号(一声长鸣喇叭 15~30s)	2. 开启液动平板阀	3. 关全封闸板防喷器	4. 先关节流阀(试关井),再关节流阀前的平板阀	5. 认真观察、准确记录套压及循环池钻井液增减量,并迅速向值班干部报告
司钻	接溢流信号,立即发出警报	按两声短笛后,刹把交给外钳工,快速到司控台打开液动平板阀	关全封闸板防喷器	接到内钳工闸板已关的手势后,关节流阀,指挥井架工关 J2a	确认 J2a 关闭后,获取立压、套压、溢流量,将关井情况报告值班干部
副司钻	听到报警信号,立即到远控房	检查油量、动力源、各压力值及手柄位置,之后到远控房右侧,面向钻台待令	听到两声短笛后,及时监控控制手柄到位情况	闸板手柄到位后,到远控房右侧,面向钻台待令	看到全封闸板已关闭的信号,沿液控管线进行检查
井架工	听到报警信号,立即赶到节流管汇处,检查各阀开关位置,压力表完好	听到两声短笛后,观察液动阀打开后,向钻台发出信号	到大门前,观察闸板关闭到位,打手势汇报	接到关闭 J2a 指令后,关闭 J2a,并打手势汇报	观察关井套压
内钳工	听到警报信号后,迅速到位	听到两声短笛后,到大门右前方,向司钻和井架工传递信号	接到井架工传递的套压后,及时向司钻传递		
外钳工	听到警报信号后,迅速到位	监控刹把,听从司钻指挥			
场地工	迅速赶到节流管汇,协助井架工关 J2a 平板阀,观察套压变化,记录关井时间,观察并记录套压变化(每 5min 记录一次)				
柴油司机	开柴油机排气管冷却水。开 3#柴油机;停 1#柴油机;配合井场作业				
发电工	打开消防房,配合井场作业				
泥浆工	负责观察架空槽是否还有溢流,收集记录钻井液量、性能变化,并向司钻汇报				

表 1 - 4 - 6　开井程序

司钻	接到开井指令,发三声短鸣喇叭	接到 J2a 打开手势后,打开液动节流阀	自下而上开防喷器	接到内钳工闸板已开到位的手势后,关液动阀	接到液动阀已关闭到位的信号,恢复正常作业
副司钻	听到三声短鸣,立即到远控房右侧,面向钻台站立待令	听到三声短鸣,及时监控控制手柄到位情况	液动阀手柄到位后,到远控房右侧,面向钻台待令	看到液动阀已关闭到位的信号,沿液控管线进行检查	

续表

井架工	听到三声短鸣立即打开 J2a。立即发出信号	到大门前观察防喷器打开情况，待闸板完全打开后，向内钳工打手势示意闸板防喷器已开	到节流管汇处观察液动阀关闭情况，及时向钻台发出液动阀已关手势
内钳工	听到三声短鸣立即到钻台右前方，向司钻和井架工传递开闸板、关液动阀信号	液动阀关闭到位，发出演习结束信号	
外钳工	听到三声短鸣及时到位，监控刹把，听从司钻指挥		
场地工	听到三声短鸣，协助井架工工作		
柴油司机	听到开井信号，恢复正常作业		
发电工	听到开井信号，恢复正常作业		
泥浆工	听到开井信号，恢复正常作业		

注：1. 溢流警报：长鸣笛 15～30s；关井：二声短鸣笛；开井：三声短鸣笛。

　　2. 手势：关闭闸板：双臂向两侧平举呈一直线，五指伸开，手心向前然后同时前平摆，合拢于胸前。

　　打开闸板：手掌伸开，掌心向外，双臂胸前平举展开。

　　打开 J2a 及节流阀：左臂向左平伸。

　　关闭 J2a 及节流阀：左臂向左平伸，右手向下顺时针划平圆。

　　打开液动平板阀：右臂垂直上举。

　　关闭液动平板阀：右臂由半举状态快速下垂。

　　演习结束：内钳工双手臂垂直向上举三次。

　　3. 开关不到位手势：双臂于额头前交叉摆动。

　　4. 防喷演习时间：以关井时间为准，接方钻杆时间不计入演习时间。

第五章 关井后的监控措施

第一节 关井确认

一、关井确认的方法

关井动作完成后，司钻指派人员重点检查以下部位，以确认安全关井。

1. 灌浆罐液面及返流槽处

关井后，如果由于防喷器质量或关闭压力的问题，环形或闸板防喷器可能会出现关闭不严而泄漏的情况。随着泄漏时间的增长，胶芯会严重刺漏，甚至导致井喷失控。

如果防喷器关闭不严，少量的钻井液会通过灌浆管线流回灌浆罐，此时能观察到灌浆罐液面升高。严重刺漏时，甚至会通过返流槽流回钻井液罐。

发现上述问题应检查关闭压力，必要时增加关闭压力。如果不能解决问题，应考虑关闭其他防喷器。

2. 防喷器侧门及各处连接法兰

由于防喷器在钻井过程中的震动及钻具撞击，试压合格的防喷器连接件及侧门密封可能失效。关井后，有可能出现滴漏或刺漏现象。

发现上述问题应及时紧固相应螺栓，消除漏失现象。否则，应考虑关闭下级防喷器进行现场维修。

3. 水龙头、水龙带、立管及钻井液泵

正常钻进关井时，如果没有关闭方钻杆旋塞且关井立压较高，可能会引起水龙头、水龙带、立管及钻井液泵的刺漏。

发现上述问题应及时关闭方钻杆旋塞，维修相关部件。

4. 节流压井管汇及其阀件

由于节流压井管汇在钻井过程中的震动及可能的撞击，试压合格的节流压井管汇本体及连接件可能失效。关井后，有可能出现滴漏或刺漏现象。

发现上述问题应及时紧固相应螺栓，消除漏失现象。否则，应考虑关闭液动平板阀进行现场维修。

5. 四通、套管头

由于四通在钻井过程中的震动及钻具的撞击，试压合格的四通本体及连接件可能失效。关井后，有可能出现滴漏或刺漏现象。

发现上述问题应及时紧固相应螺栓，消除漏失现象。否则，应考虑关闭主防喷器进行现场维修。

二、钻具状态确认

关井后，钻具受到环空压力的上顶作用，其大小为关井套压与最下层防喷器所关闭的钻柱横截面积的乘积。正常钻进时一般处于重钻具状态，再加上方钻杆、水龙头等的重量，不会存在上顶的情况。但是对于起钻后期的关井，剩余钻具长度小，在较高套压下可能会出现钻具上顶的情况。如果钻具上顶，则无法进行方钻杆连接等后续压井作业。

关井后，根据当前钻具重量及关井套压确定钻具的轻重状态。如果出现或接近轻钻具状态，则应想办法固定钻具，防止钻具上顶。上顶的井和含硫井要打上死卡。

第二节　关井资料的录取

一、需录取的关井资料

正确录取关井资料，对后续压井作业具有指导意义。一般来说，确认关井后，首先应记录关井时间、当前井深、当前钻井液密度及溢流量，同时派专人监视立压和套压的变化并定时认真记录，做出立压和套压变化曲线，为正确确定地层压力创造条件。关井压力的获取应以节控箱上的压力值为准，同时读取其他各处的压力值。各个压力值互相比较，以便发现可能的偏差。溢流量对于判断溢流性质和预期最大井口压力具有十分重要的意义，应该如实记录。如果出于面子或怕担风险而少报，将给压井工作带来隐患。

1. 无钻具回压阀时关井立套压变化规律

发生溢流后，由于井眼周围地层流体进入井内，致使井眼周围地层压力小于实际地层压力。关井后井眼周围地层压力逐渐恢复，使关井压力不断增长。恢复时间的长短与欠平衡压差、地层产量和地层渗透率等因素有关。对于渗透性好的地层，可能需要 5~15min。渗透性差的地层，恢复时间很难确定。最好的办法是每 1~2min 记录一次压力数据，绘制压力恢复曲线，以便准确确定正常关井立压和地层压力。

刚关井时，由于地层压力恢复和气体滑脱的双重作用，立套压上升较快。地层压力恢复之后，立套压的变化主要源于可能的气体滑脱，立套压上升较慢。这样在压力恢复曲线上有一个明显的拐点，此拐点对应的压力即为正确的关井立套压。

2. 有钻具回压凡尔时关井立压的获取

没有安装回压阀的钻柱，关井立压可以很方便地读取。如果安装了钻具回压阀，则必须用顶开法获取关井立压数据。正确的顶开法步骤如下：

(1)确认已经关井，地层压力恢复平衡并记录了关井套压。

(2)缓慢开泵并监视立压和套压。

(3)开始时立压将缓慢增加，当钻具回压阀被顶开的瞬间，立压上升速度将减慢，记录此时的立压。

(4)为确认回压阀被顶开，继续缓慢开泵直到套压开始上升，这个过程可能很短暂。

(5)看到套压上升时立即停泵并记录第(3)步记录的立压值(不是停泵后的立压值)。

（6）再次检查套压，如果套压升高，从节流管汇处以小段的方式放压，直到套压恢复到原记录值。

上述的顶开法在使用大的双缸泵的机组上实行很困难，一般是间断挂合使立压逐渐上升，这样在套压开始上升前立压很难出现缓升现象。为了确定关井立压，可以用停泵后的立压减去套压的增量而得到。因地层压力恢复需要时间，顶开法求立压应在关井 5～15min 后进行。

3. 关井立压的确认

关井后，有时读取的立压值很高，甚至比套压还高。如果对立压值有怀疑，可先释放圈闭压力。圈闭压力是因为快速关井时钻井液流动惯性、钻柱及井壁的弹性变形能、破碎地层返吐的流体对井内压力的影响。通常造成关井压力变高。少量释放钻井液（每次放浆量 40～80L），观察立压是否下降。如果下降，继续释放，直至立压稳定。

如果没有圈闭压力，但仍觉该立压值过高，可能是溢流进入钻柱内。此时可在保持套压不变的情况下少量循环钻井液，然后再读立压值。

二、气体溢流对关井压力的影响

1. 气体侵入的途径

目前的钻井设备，大都可以测量不同的气体并跟踪其运动情况，气体进入井内主要有以下几种形式：

1）背景气

在正常钻进时，钻屑中有少量的气体存在。这就是背景气。背景气可以测量并设置浓度底线值。如果浓度值增加，说明将要溢流。背景气通常量很小，对溢流探测的关键是背景气浓度的变化及偏离底线值的趋势。背景气主要有两种形式：一种是岩屑气侵，另一种是重力置换的侵入。

（1）岩屑气侵：在钻开气层的过程中，随着岩石破碎和岩屑进入井内，岩石孔隙中的天然气被释放出来而侵入钻井液。侵入天然气量与岩石的孔隙度、含气饱和度、井径、机械钻速和气层的厚度等有关。如果是薄气层，天然气侵入钻井液较少；如果是钻开大段气层，应控制机械钻速，从而控制单位时间内侵入钻井液中的天然气量。钻井液循环到地面后，应进行地面除气，以防止天然气重新进入井内而对钻井液液柱压力产生不利影响。

（2）重力置换的侵入：当钻到大段的气层，特别是大裂缝或溶洞时，由于钻井液密度大，与气体产生重力置换，天然气被钻井液从地层中置换出来，在井底容易积聚形成气柱。以上两种情况表明，即使在井底压力大于地层压力时，天然气也会以上述两种方式侵入井内。

2）单根气

当停泵接单根时，井底压力将减小。损失了环空循环阻力，如果这种阻力丧失足以使井底压力小于地层压力，就会发生井侵。如果井侵是气体，只有它被循环到地面才能发现。通过气体分析仪跟踪接单根时井底钻井液到地面的时间，就可以发现接单根气侵。上提方钻杆接单根时，钻头自然也被提离井底，如果此时发生抽吸，也称为接单根气体。

3）起钻气

起钻气与接单根气没有区别，都是由于停泵和抽吸引起的。但是起钻气比单根气更危险，因为它的时间长且溢流量大，当气体在井内膨胀时，上推井内钻井液造成井下欠平衡。

4）钻井液气侵

钻井液气侵不是溢流的重要信号，这是因为气侵不足以减少井底压力到导致溢流的程度。气体可以压缩，因此，气体上面的钻井液重量很快压缩气体，少量气体只能少量减少井底压力。主要的膨胀发生在井眼的上部，下部的大量钻井液段不受影响，重要的是气侵钻井液会使井底压力下降。气侵通常不足以引起溢流，如果有怀疑，可以进行溢流观察。

2. 气体滑脱现象

在发生气体溢流而关闭的井中，尽管钻井液的流动已经停止，环形空间仍是不稳定的。溢流气柱由于其密度小于钻井液密度而滑脱上升，有穿过钻井液在井口蓄积起来的趋势。气体滑脱是否发生以及滑脱的速度和距离与钻井液性能有密切关系。当气柱受到的浮力大于滑脱阻力时，滑脱就会发生，否则，对于剪切稀释性能好的钻井液，停泵后短期内能够形成良好的网架结构，气柱滑脱就只能在短距离内发生或者不会发生。目前广泛使用的低黏度、低切力钻井液，使这种现象更容易发生。滑脱发生时，气体滑脱的速度与钻井液黏度有密切关系。

3. 气体滑脱时井内压力变化

由于已经关井，气柱不可能膨胀，因此在上升过程中，气柱的压力也不变化，始终保持着原来的井底压力。随着气体上升，气柱上部的钻井液在减少，因而井口压力不断增加。同时，气柱下部的钻井液柱高度在增加，因而井底压力也在增加。当气柱升至井口时，井底压力等于气柱压力加上钻井液液柱压力，而在井口则作用有原来的井底压力。

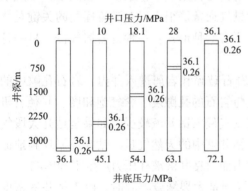

图 1 - 5 - 1 关井状态下气体溢流对井内压力的影响

（钻井液密度 1.20g/cm³）

图 1 - 5 - 1 表明了这种情况。所用钻井液密度为 1.20g/cm³，在 3000m 深的井底处有气柱，其压力为 36.1MPa。如果天然气上升而不允许其体积膨胀，则当其升至 1500m 井深处，天然气压力仍为 36.1MPa，而此时井底压力将增加 54.1MPa，同时将有 18.1MPa 的压力作用于井口。而当此天然气升至井口时，其压力仍为 36.1MPa，即井口将作用有原来的井底压力，而此时井底压力将高达 72.1MPa。该压力数值表明早在井口达到最大压力以前很久，就一定会压裂地层引起井漏。

充分认识天然气在井内上升过程中体积不能膨胀所带来的上述特点是很重要的，从中我们可以得出一些对实际工作有重要意义的结论：

（1）考虑到关井时井口将作用有相当高的压力，因此要求井口装置必须有足够高的工作压力。

（2）不应该长期关井而不循环。因为长期关井将使井口作用有很高的压力，而井底则作用有极高的压力。这就有可能，或者超过井口装置的耐压能力，或者超过井中套管柱或地层所能承受的压力，造成井口失去控制，套管憋破，地层憋漏，以致发生井喷井漏等严重复杂情况。

（3）在将井内气侵钻井液循环出井时，为了不使井口和井内发生过高的压力，必须允许天然气膨胀。

（4）在较长期的关井以后，由于天然气在井内上升而不能膨胀，井口压力不断上升。这时容易产生的误解是，认为地层压力非常高，等于井口压力再加上钻井液柱压力，并且想据此算出所需要的钻井液密度。实际上，这是完全错误的。我们从前面所述已经知道，这时井口压力的增加是由于天然气不能膨胀的结果，因此，在天然气上升而不能膨胀的情况下，地层压力并不等于井口压力加钻井液柱压力，也不应这样来计算所需的钻井液密度。

第三节　关井后的压力监控

如上所述，关井立压、套压有可能因气体滑脱不断上升，从而造成井内压力过高。因此，关井后，应有专人监视立压、套压变化，并采取相应措施保持井底压力不变。

一、控制立压保持井底

如果管柱上没有安装回压阀，能通过立管压力表准确地读取立管压力值，则通过节流阀间歇放出一定数量的钻井液，使天然气膨胀，气体压力降低，从而使井底压力基本不变且略大于地层压力，既防止天然气再进入井内，又不压漏地层。方法如下：

（1）根据最大允许关井套压与当前关井套压的差值，先确定一个允许立管压力升高值 P_{d1} 作为安全余量，再确定放压过程中立管压力的变化值 ΔP_d；IADC 推荐：P_{d1} 比初始关井立压大 1.5MPa（200psi），ΔP_d 取 0.7MPa（100psi），约为安全余量的 1/3。

（2）当关井立管压力增加到（$P_{d1} + \Delta P_d$）时，通过节流阀放出钻井液，立管压力下降 ΔP_d 时，关节流阀关井。

（3）重复步骤（2）的动作，直到开始另一井控作业程序（如压井开始）或使天然气上升到井口。

二、控制体积保持井底压力

如果钻柱安装了回压阀，或者钻头水眼堵死，没有立压可供参考时，只能通过观察环空地面压力即套压来控制井底压力不变。方法如下：

（1）根据最大允许关井套压与当前关井套压的差值，先确定一个允许套管压力值 P_{a1} 作为安全余量，再确定放压过程中套管压力的变化值 ΔP_a；IADC 推荐：P_{a1} 比初始关井套压大 1.5MPa（200psi），ΔP_a 取 0.7MPa（100psi），约为安全余量的 1/3。

（2）把节流管线放液出口引到钻井液收集罐中，钻井液收集罐必须有刻度以便能准确计量放液量。

（3）计算每次放出的钻井液量 ΔV，使气柱膨胀高度对井底形成的静液压力值 ΔP_m 等于放压过程中套管压力的变化值 ΔP_a。

因：

$$\Delta P_{\mathrm{m}} = 10^{-3} \rho_{\mathrm{m}} g \frac{\Delta V}{V_{\mathrm{a}}} \qquad (1-5-1)$$

则：

$$\Delta V = \frac{\Delta P_{\mathrm{m}} \times V_{\mathrm{a}}}{10^{-3} \rho_{\mathrm{m}} g} \qquad (1-5-2)$$

式中，ΔV 为每次放出的钻井液量，L；ΔP_{m} 为气柱膨胀高度对井底形成的静液压力值，MPa；ρ_{m} 为原钻井液密度，g/cm^3；V_{a} 为气柱所在井段环空的容积系数，L/m。

(4) 监测关井套压，允许其升高 $P_{\mathrm{a1}} + \Delta P_{\mathrm{m}}$。

(5) 调节节流阀(最好用手动的)保持此新的套压值不变，根据气柱位置对应的井段环空的容积系数重新计算所需排浆量，缓慢、有控制地放掉钻井液并测量放掉钻井液的体积 ΔV，关井。

(6) 重复步骤(4)和步骤(5)，允许压力增加，然后放掉钻井液 ΔV，直到气体到达地面或开始压井为止。

第六章 常规压井方法

压井是指关井后，根据溢流性质及井下、井口装备等情况，用压井钻井液将溢流及受侵钻井液循环出井，恢复井内压力平衡的工艺过程。

常规压井方法的基本指导思想是在整个压井操作过程中保持井底压力等于或稍大于地层压力，在此前提下注入压井钻井液，排出溢流及低密度钻井液，重建井内压力平衡，同时避免由于井底压力波动造成的压漏地层或二次溢流等复杂局面，因此又称为井底常压法压井。

实施常规压井方法需要满足三个条件：①钻具在井底或溢流之下；②能够正常关井并获得关井压力；③能够正常循环。

第一节 压井基本原理

井底常压是在保持泵速相对不变的前提下，通过调节节流阀、监控和调整立压和/或套压而实现的。要正确实施压井时的压力控制，必须了解压井的基本原理。

一、关井状态井内压力关系

当关井后，钻井液停止流动，溢流也停止侵入。钻柱内钻井液液柱压力与地层压力的差值作为立管压力表现出来。环空内流体液柱压力与地层压力的差值作为套管压力表现出来。由于此时环空流体已不再是单一的钻井液，它包括一部分溢流。由于溢流密度低，使环空一侧钻井液液柱压力减少。因此，环空一侧的地面压力将高于钻杆一侧，即关井套压大于关井立压。如图 1-6-1 所示。

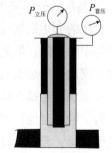

图 1-6-1 关井压力示意图

钻柱内：$\qquad P_{立管} + P_{液柱} = P_{地层}$ $\qquad$ (1-6-1)

环空内：$\qquad P_{地层} = P_{套压} + P_{环空液柱}$ $\qquad$ (1-6-2)

例 1-6-1：假设一个井深 3000m 的井，使用密度为 1.2 g/cm³ 的钻井液钻穿 40MPa 的高压地层，发生溢流 3m³，由于密度为 1.2g/cm³ 的钻井液的液柱压力只有 36MPa，关井立压为 4MPa。

解：环空一侧的液柱压力等于环空内钻井液和溢流的液柱压力之和。假设 3m³ 溢流顶替了钻井液柱的高度 130m，环空内液柱压力将比钻杆内液柱压力低 1.5MPa，于是关井套压为 5.5MPa，比关井立压高 1.5MPa。

根据以上的关系我们可以进行地层压力和压井钻井液密度的计算。

立柱内：
$$P_{地层} = P_{立压} + 0.0098\rho_m H \qquad\qquad (1-6-3)$$

环空内：
$$P_{地层} = P_{套压} + 0.0098\rho'_m H \qquad\qquad (1-6-4)$$

$$P_{地层} = 0.0098\rho_压 H$$

$$\rho_压 = \rho_m + 102P_{关立}/H$$

因溢流体积和在环空所占高度及溢流性质难以准确认定，不能利用套压计算地层压力和压井钻井液密度。

二、压井时井内压力关系

压井循环时，在关井时的压力关系中又增加了重浆液柱压力和流动摩阻，使地面压力发生相应的变化。由于摩阻与流动方向相反，只使其上游的压力增加。了解了这个规律，我们就能在压井循环时控制好地面压力，达到保持井底压力不变的目的。

1. 原浆循环时立压的控制

原浆在钻柱内下行时，钻柱内的钻井液密度不发生变化，因而其液柱压力也保持不变。要实现井底压力平衡地层压力，必须有一个关井立压作用在钻井液柱顶部。要使钻井液以一定速度循环，必须给钻井液提供额外的泵压——低泵速循环压力。因此，要保证在实现井底压力和地层压力平衡的前提下让钻井液在低泵速下循环起来，就要保持循环立管压力等于关井立压加上低泵速循环压力即初始循环立压，就可以保持井底压力不变。增加的泵压的绝大部分作为摩阻消耗在钻柱内，此时的环空摩阻则作用在井底。

结论：原浆循环时，只需保持循环泵压不变，即可保持井底压力不变。

2. 原浆循环时套压的变化

套压的变化根据溢流的数量和性质及压井方法的不同而有很大的区别。它虽不是压力控制的主要对象，但是在压井过程中也要随时关注套压的变化，因为一方面立压的调节是通过节流阀，势必引起套压变化；另一方面，它能直接反映某些井下情况。过高的套压可能压漏地层或超过井口承压能力。

对于液体溢流，在其排出之前，因环空内液柱压力没有变化，套压应维持不变。随着溢流的排出，套压会缓慢下降。到重钻井液充满环空时，套压逐渐降为零。

对于气体溢流，随着溢流上升，为保持井底压力不变，必须允许其适当膨胀。因气体溢流体积增加，从而使环空内钻井液液柱压力减小，这样环空必须施加更大的节流压力。因此，溢流循环出井的过程中，套压是逐渐升高的。当气体到达井口时，套压达到最高。随着气体的排出，套压急剧下降。

为防止气体到达套管鞋或井口时压漏地层，技术人员有必要估算最大套压。下面给出最大套压的计算方法。

套压 = 气泡压力 – 气泡以上液柱压力

气泡压力 = 井底压力 – 气泡以下液柱压力

则：套压 = 井底压力 – 气泡以上液柱压力 – 气泡以下液柱压力

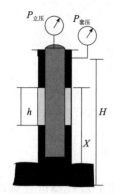

图1 – 6 – 2 原浆循环时环空压力构成示意图

设：如图1 – 6 – 2所示，气泡原始高度为 h_0，当前高度为 h，气顶位置为 X，总垂深为 H，钻井液液柱压力梯度 G_m，井口温度为 T_s，地温梯度为 G_t，忽略气体质量，则：

$$P_c = P_b - (X - h) G_m - (H - X) G_m \quad (1 - 6 - 5)$$

其中，$P_b = P_d + HG_m$

则：

$$P_c = P_d + HG_m - (X - h) G_m - (H - X) G_m = P_d + G_m h \quad (1 - 6 - 6)$$

只要求出气柱高度，即可算出任意时刻的套压。

由理想气体状态方程 $PV/T =$ 常数，得：

$$\frac{P_b h_0 Ca}{T_b} = \frac{PhCa}{T} \quad (1 - 6 - 7)$$

其中，$P = P_d + HG_m - (X - h) G_m$

代入式(1 – 6 – 7)得：

$$P_b h_0 T = P_b h T_b + HhG_m - XhG_m T_b + h^2 G_m T_b \quad (1 - 6 - 8)$$

因 $P_b = P_d + HG_m$

代入式(1 – 6 – 8)并整理得

$$h^2 G_m T_b + [P_d + (H - X) G_m] h T_b - (P_d + HG_m) Th_0 = 0 \quad (1 - 6 - 9)$$

令 $H_x = H - X$，即气柱当前井深，则：

$$h^2 G_m T_b + [P_d + H_x G_m] h T_b - (P_d + HG_m) Th_0 = 0 \quad (1 - 6 - 10)$$

求解 h：

$$h = \frac{-(P_d + H_x G_m) T_b \pm \sqrt{[(P_d + H_x G_m) T_b]^2 + 4G_m T_b (P_d + HG_m) Th_0}}{2 G_m T_b} \quad (1 - 6 - 11)$$

因 $P_c = P_d + G_m h$，当气柱到达井口时，即 $H_x = 0$ 时，有：

$$h_{max} = \frac{-P_d T_b \pm \sqrt{[P_d T_b]^2 + 4G_m T_b (P_d + HG_m) Th_0}}{2 G_m T_b} \quad (1 - 6 - 12)$$

最大套压为：

$$P_{cmax} = P_d + G_m h_{max}$$

如果不考虑温度变化，则：

$$P_{cmax} = \frac{P_d}{2} + \sqrt{\left[\frac{P_d}{2}\right]^2 + G_m Ph_0} \quad (1 - 6 - 13)$$

立柱一侧：
$$P_{立压} - P_{钻柱内摩阻} + P_{钻柱内液柱} = P_{井底} = P_{地层}$$

环空一侧：
$$P_{套压} + P_{环空摩阻} + P_{环空内液柱} = P_{井底} = P_{地层}$$

原浆循环时，立套压的变化规律如图1 – 6 – 3所示。

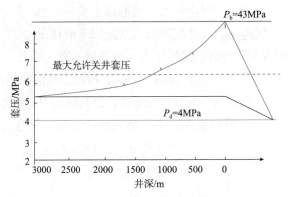

图 1-6-3 原浆循环时立套压的变化规律

3. 重浆循环时立压的控制

(1)重浆在钻柱内下行时,重钻井液液柱高度逐渐增加,原浆的液柱高度逐渐减小,总的液柱压力在不断增加。为保持井底压力不变,立管压力应从初始循环立压逐渐减小,从而使井底压力保持不变。

初始循环立压 ≈ 低泵速压力 + 关井立压

重浆在钻柱内下行时立压的变化为

$$P_{立压} - P_{钻柱内摩阻} + P_{钻柱内液柱} = P_{井底} = P_{地层}$$

(2)当重钻井液到井底时,重钻井液的液柱压力已足以平衡地层压力,因而此时立管压力即终了循环立压,只是用于克服重浆循环的阻力,只要保持此压力不变,即可保持井底压力不变。

终了循环压力 ≈ 低泵速压力 × 压井钻井液密度/原浆密度

重浆在环空上返时立压的变化为

$$P_{立压} - P_{钻柱内摩阻} + P_{钻柱内液柱} = P_{井底} = P_{地层}$$

4. 重浆循环时套压的变化

(1)重浆在钻柱内下行时,环空套压的变化取决于所用压井方式。重浆入井时,如果环空有溢流,如工程师法,则套压变化规律与原浆循环时相同。如果没有溢流,如司钻法第二循环,则套压保持不变,从而使井底压力保持不变。

重浆下行时环空有溢流时套压变化规律为

$$P_{套压} + P_{环空摩阻} + P_{环空内液柱} = P_{井底} = P_{地层}$$

重浆下行时环空无溢流时套压变化规律为

$$P_{套压} + P_{环空摩阻} + P_{环空内液柱} = P_{井底} = P_{地层}$$

(2)当重钻井液进入环空后,如果环空有气体溢流,随着重浆的循环,虽然环空内重浆段高度增加,但气体膨胀明显,其总的液柱压力仍将减小。为保持井底压力不变,必须适当增加套压,前提是保持当前的立压不变,即随着重浆在环空上返,溢流逐渐排出,套压降为零。

重浆上返时环空有气体溢流时套压变化规律为

$$P_{套压} + P_{环空摩阻} + P_{环空内液柱} = P_{井底} = P_{地层}$$

当重钻井液进入环空后,如果环空无溢流,或者溢流为液体,随着重浆的循环,环空内重浆段高度增加，其总的液柱压力增加。为保持井底压力不变，必须适当降低套压，即随着重浆在环空上返，套压逐渐降低，前提是保持当前的立压不变。当重浆返至地面时，套压降为零。

重浆上返时环空无溢流时套压变化规律为

$$P_{套压} + P_{环空摩阻} + P_{环空内液柱} = P_{井底} = P_{地层}$$

三、压井数据的计算

1. 溢流性质的判断

$$\rho_k = \rho_m - \frac{P_c - P_d}{0.0098 H_w} \qquad (1-6-14)$$

式中，ρ_k 为溢流的密度，g/cm^3；ρ_m 为原浆密度，g/cm^3；P_c 为关井套压，MPa；P_d 为关井立压，MPa；H_w 为溢流高度，m。

ρ_k 为 $0.12 \sim 0.36 g/cm^3$ 时为天然气溢流；ρ_k 为 $0.36 \sim 1.07 g/cm^3$ 时为油或混合流体溢流；ρ_k 为 $1.07 \sim 1.2 g/cm^3$ 时为盐水溢流。

2. 地层压力 P

$$P = 0.0098 \times \rho_m H + P_d \qquad (1-6-15)$$

式中，ρ_m 为原浆密度，g/cm^3；P_d 为关井立压，MPa。

3. 压井钻井液密度 ρ_1

$$\rho_1 = \rho_m + 102 P_d / H \qquad (1-6-16)$$

4. 需加重的重钻井液量：

$$V = 循环罐钻井液量 + 系统容积$$

5. 需重晶石量

$$W = V\rho_{加}(\rho_1 - \rho_m)/(\rho_{加} - \rho_1) \qquad (1-6-17)$$

式中，W 为配制定量体积(V)钻井液所需加重材料的质量，t；V 为需要配制的新钻井液体积，m^3；$\rho_{加}$ 为重晶石密度，g/cm^3；ρ_m 为原浆密度，g/cm^3；ρ_1 为新钻井液密度，g/cm^3。

6. 初始循环立压 $P_{初始}$

$$P_{初始} = P_d + P_{低泵} \qquad (1-6-18)$$

7. 终了循环压力 $P_{终了}$

$$P_{终了} = P_{低泵} \times \rho_1 / \rho_m \qquad (1-6-19)$$

8. 压井循环时间

$$T_1 = V_d / 60Q \qquad (1-6-20)$$

$$T_2 = V_a / 60Q \qquad (1-6-21)$$

式中，T_1 为钻柱内循环时间，min；T_2 为环空循环时间，min；V_d 为钻柱内容积，L；V_a 为环空总容积，L；Q 为压井排量，L/s。

9. 最大允许关井套压

$$P_{cmax} = P_f - 0.0098 \rho_m H_s \qquad (1-6-22)$$

式中，P_f 为套管鞋处的破裂压力，MPa；H_s 为套管鞋垂深，m。

第二节 司钻法压井

司钻法压井需要两个循环周来实现压井，因而也称为两步循环法。第一步用原浆循环，顶替井内溢流出井；第二步，用压井钻井液顶替原浆而实现压井。在整个循环过程中，通过合理控制立压和套压，保持井底压力始终等于或稍大于地层压力。

一、准备工作

（1）发现溢流及时关井。

发现溢流后及时关井，对减少溢流量是至关重要的。司钻在关井过程中负全面责任，整个关井过程由司钻统一指挥，按关井程序及时正确关井。

（2）等地层压力恢复后，记录关井立压、套压和钻井液池增量。

关井后，及时记录关井时间，等几分钟（根据地层渗透率和井口压力变化情况）后，读取关井数据。

（3）进行压井计算，填写压井施工单。

为正确实施压井，关井后，技术人员应根据事先记录的数据和关井记录数据计算压井参数（图1-6-4），填写压井施工单，据此指导压井工作。

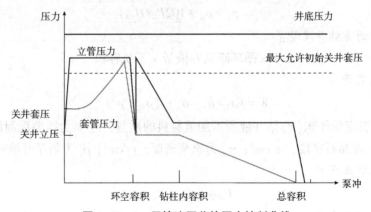

图1-6-4 司钻法压井的压力控制曲线

（4）建立循环。

压井计算完成之后，利用压井施工单的数据进行循环。在建立循环之前，一定要检查下列项目：

①压井开始前确认班组每位员工知道自己的责任。

②消除钻机和放喷管线附近的所有点火源，并检查放喷节流管线的阀门开关情况及固定情况，并使用下风向的放喷管线。

③检查确认循环系统的正确连接，倒好闸门。

④清零泵冲计数器并记录开始时间。

二、司钻法压井施工步骤

(1)开泵、开节流阀,保持套压不变。

建立循环时,要注意开泵和开节流阀操作人员之间的协调。为保持井底压力不变,开泵时应同时打开节流阀,并适当调节节流阀开度,使套压在整个开泵过程中保持不变,直到泵速达到压井泵速。但对于机械钻机来讲,这个过程很难实现。因为泵速会很快达到压井泵速,而节流阀调节滞后,使井底憋压。在这种情况下,可以使套压先下降 1.5MPa,再开泵。

在整个压井过程中压井泵速应尽量保持不变,如果泵速发生变化而不调整立管压力,井底常压就不能保持。因此,泵速的任何变化应通知节流阀调节人员,进行相应的调节。

(2)获取初始循环立压。

在保持套压不变的情况下开泵,随着泵速增加,泵压(立压)不断增加。当泵速达到预定泵速之后,读取此时的立压,即初始循环立压。

注意:在大多数情况下,读取的立管压力应等于或接近压井施工单上计算的关井立压与低泵速压力之和。如果读取的立管压力不等于关井立压与低泵速压力之和,可反复开泵几次,查明原因。如果几次结果相近,按照实际立压控制压井。

(3)保持初始立压不变循环溢流出井。

随着气体和受侵钻井液上返,气体将不断膨胀,使套压上升,钻井液池体积增加,这是正常现象。在气体到达地面时,套压和钻井液池体积增量达到最大。这时是井控最关键的时刻,任何惊慌失措都会造成重大事故。此时套压有可能超过最大允许关井套压,有的井队便节流放喷,结果使压井工作前功尽弃。计算证明,只要溢流位于套管鞋之上且立压控制正常,即使套压高于最大允许关井套压,套管鞋处也不会被压漏,按照正常压井程序继续,即可安全排出溢流。

(4)停泵、关井,判断排污效果。

当溢流排出、套压降至原关井立压,循环排污时间达到预期时间或泵冲数达到预计泵冲时,应停止循环,停泵关井。关井时,要保持当前套压不变,缓慢停泵。此时应能注意到返出钻井液密度接近入口钻井液密度(差值 $<0.02\text{g/cm}^3$),且火炬逐渐熄灭。

第一循环完成后,如果关井套压等于关井立压,说明排污量好,则开始加重钻井液;如果关井套压大于关井立压,说明井内仍有溢流,应继续循环,或者用工程师法压井。如果关井套压等于关井立压但大于原关井立压,可能是关井过快形成圈闭压力,也可能是高压低渗地层的压力恢复,应进行圈闭压力检查确认。

(5)用重钻井液压井。

当重浆准备好后,应进行第二循环。开泵的程序与第一循环完全相同,因为此时井内仍是原浆。泵速调至压井泵速时,此时初始循环泵压可能与第一循环不同,按实际形成为准。

当重浆沿钻柱下行时,立管压力应逐渐下降。当重浆到达井底时,立管压力应从初始循环立压降至终了循环立压。在此过程中,由于环空内一直是没有受污染的原浆,所以套压将保持不变。节流阀操作者只要控制套压不变,就可以保持井底压力不变。

当重钻井液达到钻头后，立管压力应降至终了循环压力。此时应读取实际压力并与计算值进行比较。如果不相同，按实际压力为准。

由于在此后的循环过程中，钻柱内的钻井液密度不再发生变化，因此立压也保持终了循环压力不再变化。此时调节节流阀，保持立压不变，直到重钻井液充满环空。由于这时环空内重浆液柱压力不断增加，应观察到套压逐渐降到零或所附加的安全压力值。

（6）停泵、关井，检查压井效果。

当预计的重钻井液量全部打完，重钻井液返出井口后，可以停泵并关井。关井的程序与前面相同。停泵关井后，应观察到立压、套压都为零。如果立压、套压相同且大于零，则说明有圈闭压力或压井钻井液密度计算不准，此时打开节流阀适当排放钻井液。如果立压、套压回到零且钻井液流动停止，则说明压井成功。如果立压不降，钻井液不停地流动，则说明压井钻井液密度偏低，应继续压井。

（7）开井、调整钻井液性能，恢复作业。

确认井已压稳，就可以开井。开井时应注意保持节流阀处于全开状态，执行一个溢流检查，再按从下到上的顺序打开防喷器。同时，防喷器之间也许圈闭有少量的压力，开井时应告诉钻台上的人员注意。开井后，应循环调整钻井液的性能。如果要起钻，应加上适当的密度附加值防止起钻时造成溢流。

三、司钻法压井分析

1. 司钻法压井压力控制核心是地面压力控制，第一循环排污过程中控制立压不变，套压增加；第二循环压井过程中，重浆到钻头前控制套压不变，立压下降；重浆出了钻头在环空上返时控制终了循环立压不变，套压下降。其压力控制曲线示意图如图1-6-3所示。

2. 司钻法压井优点

（1）井底常压；

（2）不需要任何预记录数据；

（3）不需要复杂的计算和调整；

（4）适用于各种钻具组合；

（5）适用于各种井眼形状；

（6）等待时间短；

（7）随时停泵及开泵，无须复杂计算；

（8）随时调整泵速无须复杂计算；

（9）出现复杂情况时方便控制。

3. 司钻法压井缺点

（1）循环时间长；

（2）井口压力高。

四、压井施工单

压井施工单如下：

地面BOP压井施工单——直井	姓名：- - - - - - - - - - - - - - - -

地层强度数据：

地层漏失时地面压力 (A) MPa

测试时钻井液密度 (B) g/cm³

最大允许钻井液密度=

$(B) + \dfrac{(A)}{套鞋垂深×0.00981} = $ (C) g/cm³

初始最大允许关井套压=

$((C)-在用密度)×套鞋垂深×0.0098$

= MPa

井的基本数据

在用钻井液密度 g/cm³

套管鞋数据：

尺寸 in

测深 m

垂深 m

井眼尺寸：

尺寸 in

测深 m

垂深 m

1号泵排量	2号泵排量
升/冲	升/冲

低泵速压耗		
低泵速数据	1号泵	2号泵
冲/分		
冲/分		

预记录的体积数据：	长(m)	容积(L/m)	体积(L)	泵冲数(stks)	时间(min)
钻杆	×	=		体积/泵排量	泵冲数/低泵速
加重钻杆	×	=	+		
钻铤	×	=	+		
钻柱内容积	(D)	升		(E) 冲	分钟
钻铤×裸眼	×	=			
钻杆/加重钻杆×裸眼	×	=	+		
裸眼体积	(F) 升			冲	min
钻杆×套管	×	=(G) 升		冲	min
环空总容积	(F+G)=(H) 升			冲	min
井眼系总容积	(D+H)=(I) 升			冲	
地面钻井液体积	(J) 升			冲	
钻井液总容积	(I+J) 升			冲	

填写压井施工单	日期：---------------- 井号：----------------

井涌数据 　　关井立压 [　　　] MPa 关井套压 [　　　] MPa	循环池 增量 [　　　] L

压井液密度 (KMD)	在用钻井液密度 ＋ 关井立压/(垂深×0.0098) ＋ 附加密度 ------------ ＋ -------------------- ＋ ------- ＝ 　　　 g/cm³

初始循环立管压力 (ICP)	低泵速压耗 ＋ 关井立压 ---------- ＋ -------- ＝ 　　　 MPa

终了循环立管压力 (FCP)	压井钻井液密度/在用钻井液密度 × 低泵速压耗 ------/----- × ---------- ＝ 　　　 MPa

(K)=ICP–FCP 　　 MPa	(K)*100/(E)= 　　 MPa/100冲

冲数(min)	压力(MPa)

静止及流动立管压力/MPa

冲数 →

第三节 工程师法压井

工程师法压井是在关井后等待加重钻井液,然后压井和排除溢流在一个循环周内完成,因此也称为一次循环法或等待加重法。在整个循环过程中,要保持井底压力等于或稍大于地层压力。

一、准备工作

(1)发现溢流及时关井。

发现溢流后及时关井,对减少溢流量是至关重要的。司钻在关井过程中负全面责任,整个关井过程由司钻统一指挥,按关井程序及时正确关井。

(2)等地层压力恢复后,记录关井立压、套压和钻井液池增量。

关井后,及时记录关井时间,等几分钟(根据地层渗透率和井口压力变化情况)后,读取关井数据。

(3)进行压井计算,填写压井施工单。

成功使用工程师法压井要求循环立管压力随着重钻井液下行从高值(初始循环立压)均匀降到低值(终了循环立压)。重要的是压力下降得要平滑,不能有太大的起伏,立压不能在重钻井液到达钻头时完全消失。

为了达到立压从初始循环立压到终了循环立压的平滑过渡,创建一个立压控制图表。列出重钻井液每下行50~100冲的距离循环对应的立压的准确数值。技术人员可以根据泵的冲数来调整节流阀使立压变化遵循图表的规律。如图1-6-5所示。

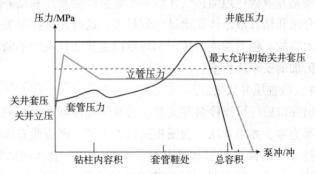

图1-6-5 工程师法压井的压力控制曲线

(4)建立循环。

压井计算完成之后,利用压井施工单的数据进行循环。在建立循环之前,一定要检查下列项目:

①压井开始前确认班组每位员工知道自己的责任。

②消除钻机和放喷管线附近的所有点火源,并检查放喷节流管线的阀门开关情况及固定情况,并使用下风向的放喷管线。

③检查确认循环系统的正确连接，倒好闸门。

④清零泵冲计数器并记录开始时间。

二、工程师法压井施工步骤

（1）建立循环。

建立循环时，要注意开泵和开节流阀操作人员之间的协调。为保持井底压力不变，开泵时应同时打开节流阀，并适当调节节流阀开度，使套压在整个开泵过程中保持不变，直到泵速达到压井泵速。但对于机械钻机来讲，这个过程很难实现。因为泵速会很快达到压井泵速，而节流阀调节滞后，使井底憋压。在这种情况下，可以使套压先下降1.5MPa，再开泵。

在整个压井过程中压井泵速应保持不变，如果泵速发生变化而不调整立管压力，井底常压就不能保持。因此，泵速的任何变化应通知节流阀调节人员，进行相应的调节。

（2）调节立压循环溢流出井。

建立循环之后，读取此时的立压，其值应等于或接近压井施工单上计算的关井立压与低泵速压力之和，即初始循环立压。如果读取的立管压力不等于关井立压与低泵速压力之和，应查明原因。否则按照实际立压调整立压控制图表。然后调节节流阀使立压值按照调整后的立压控制图表变化，直至重钻井液到达井底，记录此时立压，此时的立压即为终了循环立压。

（3）保持立压等于终了循环立压，直到重钻井液出井。

当重钻井液达到钻头后，立管压力应降至终了循环压力。由于在此后的循环过程中，钻柱内的钻井液密度不再发生变化，因此立压也保持终了循环压力不再变化。此时调节节流阀，保持立压不变，直到重钻井液充满环空。

随着气体和受侵钻井液到达地面，气体将不断膨胀，使套压和钻井液池体积增加。在气体到达地面时，套压和钻井液池体积增量达到最大，这时是井控最关键的时刻，任何惊慌失措都会造成重大事故。随着溢流的排出和环空内重浆液柱压力不断增加，应观察到套压逐渐降到零或所附加的安全压力值。

（4）停泵、关井，检查压井效果。

当重钻井液返出井口后，可以停泵并关井。关井的程序与前面相同。停泵关井后，应观察到立压、套压都为零。如果立压、套压相同且大于零，则说明有圈闭压力或压井钻井液密度偏低，此时打开节流阀适当排放钻井液。如果立压、套压回到零且钻井液流动停止，则说明压井成功。如果立压不降，钻井液不停地流动，则说明压井钻井液密度偏低，应继续压井。如果关井套压大于关井立压，说明排污不充分，应继续循环，同时观察套压变化及出口钻井液密度变化，直到套压为零、进出口钻井液密度一致。

（5）开井、调整钻井液性能，恢复作业。

确认井已压稳，就可以开井。开井时应注意保持节流阀处于全开状态，执行一个溢流检查，确认压井成功，再按从下到上的顺序打开防喷器。同时，防喷器之间也许圈闭有少量的压力，开井时应告诉钻台上的人员注意。开井后，应循环调整钻井液的性能。如果要起钻，应加上适当的密度附加值防止起钻时造成溢流。

三、工程师法压井分析

工程师法压力控制核心也是通过控制地面压力实现井底常压。其压力控制过程重浆在钻柱内下行时控制立压下降，重浆出了钻头后在环空上返时，控制立压不变。其压力控制如图 1-6-5 所示。

1. 工程师法压井优点

(1)用时较短；

(2)排污时套压较低。

2. 工程师法压井缺点

(1)溢流后需要复杂的计算和调整；

(2)计算时无法考虑钻井液性能变化；

(3)加重仓促，密度控制不准确；

(4)等待时间长，易引起卡钻问题；

(5)钻具接触溢流时间长，易引起腐蚀问题。

四、工程师法压井的特殊问题

1. 塔式钻具问题

塔式钻具组合在有些地区经常使用。由于钻柱由不同尺寸的钻具组成，钻具内容积系数不同，导致重浆段变化速度不同。如果按照统一内径情况计算和控制，则重浆下行过程中整个井眼都处于欠平衡状态，致使溢流量增大，后期套压变高，排污时间延长。

例 1-6-2：某井井深 23000ft，钻井液密度 9.2ppg（$1g/cm^3 = 8.33ppg$），关井立压 1300psi，低泵速压力 1100psi，泵排量 2.85gal/str，钻具结构为：

$$4\tfrac{3}{4}in \times 2in\,dc\,570ft + 3\tfrac{1}{2}in\,dp \times 5952ft + 5in \times 13423ft + 5in \times 3055ft(H)$$

如果使用工程师法压井，试作出压井曲线（图 1-6-6）。

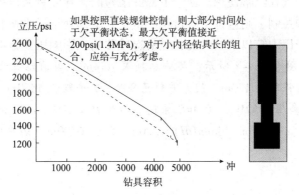

图 1-6-6　塔式钻具压井立压变化示意图

解：(1)求出各段钻具内容积：

$3055 \times 0.01554 = 45.7bbl = 700$ 冲

$13423 \times 0.01776 = 238.4bbl = 3513$ 冲

$5952 \times 0.00685 = 39.2bbl = 577$ 冲

$570 \times 0.00389 = 2.2 \text{bbl} = 32$ 冲

（2）地层压力、当量钻井液密度及初、终循环立压：

$P_p = 0.052 \times 9.2 \times 23000 + 1300 = 12295 \text{psi}$

$\rho_e = 12295 / 0.052 \times 23000 = 10.3 \text{ppg}$

$\text{ICP} = 1300 + 1100 = 2400 \text{psi}$

$\text{FCP} = 1100 \times 10.3 / 9.2 = 1232 \text{psi}$

（3）求出每段管柱充满重浆后的欠平衡值：

$P_d = 12295 - [3055 \times 10.3 + 19945 \times 9.2] \times 0.052 = 1139 \text{psi}$

$P_d = 12295 - [16478 \times 10.3 + 6522 \times 9.2] \times 0.052 = 372 \text{psi}$

$P_d = 12295 - [22430 \times 10.3 + 570 \times 9.2] \times 0.052 = 32 \text{psi}$

$P_d = 12295 - 23000 \times 10.3 \times 0.052 = 0 \text{psi}$

（4）求出每段管柱充满重浆后的摩阻增量：

总的摩阻增量　$P_f = 1232 - 1100 = 132 \text{psi}$

$P_{f1} = 132 \times 3055 / 23000 = 18 \text{psi}$

$P_{f2} = 132 \times 16478 / 23000 = 95 \text{psi}$

$P_{f3} = 132 \times 22430 / 23000 = 129 \text{psi}$

$P_{f4} = 132 \times 23000 / 23000 = 132 \text{psi}$

（5）在每段钻具改变点的循环立压：

井口　　$P_d = 2400 \text{psi}$

第一段钻具底部 $P_d = 1100 + 1139 + 18 = 2257 \text{psi}$

第二段钻具底部 $P_d = 1100 + 372 + 95 = 1567 \text{psi}$

第三段钻具底部 $P_d = 1100 + 32 + 129 = 1261 \text{psi}$

第四段钻具底部 $P_d = 1100 + 0 + 132 = 1232 \text{psi}$

2. 定向井问题

定向水平井钻井现在经常使用。由于下部井眼弯曲，导致重浆段变化速度不同。如果按照直井情况计算和控制，则重浆下行过程中整个井眼都处于过平衡状态，尤其是重浆到达水平井深时。对于压力窗口窄的井况，极易造成井漏，影响压井施工。

例 1 - 6 - 3： 如图 1 - 6 - 7 所示，某井总测深 7000m，当前钻井液密度 1.3g/cm^3，造斜点井深 2500m，造斜段长 450m。最大井斜角 90°，水平段长 4050m。溢流后，测得关井立压为 3MPa，关井套压 5.5MPa。已知低泵速压力为 $P_r = 4 \text{MPa@}30 \text{spm}$，钻具结构为：

$8\frac{1}{2} \text{in}$ 钻头 $+ 6\frac{1}{4} \text{in} dc 200 \text{m} + 5 \text{in} dp(H) \times 300 \text{m} + 5 \text{in} \times 6500 \text{m}$，如要用工程师法压井，试确定压井曲线。

解：

（1）总垂深：

$H = 2500 + 2 \times 450 / \pi = 2787 \text{m}$

（2）各段测深、垂深及内容积：

Oa. 测深：2500m

垂深：2500m

内容积：$2500 \times 0.00926 = 23150 \text{L} = 1544$ 冲

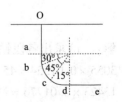

图 1 - 6 - 7　井深剖面示意图

ab. 测深：150m

垂深：$287 \times \sin 30° = 144$m

内容积：$150 \times 0.00926 = 1389$L $= 93$ 冲

bc. 测深：150m

垂深：$287 \times \sin 45° = 106$m

内容积：$150 \times 0.00926 = 1389$L $= 93$ 冲

cd. 测深：150m

垂深：$287 \times \sin 15° = 39$m

内容积：$150 \times 0.00926 = 1389$L $= 93$ 冲

de. 测深：7000m

垂深：$2500 + 287 = 2787$m

内容积：$(6500 - 2590) \times 0.00926 + 300 \times 0.004536 + 200 \times 0.004 = 35033.8$L $= 3336$ 冲

(3)地层压力：

$$P_p = 0.0098\rho_m H + P_d$$
$$= 0.0098 \times 1.3 \times (2500 + 144 + 106 + 39) + 3$$
$$= 38.53\text{MPa}$$

(4)地层压力当量密度：

$$\rho_e = P_p/0.0098H$$
$$= 38.53[0.0098 \times (2500 + 144 + 106 + 39) + 3]$$
$$= 1.41\text{g/cm}^3$$

(5)求出每段管柱充满重浆后的欠平衡值：

Oa.

$$P_d = 38.53 - [2500 \times 1.41 + 287 \times 1.3] \times 0.0098 = 0.3\text{MPa}$$

ab.

$$P_d = 38.53 - [(2500 + 144) \times 1.41 + (106 + 39) \times 1.3] \times 0.0098 = 0.153\text{MPa}$$

bc.

$$P_d = 38.53 - [(2500 + 144 + 106) \times 1.41 + 39 \times 1.3] \times 0.0098 = 0.0336\text{MPa}$$

cd.

$$P_d = 38.53 - [(2500 + 144 + 106 + 39) \times 1.41] \times 0.0098 = 0\text{MPa}$$

(6)求出初始、终了循环立压：

初始循环立压 $= 3 + 4 = 7$MPa

终了循环立压 $= 4 \times 1.41/1.3 = 4.33$MPa

摩阻增量 $= 4.33 - 4 = 0.33$MPa

(7)求出每段管柱充满重浆后的摩阻增量：

$$P_{foa} = 0.33 \times 2500/7000 = 0.1178\text{MPa}$$

$$P_{fab} = 0.33 \times 150/7000 = 0.0023\text{MPa}$$

$$P_{fbc} = 0.33 \times 150/7000 = 0.0023\text{MPa}$$

$$P_{fcd} = 0.33 \times 150/7000 = 0.0023\text{MPa}$$

$$P_{fde} = 0.33 \times 4050/7000 = 0.19\text{MPa}$$

(8)求出每段管柱充满重浆后的循环立压(图1-6-8):

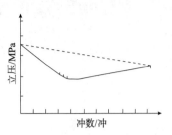

图1-6-8 压井立压变化示意图

O 点 $P_d = pci = 7MPa$

a 点 $P_d = 0.3 + 4 + 0.1178 = 4.4178MPa$

b 点 $P_d = 0.153 + 4 + 0.1178 + 0.0023 = 4.273MPa$

c 点 $P_d = 0.0336 + 4 + 0.1178 + 0.0023 \times 2 = 4.156MPa$

d 点 $P_d = 0 + 4 + 0.1178 + 0.0023 \times 3 = 4.124MPa$

e 点 $P_d = 0 + 4 + 0.1178 + 0.0023 \times 3 + 0.19 = 4.338MPa$

第四节 压井施工

和关井过程一样，压井施工是井控工作紧张而危险的过程。训练有素、统一指挥、团结协作是搞好压井施工的前提。

一、压井准备

1. 确定压井方案

关井后，技术管理人员应根据关井参数、溢流性质、井眼情况和现场条件确定压井方案。压井方案的确定应考虑以下几个方面的问题：

1)溢流性质

气体溢流因其膨胀性，会导致排污压井过程中的套压升高。还要考虑溢流是否存在硫化氢等有毒有害物质，以便做好相应准备。

2)溢流容限

根据当前立套压数据和最大允许关井套压，评估套管鞋处的承压能力，进而决定压井方法。如果溢流容限小，可考虑使用工程师法；否则，可使用司钻法。

3)技术条件

包括人员、设备、物资的可用情况。如果良好，可用控制较复杂但用时短的工程师法，否则可以考虑控制简单的司钻法。

根据以上考虑结果，确定压井方法，认真填写压井施工单。

2. 召开压井准备会

可开个简短的压井准备会，根据压井方案的要求进行分工，对可能的问题提前安排。主要内容包括压力控制方法、应急预案介绍、岗位分工等工作。

通常情况下，节流阀由监督或队长控制，钻井工程师负责各种数据采集和计算，司钻操作钻井液泵，副司钻监控远控台的工作情况，井架工监控节流管汇与防喷器组，内钳工负责液气分离器出口及点火，外钳工随时听从司钻指示。钻井液工程师带领钻井液工保证钻井液处理系统正常工作，并随时处理返出的受侵钻井液，场地工监测进出口钻井液密度。

3. 加重钻井液

关井后，司钻带领外钳工监控关井压力并活动钻具，井架工监控防喷器组及节流管汇，钻井液工准备除气和钻井液处理设备，其余人员则在监督指挥下加重钻井液。

为尽快实施压井，加重钻井液量不宜过多，也不要在计算钻井液密度之上加附加值，如果需要，可在压井结束开井后，再循环加重。

4. 准备开泵

重钻井液准备好后，开泵之前，先检查好循环通道，泵冲计数器清零，必要时排放部分钻井液，防止溢流膨胀造成钻井液罐外溢。

二、开始压井

1. 开泵

节流阀通常由监督或队长控制，司钻操作钻井液泵。两人应该密切配合，保证顺利建立循环。开泵要慢，主要防止憋泵造成井漏。开泵时，节流阀控制人员尽量保持当前套压不变，等待泵速达到预定的压井泵速。由于关井时钻井液静止时间较长，破坏其内部网架结构需要一定的时间，通常在泵速达到后再循环 1 ~ 3min 时间。

2. 压力控制

1) 初始循环压力

开泵后，节流阀控制人员应及时将目光从套压表转移到立压表上，读取初始循环立压。一般来讲，此时的立压应等于关井立压与低泵速压力之和。如果不相等，可能是由于钻井液循环不均、受到污染及井深变化所致，可以稍作等待。如果差距较大，可停泵，再次开泵以检查效果。如果与上次相同，则以实际获取的初始循环压力为准。对于工程师法压井，需要调整压力控制方案的具体数据；对于司钻法压井，应保持此压力不变。为操作方便，可用记号笔在压力表上标注记号。

为了增加操作安全系数，防止二次溢流出现，通常可在读取的实际初始循环压力的基础上，增加 1 ~ 1.5MPa 的安全附加值。

2) 压力调节

开始压井后，随着溢流上行，套压会发生变化。根据 U 形管效应，立压也会发生相应的变化。为了控制井底压力不变，必须使立压按照预先制定的变化规律发展，为此，此时需要对立压进行调整。

调整立压的方法是开关节流阀。开关节流阀时，首先引起套压变化。然后该压力波动沿环空下行，通过钻柱内钻井液传递至立压表，立压则有相应变化。因此，套压变化和立压变化之间是需要一段时间的，这段时间称为迟滞时间。迟滞时间的大小取决于压力波动在钻井液中传递的速度，该速度与钻井液性能、井深、温度等许多因素有关。

由于迟滞时间的存在，调节立压时不能直接以立压变化结果而定，而是先观察套压变化，然后等待压力传递。比如希望立压增加 1MPa，不能不断关小节流阀直到看到立压上升 1MPa，这样其实早就关多了，增加的立压还在后面的传递中。当你看到立压上升 1MPa 后往往停不下来，而是继续上升，这样井底压力上升过多，就有可能井漏；相反的情况是降低立压时，立压降低过多，导致二次溢流。正确的做法是先让套压变化 1MPa，等待立压变化。

3. 泵速设定和调整

在地层、井口设备、地面设备运行的情况下，应优选较大泵速压井。当需要降低泵速时再降低泵速，这样可以缩短压井时间，降低卡钻等复杂情况出现的可能性。

降低泵速通常出现在套压接近最大允许关井套压、节流管汇和液气分离器能力不足等情况下。泵速的变化会引起循环摩阻的很大改变，为保证井底压力不变，泵压(立压)也要作相应调整。根据经验公式计算的新泵压值可供参考，最好的方法是现场读取：暂时保持当前套压不变，调整泵速，等压力稳定后的泵压就是需要的新泵压。

4. 终了循环立压

重浆到钻头时的循环立压称为终了循环立压，该压力是压井过程中的一个重要参数，是立压控制的转折点。其理论上等于在用泵速的循环摩阻与新旧钻井液密度之比的乘积。理论计算只考虑了密度对循环摩阻的影响，没有考虑黏度、温度、添加剂(重晶石、堵漏材料)等的影响，只能作为参考数据，真实的数据应该在现场读取。

当泵冲计数器达到钻具内容积需要的泵冲时，注意观察循环立压变化。此时的立压变化趋于缓慢，即可确定终了循环立压。如果环空要求精细压力控制，此时可停泵关井，排除圈闭压力可能后，观察立压是否为零。一方面，检查压井钻井液密度是否足够；另一方面，再次开泵时可以重新读取更准确的终了循环立压。

读取终了循环立压后，节流阀操作人员应在压力表上做相应的记号，以免忘记造成影响。

5. 溢流出井控制

气体溢流接近地面时，因其膨胀，会造成套压升高。如果溢流在套管鞋以下，套压超过最大允许关井套压会引起套管鞋处的地层破裂而造成井漏。此时可以适当降低泵速，减少环空摩阻对套管鞋处的作用。如果溢流在套管鞋以上，只要保持立压正常，套压超过最大允许关井套压也不会引起套管鞋处的地层破裂而造成井漏。随着溢流出井，套压会急剧降低。

气体溢流出井时，由于气体和钻井液的混合作用，节流阀出口气液交替高速喷出。此时套压变化剧烈，管线振动较大，液气分离器也有可能过载。因此，要派人及时观察各处固定情况及液气分离器压力表等。

气体溢流出井时，应及时安排点火。

溢流排出后，套压可能很快降为零，此时不要立即停泵，因为这可能是环空摩阻在起作用。此时停泵，环空摩阻消失后，井底仍是欠平衡状态。应该等到泵冲达到预计泵冲、返出钻井液密度等于压井钻井液密度后，再停泵观察。

三、压井结束

(1)一旦泵冲达到预计泵冲数，或者套压为零、进出口钻井液密度平衡，可缓慢停泵关井。如果立压、套压都为零，则可开井。如果关井后立、套压相等且不为零，通常是圈闭压力，可开节流阀释放检查。如果关井后立、套压不相等，则意味着环空有二次溢流，应继续控制立压循环一个迟到时间，再次检查。

(2)开井时，司钻发三声短鸣笛信号，提醒所有人员注意，尤其是钻台上的人员，防止防喷器之间的圈闭压力开井释放发生危险，然后按开井程序开井。

（3）开井后，进行溢流检查。无溢流显示，开泵循环调整钻井液性能，适当提高钻井液密度作为安全附加值，恢复生产。为防止卡钻事故，此时可活动钻具，最好的方法是转动，这样可以减少抽吸作用，因为现在钻井液密度还没有加入起钻附加值。

四、井控事件应急处置案例（以中原石油工程公司为例）

（一）应急组织机构及职责

在应急指挥中心成立远程决策技术专家组，由应急指挥中心根据业务分工和专业特长确定参与事件处理的成员单位、专家组专家，成立现场应急指挥部，形成专项预案的应急组织体系。

1. 公司指挥机构及职责

1）公司应急指挥中心

总指挥：公司执行董事、党委书记和总经理。主要职责：全面负责（公司级）井控事件应急救援工作。

副总指挥：公司副总经理。主要职责：根据业务分工，协助总指挥具体做好（公司级）井控事件应急救援的协调指挥工作。

工作职责：

（1）召开首次应急会议，首次应急会议由公司应急指挥中心总指挥或副总指挥主持召开，通报井控事件情况；

（2）成立远程决策技术专家组，迅速派出现场应急指挥部人员赶往现场，确定现场指挥；

（3）进一步明确各部门、各单位任务；

（4）在现场应急指挥部人员到达现场之前，指令事件单位现场指挥负责应急处置工作；

（5）明确现场应急救援工作要求；

（6）初步判断所需调配的内外部应急资源，根据现场需求，组织调动、协调各方应急救援力量到达现场；

（7）审定并签发向上级主管部门和地方政府报送的相关材料。

2）应急指挥中心办公室职责

（1）跟踪并详细了解现场应急处置情况，迅速搭建事件现场与公司应急信息快速交换的通道，传递现场相关信息，连续收集现场应急处置动态资料，及时向公司应急指挥中心汇报、请示并落实指令；

（2）派出现场应急指挥部组成人员，参与现场应急处置工作；

（3）组织调动消防、气防、医疗救护等救援力量赶赴现场并通知专家到达指定地点；

（4）根据公司应急指挥中心指令向中石化应急指挥中心办公室报告或求援；

（5）完成公司应急指挥中心交办的其他工作。

2. 成员单位职责

1）总经理办公室

（1）根据公司应急指挥中心指令，及时向上级主管部门和地方政府报告或求援；

（2）做好上报材料的起草、审核工作；

(3)做好公司应急指挥中心人员的交通、生活等后勤保障工作;

(4)完成公司应急指挥中心交办的其他工作。

2)安全环保部

(1)派出现场应急指挥部组成人员,参与现场应急处置工作;

(2)落实安全防范措施并指导现场环境监测;

(3)完成公司应急指挥中心交办的其他工作。

3)技术发展部

(1)跟踪并详细了解现场应急处置情况,及时向公司应急指挥中心汇报、请示并落实指令;

(2)负责对初期现场应急处置提供技术支持和建议;

(3)迅速派出现场处置人员,参与现场应急处置;

(4)组织有关部门和专家落实井控事件应急处置指导方案;

(5)完成公司应急指挥中心交办的其他工作。

4)装备管理部

(1)迅速派出现场应急指挥部组成人员,参与现场应急处置;

(2)跟踪并详细了解现场应急处置情况,及时掌握周边现场设备配备情况,做好调配应急设备的准备;

(3)完成公司应急指挥中心交办的其他工作。

5)市场管理委员会

(1)派出现场应急指挥部组成人员,参与现场应急处置工作;

(2)负责24h应急值班,负责突发事件信息接报,传达公司领导对突发事件处置的指令,跟踪突发事件动态和处置进展,及时通报情况;

(3)负责组织各专业职能部门按照突发事件类别及风险制定应急抢险物资目录,包括品种、数量、质量要求等内容;

(4)完成公司应急指挥中心交办的其他工作。

6)管具公司

(1)由分管生产的副经理赶赴生产指挥中心参与应急处置;

(2)根据公司应急指挥中心指令,派出人员参与现场应急处置;

(3)跟踪并详细了解现场应急处置情况,详细掌握现场井控装备配备清单,调配应急井控装备;

(4)完成公司应急指挥中心交办的其他工作。

7)固井公司

(1)由分管生产的副经理赶赴生产指挥中心参与应急处置;

(2)根据公司应急指挥中心指令,派出人员参与现场应急处置;

(3)跟踪并详细了解现场应急处置情况,根据现场指挥部要求调配应急固井车辆;

(4)完成公司应急指挥中心交办的其他工作。

8)井下特种作业公司

(1)由分管生产的副经理赶赴生产指挥中心参与应急处置;

(2)根据公司应急指挥中心指令,派出人员参与现场应急处置;

（3）跟踪并详细了解现场应急处置情况，根据现场指挥部要求调配应急压裂车辆；

（4）完成公司应急指挥中心交办的其他工作。

9）其他有关职能部门和有关单位

按公司应急指挥中心办公室指令行动。

3. 现场应急指挥部机构及职责

1）现场应急指挥部

总指挥：公司派驻现场最高领导；

副总指挥：事件单位现场领导、公司现场井控专家；

成　　员：区域井控专家、项目部井控负责人、参与处置相关单位专家。

2）工作职责

（1）迅速收集现场信息，核实现场情况，会同业主单位制定现场处置方案并实施；

（2）迅速隔离事发现场，抢救伤亡人员，撤离无关人员和群众；

（3）协调现场内外部应急资源，统一指挥压井施工或抢险工作；

（4）根据现场变化情况及时修订处置方案；

（5）协同地方政府实施人员搜救和医疗救助；

（6）及时向公司应急指挥中心汇报、请示并落实指令；

（7）按照公司应急指挥中心指令，指定有关部门或人员负责现场对外信息发布。

4. 事件单位应急指挥机构

1）应急指挥中心

总指挥：公司经理、党委书记；

副总指挥：公司副经理；

成员：安全总监、副总工程师、技术专家、机关职能部门（含直属单位）行政正职。

2）工作职责

（1）接受公司应急指挥中心的领导，请示和落实应急指令；

（2）完成公司应急指挥中心交办的工作，组织开展应急救援和应急处置；

（3）现场应急指挥部人员到达现场之前，在现场指挥部专家的指挥下进行应急处置工作；

（4）统一协调应急资源；

（5）在应急处置过程中，负责向公司、地方政府求援或配合公司、地方政府应急工作；

（6）审定向上级主管部门报送的应急报告。

5. 现场应急实施小组

发生井控事件后，现场应成立应急实施小组，组长由熟悉压井程序和具备井控技能的现场最高领导担任，组长根据现场人员实际能力，确定应急实施小组成员，并进行分工；明确钻台组、泵房组、节流管汇组、钻井液供应计量组、点火组、警戒组、信息组负责人和成员。

应急实施小组职责：

（1）组长（平台经理）：全面负责组织、协调及处置工作；

（2）钻台组（司钻、两个钻工）：由司钻负责，负责钻台一切操作，包括开泵、（协助）调节液控节流阀、开关方钻杆旋塞、定时记录立（套）压和开停泵时间。及时向压井指挥汇报数据及变化情况；

（3）泵房组（副司钻和一个钻工）：由副司钻负责，负责泵房闸门的开关；钻井液泵的检查和保持钻井液泵状态良好。及时向压井指挥汇报泵房变化情况；

（4）节流管汇组（井架工和场地工）：由井架工负责，负责节流管汇闸门的开关；手动节流阀的调节；节流管汇和液气分离器的检查，及时向压井指挥汇报节流管汇各闸门状态；

（5）钻井液供应计量组（钻井液组长负责）：负责泵入和返出钻井液量的计量（确定溢或漏）；泵入和返出钻井液性能的测量；泵入钻井液密度的调整；返出钻井液的收集。及时向压井指挥汇报钻井液总量变化、性能参数、钻井液调配和溢漏情况；

（6）点火组（大班负责）：负责液气分离器排气管和防喷管线的点火（准备长明火和礼花弹）；负责对火焰的观察并对火焰的变化情况及时向压井指挥汇报；

（7）警戒组（大班负责）：负责井场的警戒和车辆的疏导；

（8）信息组（技术员和录井人员）：由技术员负责，负责压井资料、数据、各个节点时间的收集记录；及时把录井采集的数据与人工计算的数据进行对比，避免计算错误；发现问题及时向压井指挥汇报，同时把现场录取数据及时传递给负责远程指挥专家及上级指挥中心。

（二）报告程序

（1）关井套压小于5MPa，基层队应立即向项目部汇报事件简况；项目部分别向本单位技术发展中心、区域井控管理专家和生产运行部门汇报；

（2）关井套压大于5MPa，区域井控管理专家应向公司井控专家组成员汇报事件简况，并在公司井控专家组成员的指导下进行压井施工；

（3）关井套压大于10MPa、压井施工中存在喷漏同层或含硫化氢等有毒有害气体，事件单位应立即启动本单位应急预案，并向技术发展部和公司生产指挥中心汇报。

（三）应急处置

1. 响应程序

公司应急指挥中心根据事件现场事态发展的最新报告，达到公司重大事件总体应急预案启动条件时，立即发出启动公司专项预案的指令。

2. 应急指挥

根据公司应急指挥中心指令，成立现场应急指挥部，确定现场应急指挥，通知各成员单位应急处置人员迅速到达指定位置，按照应急处置指导方案开展应急处置。

3. 现场应急指挥责任主体及指挥权交接

事件无法得到有效控制时，事件单位应立即向公司请求支援；在公司应急指挥部成员赶到现场后，事件单位应立即移交指挥权，并汇报事件情况、进展、风险以及影响控制事态的关键因素等问题，服从公司现场应急指挥部的指挥。

（四）应急终止

经应急处置后，现场应急指挥部确认同时满足下列条件时，向公司应急指挥中心报告，公司应急指挥中心可下达应急终止指令：

（1）伤亡人员得到妥善安置；

（2）井口得到有效控制，井口周围及井场附近地表无裂缝，无冒油、气、水现象；

（3）现场天然气在空气中的浓度低于爆炸下限；低洼处、空气不流通区域硫化氢在空气中的含量低于$10mg/m^3$；

（4）社会影响减到最小。

第五节 井控风险管理

井控工作，尤其是关井和压井工作，是一项高危工作，充满了各种风险。人的能力、设备状况、物资供应、组织管理等各方面的缺陷和失误，都会造成严重的甚至灾难性的后果。因此，搞好井控风险管理具有重大意义。

一、井控风险管理

1. 资质管理

所有从业单位和个人应具备相应的井控资质。管理人员应定期检查，不具备或资质过期人员应培训后再上岗。

2. 设备状况

钻井设备应定期检查、保养，搞好开钻验收工作。井控设备应定期进行压力和功能试验，确保功能完好。

3. 物资供应

井队应按照钻井设计要求储备相应的备用物资，如加重材料、堵漏材料、防喷器备件等，以备紧急之需。

4. 组织管理

井队应具有井喷、硫化氢泄漏、消防、公共安全等应急预案并定期进行演练，使员工熟悉自己的岗位职责、工作步骤及相互之间的合作。

二、压井过程中的异常情况判断和处理

压井过程中有很多意外情况出现，如果处理不恰当，就会使压井失败，甚至演变成严重事故。

1. 立压上升

循环立压是循环摩阻和套压之和。如果两者之一或两者都上升，则立压会突然上升。

摩阻上升的原因有泵速增加、水眼或环空堵塞、套压升高等。而套压升高的原因为节流阀堵塞或溢流高度增加。

通常情况下，压井人员和司钻应经常检查泵速，保持泵速等于预定泵速，不能发生意外变化。如果泵速增高而没有被发现，节流阀操作人员开大节流阀降低泵压至理论泵压，此时就会在井底形成欠平衡状态。

由于溢流高度增加而使立套压增高是正常现象，可以通过开大节流阀调整立压。如果开大节流阀不能使泵压有效下降，则有两种可能：

(1) 如果套压正常或下降，则说明钻头水眼或环空堵塞。此时应根据立压上升大小和速度决定处理措施。立压少量上升且稳定，说明堵塞不很严重，可保持套压为先前套压，重新获取立压值并进行相应调整。立压上升很快，应停泵关井。如果套压正常而立压过高，说明钻头水眼或环空堵塞严重甚至堵死，可采取活动钻具、反复开泵、射孔等措施恢

复正常循环。

（2）如果开大节流阀时立压、套压均无变化，则可能是节流阀及下游管路堵塞。此时先停泵，改用较小泵速循环，同时尝试用开大、关小节流阀等措施震开堵塞物，恢复正常后，再恢复泵速。如果此举不行，则停泵关井，改变循环路线，维修失效节流阀。

2. 泵压对调节无反应

开关节流阀，泵压对调节无明显反应，其原因有两个：第一是井漏。井漏时，开关节流阀形成的压力变化在井底消失到漏层里，在地面无变化。第二，节流阀控制机构损坏，阀芯没有动作，因而无节流效果。

遇到这种情况，首先要停泵关井。然后检查循环罐液面，确认是否井漏。如果井漏，根据漏失量决定是减少泵速还是堵漏；如果不是井漏，则改变循环线路，用另一侧管汇压井，同时维修损坏的节流阀。

3. 泵压下降

压井时感觉到泵压不正常下降，有以下几个原因：

（1）泵的问题。泵速下降或者钻井液泵上水不好，排量不足。检查泵速若无问题，应停泵关井，检查钻井液罐液面及上水情况。

（2）钻具问题。钻头水眼刺掉、钻具刺孔甚至断裂都会造成泵压降低。若套压无降低仅单纯泵压降低，很有可能是上述问题。此时应停泵并关井，检查悬重。如果泵压下降不明显，可能是钻具刺孔；如果泵压下降明显，同时悬重下降，可能是钻具刺断，否则是水眼的问题。

如果是钻具问题，可停泵关井，根据关井立套压及变化情况，结合悬重变化，可以大致估计刺孔或断裂位置。如果接近溢流位置或在其下方，可降低排量继续压井。否则，用非常规技术处理。如果是水眼问题，可重新开泵读取新的立压值，调整压井方案，继续压井。

（3）井漏。此时调节套压，两者均无明显变化。应停泵关井，检查钻井液罐液面，确认是否井漏。如果井漏，根据漏失量决定是减少泵速还是堵漏。

（4）节流阀刺坏。关小节流阀，套压、立压无明显变化，应停泵关井，检查钻井液罐液面，确认是否井漏。如果不是井漏，则改变循环线路，用另一侧管汇压井，同时维修损坏的节流阀。

三、紧急情况处理

压井过程中，尤其是气体溢流出井时，高速产生的刺漏、震动会导致管线断脱、高压释放，液气分离器能力不足引起的有毒可燃气体扩散，都会对施工人员的安全产生很大威胁。因此，压井前应将各种固定设备认真检查。压井过程中，根据设备和井压情况合理选择和调整泵速。如果遇到紧急情况，应立即停泵关井，按照应急预案处理。

四、变更管理

有些复杂的压井工作，有时需要几天甚至几个星期，势必存在施工人员更换问题。交接班时，相关岗位必须把有关的设备情况、井下情况、既往历史、故障提示、记录数据等交接清楚。

第七章　常规压井特殊情况

第一节　低节流压井法

有时，因为地层压力异常或发现溢流较晚，或者套管下深过浅，关井地面压力或排除溢流时循环套压会超过最大允许套压。此时如果坚持关井或按照预定压力控制方案压井，可能会诱发套管鞋处地层破裂，造成井漏，使压井难以进行。这种情况下可采取区别于常规压井方法的新方法，即循环排出井涌流体时，通过调节节流阀使关井压力低于保持井底压力与地层压力相平衡所需要的值的压井方法，称为低节流压井法。

低节流压井法是标准的或常规的循环井控法的改型。经典的井控法假设在整个压井过程中保持井底压力不变或稍高于地层压力。低节流压井法与经典法不同的是，它允许井底压力降低甚至低于地层压力，并可允许较少的地层流体继续进入井内，然后将之循环出去。在正常情况下不需使用低节流压井法，但特殊情况下要求使用这种方法。

一、低节流压井法的应用条件

在井控情况下，低节流压井法适用于下列情况：

(1)致密的高压低渗透性气层。

(2)井队人员对所钻区域的井涌地层非常熟悉。

(3)当表套下得较浅而有长裸眼井段。

(4)为了保护井队人员的安全。

(5)为了保护钻机和地面设备。

(6)为了保护套管鞋处地层，减小地下井涌、地下井喷和气体从套管外(套管下得浅)窜出的可能性。

二、低节流压井法的操作程序

(1)保持套压不超过最大允许套压。

(2)启动泵，使泵速达到钻井泵速，并使套压接近最大允许压力。

(3)循环时，以尽可能快的速度向井内加入重晶石。

(4)继续循环，直到循环套管压力开始下降，表明进入环空的气体量开始减小。

(5)压力开始下降前，一直进行循环，直到采用其他的井控方法。

三、低节流压井法使用注意事项

(1)若现场没有足够的重晶石供应，不要采用低节流压井法。

(2)若井涌地层为高渗透性地层，不要采用低节流压井法。

关井时套压很快接近最大允许地面压力时，这通常意味着井眼设计不充分。这时可以维持最大地面允许压力，将压井钻井液泵入井中而实行动态压井。

更为典型的是，井控开始时很正常，但套压逐步接近最大允许地面压力，可有几种方法进行处理。如果井涌顶部已经进入套管封固段，可不必担心或采取措施，一直保持井底常压即可。当井涌的前端通过了套管鞋时，套管鞋处的临界压力开始下降，井涌前端上行离套管鞋越远，只要套压不超过套管或井口的额定工作压力，就不用担心。

如果套管鞋处计算的压力大于破裂压力，可有几种方法处理：一是短时间地释放相同量的环空压力，这会释放套管鞋处的压力，同时也减小井底压力和泵送压力。如果怀疑井内仍有井涌，建议使用节流阀控制，继续循环。二是增加泵的排量。要选定多个低泵速循环排量。在压井时，通常选用低排量。为了保证较大的环空摩阻，可以适当增加泵速，如果套压接近临界值，就可以再降低一点套压而不会引起井底压力的等量下降。

第二节　小井眼井控技术

一、小井眼钻井的特点

(1)起钻时总要产生一定程度的抽吸，在小井眼钻井时抽吸尤其突出，因为其环空间隙很小。

(2)小井眼钻井时环空摩阻远高于常规钻井，这是由于环形间隙太小及钻柱的高速旋转。这种高的环空摩阻导致高的当量循环密度和井底压力，因而对常规钻井不会漏失的地层，小井眼钻井时就可能井漏。

(3)由于小井眼钻井的过大环空摩阻作用于井底，会掩盖钻穿异常高压的一些显示，然而停泵后环空摩阻消失，使井底出现欠平衡进而产生溢流。

(4)当溢流(井侵)进入环空将使环空液柱变轻，由于 U 形管效应，会使泵压降低同时可能会使泵速增加。单一这个显示并不意味着溢流已经发生，也有可能是泵的问题、钻柱刺穿、喷嘴刺穿等，最好是在发现这一情况时进行溢流检查，确认溢流是否发生。在小井眼中，正好相反的现象会发生，如果气侵使环空钻井液上返速度提高，将会使泵压增加，这一现象也要仔细分析，也可能是因为其他原因产生的，比如沉砂、缩径等，但这些原因通常都伴随着扭矩增加。

二、环空摩阻的确定

如果低泵速造成的环空摩阻不会压漏地层或者低于 100psi，常规的压井方法即可使用。环空摩阻对小井眼井控问题是最主要的数据，事实上也是与常规井控的主要区别所在，主要问题是即使在很低的循环速度下环空摩阻仍然很高。

图 1-7-1 为 $4\frac{3}{4}$ in 的小井眼和 $6\frac{3}{4}$ in 常规井眼环空摩阻的对比。

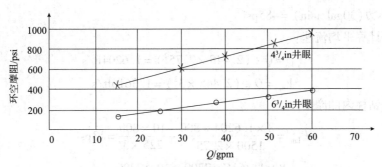

图 1-7-1　小井眼与常规井眼环空摩阻对比

确定低泵速下的环空摩阻是很关键的，如果环空摩阻高于压漏地层的临界值，则在井控操作时必须予以考虑。这在节流阀操作时适当考虑即可。

环空摩阻可用下式计算：

环空摩阻 = 低泵速压力（测）- 钻柱内摩阻 - 地面摩阻（测）- 钻头摩阻（测）

在使用工程单位制计算钻柱内摩阻时是一个简单的问题，而且由于大部分钻井液在低泵速下的流态都是层流，使这种计算更加简单化。

（1）获取相关长度、内径数据：

①钻杆内径 D_{dp}，in；

②钻杆长度 L_{dp}，ft；

③钻铤内径 D_{dc}，in；

④钻铤长度 L_{dc}，ft；

⑤压井钻井液塑性黏度 PV，cP；

⑥压井钻井液屈服值 YP，lb/100ft^2。

（2）计算平均流速

钻铤：
$$V_{dc} = Q \div (2.448 \times D_{dc}^2) \tag{1-7-1}$$

钻杆：
$$V_{dp} = Q \div (2.448 \times D_{dp}^2) \tag{1-7-2}$$

式中，Q 为排量，gal/min。

（3）计算摩阻：

钻铤：
$$P_{ldc} = \frac{PV \times V_{dc} \times L_{dc}}{1500 \times (D_{dc})^2} + \frac{YP \times L_{dc}}{225 \times D_{dc}} \tag{1-7-3}$$

钻柱：
$$P_{ldp} = \frac{PV \times V_{dp} \times L_{dp}}{1500 \times (D_{dp})^2} + \frac{YP \times L_{dp}}{225 \times D_{dp}} \tag{1-7-4}$$

钻柱内摩阻 = 钻铤内摩阻 + 钻杆内摩阻

注：钻杆内径变化忽略不计。

钻柱内摩阻一旦确定就可以计算出环空摩阻。

例 1-7-1：井深：8500ft

钻杆：3inID × 7700ft

钻铤：2.75inID × 800ft

钻井液性能：压井钻井液密度 $=9.0$ ppg，压井钻井液屈服值 $YP=10$ lb/100ft^2，塑性黏度 $PV=8$ cP，测量的地面设备和钻头压降$(30$ gal/min$)=65$ psi

低泵速压力$(30$ gal/min$)=485$ psi

解：(1)计算平均流速：

$$V_{dc}=Q\div(2.448\times2.75^2)=1.6204\text{ft/s}$$

$$V_{dp}=Q\div(2.448\times3^2)=1.3616\text{ft/s}$$

(2)计算钻柱内的摩阻：

$$P_{Ldc}=\frac{8\times1.6204\times800}{1500\times2.75^2}+\frac{10\times800}{225\times3}=13\text{psi}$$

$$P_{ldp}=\frac{8\times1.3616\times7700}{1500\times3^2}+\frac{10\times7700}{225\times3}=120\text{psi}$$

$$钻柱内摩阻=14+120=133\text{psi}$$

(3)确定环空摩阻：

$$环空摩阻=485-65-133=287\text{psi}$$

三、小井眼井控方法

为适应小井眼的特点，我们必须适当调整两种常用的循环压井方法：小井眼工程师法和小井眼司钻法。

(一)小井眼工程师法计算

小井眼工程师法包括考虑高的环空摩阻的步骤。对常规工程师法来说，开泵压力是初始循环立压，然后循环立压随着重钻井液下行而下降，重钻井液到达钻头之后，立压降为终了循环立压，上返时保持终了循环压力不变，直到重浆返出井口。然后循环立压自动上升到某个最终值。

常规工程师法和小井眼工程师法的根本不同是最终循环压力升高值远高于常规情况，因而必须予以考虑。

立压的显著增高用一个稍微改变的过程名字来加以考虑，我们用术语"中间循环立压"来表示重钻井液到钻头开始沿环空上返时的立管压力，终了循环压力表示重钻井液到节流阀时的循环立管压力。

(1)井眼稳定后，计算压井钻井液密度：

$$\rho_{km}=102P_{关立}/H+\rho_{mo} \tag{1-7-5}$$

起下钻余量在计算压井钻井液密度时不予考虑，主要原因是防止过高的井内压力压破地层。

(2)算初始循环立压：

$$P_{初}=P_{低}+P_{关立}-环空摩阻 \tag{1-7-6}$$

(3)算中间循环立压：

$$P_{中}=(P_{低}-环空摩阻)\times\frac{\rho_{km}}{\rho_{mo}} \tag{1-7-7}$$

（4）算最终循环立压：

$$P_{终} = P_{低} \times \frac{\rho_{km}}{\rho_{mo}} \qquad (1-7-8)$$

（5）计算地面到钻头总冲数：

$$\frac{钻柱内容积}{泵排量} = 冲数 \qquad (1-7-9)$$

（6）计算环空到地面冲数：

$$\frac{环空容积}{泵排量} = 冲数 \qquad (1-7-10)$$

（7）完成上述计算后，填写压井施工单并作出压井施工图，如图 1 - 7 - 2 所示。

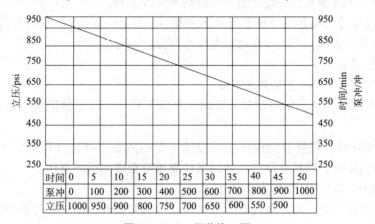

时间	0	5	10	15	20	25	30	35	40	45	50
泵冲	0	100	200	300	400	500	600	700	800	900	1000
立压	1000	950	900	800	750	700	650	600	550	500	

图 1 - 7 - 2 压井施工图

（二）小井眼工程师法压井操作

1. 重钻井液地面到钻头

（1）当压井施工单填写完毕，钻井液加重完成之后，准备通过节流阀循环压井。打开节流阀上游的平板阀，清零泵冲计数器，保持与节流阀调节人员的联系。

（2）一旦压力稳定，开泵至压井泵速同时调节节流阀使套压减小一个环空摩阻。

（3）一旦泵速达到压井泵速且立压稳定，记录实际的循环立压。如果实际循环立压等于或很接近计算值，继续压井并调整节流阀使立压按施工单曲线下降；如果实际循环立压与计算值有很大差距，则停泵关井，查明原因，确保无圈闭压力。

较小的差异可能是用于计算初始循环立压的环空摩阻不准确，此时更接近的环空摩阻以及修正的中间循环立压可以用记录的初始循环立压通过下式获得：

$$实际环空摩阻 = 实际初始循环立压 - 初始关井立压 + 低泵速压力 \qquad (1-7-11)$$

$$中间循环立压 = (低泵速压力 - 实际环空摩阻) \times \frac{\rho_{km}}{\rho_{mo}} \qquad (1-7-12)$$

因此立压变化曲线可以根据上述结果加以调整。

2. 重钻井液上返

（1）当重钻井液井入环空后，节流阀调节员应保持中间循环立压不变直到节流阀全部打开，然后，循环立压将自动增加到最终循环立压。

（2）一旦新钻井液返出，泵冲达到计算泵冲，停泵。在打开防喷器前，通过节流阀进行溢流检查。

注意：在循环过程中，会有这样一个时刻，重钻井液的液柱压力加上环空摩阻可以平衡地层压力而节流阀处于全开状态，该时刻出现于重钻井液到达地面之前。此时应注意不能立即停止循环，而必须保证整个循环完成。

(三)小井眼司钻法压井

1. 第一循环——循环溢流出井

(1)压力稳定后，准备通过节流阀循环。打开节流阀上游的平板阀，清零泵冲计数器，保证和节流阀调节人员的联系。

(2)开泵至压井泵速，同时调节节流阀使套压降低预先计算的环空摩阻，该调整应在开泵的整个过程均匀调整，可能要20～30s时间。套压下降过快会造成井底压力下降引起二次溢流，而下降过慢又会引起井底压力过高而导致井漏。

(3)开泵完成建立循环后，调节节流阀使循环立压(计算值)保持不变直到溢流出井。记下即将停泵前的套压，该套压在第二循环中应保持不变。

(4)加重钻井液。

2. 第二循环(一)——重钻井液下行

(1)开泵至压井泵速，同时调节节流阀使套压下降一个环空摩阻值，与第一循环开泵程序相同。

(2)建立循环后，调整节流阀使立压按施工单的曲线下降，直到重钻井液到达钻头，重钻井液到达钻头时，循环立压将从初始循环立压降至中间循环立压。

3. 第二循环(二)——重钻井液上返

当重钻井液进入环空后，保持立压不变直到节流阀全开，继续循环直到重钻井液返到地面，循环立压将逐渐增加到前面工程师法计算的终了循环立压。

四、小井眼井控决策树

小井眼井控决策树如图1-7-3所示。

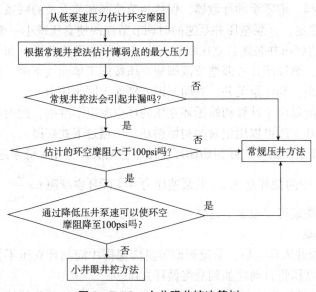

图1-7-3 小井眼井控决策树

第三节 井漏和地下井喷

井漏是指钻井液漏失到溶洞、渗透性或裂缝性地层的现象。井控操作中的井漏通常是由于诱发裂缝引起的，这在初始关井和压井过程中随时可能发生。在讨论井漏问题时，首先要区分井漏的程度，即渗漏、严重漏失和断流。对不同井漏的处理方法也是不相同的。

一、渗漏的辨识

1. 钻井液池液面下降

这一现象有时是很难判断的，因为加重添加钻井液及溢流膨胀引起的钻井液增加量等都会影响钻井液总量。

2. 表压下降

立压和套压都下降，不再依据节流阀的调节而变化。

二、渗漏发生时井控方法的选择

(1)如果可以通过混浆保持钻井液量，则维持传统的压井方式，即维持压井泵速及原来的立管压力，一旦溢流通过漏失层，问题也许自行解决。

(2)如果可能的话，在压井钻井液中加入堵漏材料。

(3)停泵关井，静置一段时间使井漏自动停止，观察压力变化。

(4)如果溢流层渗透率低，可以考虑降低套压以降低漏失层的压力，但这会引起二次溢流，这种方法的选择是基于估计二次溢流量小于一次溢流量，套压的降低值大约为估计的环空摩阻。注意：如果超过环空摩阻，井眼将会欠平衡而引发二次溢流，同时也要适当考虑对溢流层的渗透率以确定适当的减压值。

(5)如果有可能存在溢流和井漏同时出现的情况，应在下部钻具中安装循环短节以循环堵漏材料而不致堵水眼。

(6)班组人员在井控过程中处理井漏时的判断能力是至关重要的，现场没有固定的法则去遵循，只能具体问题具体分析。如果井漏一直得不到有效处理，且愈演愈烈，则作为地下井喷的情况来处理。

三、地下井喷的处理

如果井内地层由于漏失而引起溢流，地层流体便开始从溢流层进入环空并以无控制的速度进入漏失层，这就是所谓的地下井喷。所有传统的井控方法都是基于维持井底压力不变的原理，因此，对于严重漏失层，这些方法不能使用。

如果井漏发生，不论是由于超过了最大允许套压，或者是井内存在薄弱地层，情况都会变得更复杂。漏失层无法承受井内压力，因而无法阻止更多溢流进入井筒，影响溢流的循环排出。

(一)地下井喷的现象

(1)关井立压等于或高于关井套压。

(2)套压在刚关井时升高,当薄弱层被压破开始吸收流体时降低。

(3)循环泵压不稳定且不随节流阀的调整而改变。

(4)在同样的泵速下,循环泵压低于原先记录的值。

(5)钻井液漏失明显。

(6)循环时套压基本不发生变化。

(二)地下井喷的类型

1. 向下井喷

从上部高压层流向下部低压层。这种类型常出现在异常高压层没有封固而钻至下部低压层。比如钻遇正在生产的产层,且其压力下降较多的情况。

2. 向上井喷

从下部高压层流向上部低压层。这种情况通常发生在:

(1)发现溢流太晚,溢流量过大而引起较高的关井压力。

(2)处理溢流不当使套压超过最大允许套压压裂上部薄弱地层。

(3)井眼设计不当,套管下深不够,地层密封性不足以承受施加的压力。

(4)使用顶回法操作不当,大段裸眼的上部地层被压破。

(5)井内套管被钻柱磨损导致当压力低于套管抗内压强度时引起破裂,使流体进入薄弱地层。

(三)地下井喷的处理

1. 找漏喷层位

在设计制止地下井喷的计划之前,有必要找出喷层和漏层,两层之间的距离应搞清楚以便设计相应的措施。

向上井喷的喷层很易发现:如果井眼处于控制状态,没有任何设备故障或人为因素使液柱压力低于能引起溢流的水平,那么任何新的溢流都应该来自刚钻穿的地层。

向下井喷的判断较为复杂,需要根据地质情况、钻井参数记录及各种现象进行综合分析。

有几种用以找漏的方法:转子流量计测量;温度测量;放射性示踪测量;热阻丝测量;压力转换测量。

尽管以上是找漏的好办法,但由于以下原因导致这些测量方法并不常用。

①需要相当的时间安装这些设备,有些测量方法需要故意使钻井液漏失;

②这些测量方法的记录有时很难解释;

③由于异常地下压力环境,有些工具并非总是能够下入。

因此,进行地层的综合评价结合邻井钻井经验来判断显得更实际一些。

2. 地下井喷的处理

当喷层在漏层之下时,制止地下井喷的第一步通常是在喷漏层之间放置一个高密度的重晶石塞。重晶石塞是封堵喷层的成功方法。重晶石塞用淡水加磷酸盐和重晶石组成,以利于快速沉淀。由于淡水不能悬浮重晶石,沉淀的重晶石形成一个几乎不渗透的密封层并帮助提高液柱压力控制地层压力。

重晶石塞的优点是：增加静液压力，成本低，放置方便，易于钻穿，取材方便。

重晶石塞的缺点是：盐水污染会妨碍沉淀；放置错误可堵塞钻杆。

如果重晶石塞不能密封溢流层，可采取设置胶泥塞的办法。这种柴油加搬土组成的胶泥塞已成功用来密封裸眼，特别是地下盐水井喷。

当干搬土混合在柴油中，它不被水化而保持流动状态，这使其很容易进入钻头位置。当混合物进入充满盐水的环空后，搬土迅速水化，使混合物变得极其黏稠，从而减慢了井喷速度，最终形成完全的密封。

胶泥塞不像重晶石塞，在井下条件下一定时间内会丧失其强度。泵入胶泥塞的主要缺点是：如果混合物在钻杆内遇水，可能造成钻柱堵塞。鉴于此，如果使用水基钻井液，要在混合物前后加柴油隔离液；对油基钻井液，则不需要。

喷层成功封堵后，可采取正常堵漏措施封堵漏层。等井下正常后，再继续压井或正常完井。对于向下喷的情况，可先堵漏，或在压井钻井液中加入堵漏物质，堵漏和压井同时进行。

第八章 非常规井控技术

溢流可以发生在各种各样的情况下，并非都可以用常规井控方法解决，因此，对于溢流发生时伴随的其他特殊问题，必须有相应的应对措施加以处理，才能使井控工作安全有效。

本章介绍井控的一些特殊问题的处理方法。

第一节 体积法压井

体积法压井常用于无法正常循环（如空井、钻柱不在井底、水眼堵塞或等待加重）且溢流为气体的情况。由于气体溢流的滑脱将引起井口和井底压力的增加，因此，要适当排放钻井液，允许溢流适当膨胀，从而控制井底压力不变，这就是体积法压井。

一、体积法压井的基本原理

当气体向上滑脱时，井底和井口压力都将增高。如果放掉定量的钻井液降低气柱的压力，那么环空内的钻井液量就减少，井底压力也减少。重要的是，放掉的钻井液量在井内造成的液柱压力应正好等于气柱滑脱而引起的多余的压力。这样不断重复此过程，直到气柱到达井口或采取其他井控措施时为止。

二、体积法压井步骤

（1）计算：

在进行体积法压井之前，应进行三个基本计算：安全压力余量、压力增量、钻井液排放量。

安全压力余量指气柱滑脱时井底压力的增量，这个增量会使在放浆时不至于造成井下的欠平衡状态。大多数情况下，安全压力取 1.5MPa（200psi）左右。安全压力的选取可根据井深、井眼状况、钻井液性能而定。如果关井时套压接近允许关井套压，安全压力不应太大。

压力增量是指排放环空钻井液时井底压力的降低量或每次放浆前套压的增量，通常此压力增量选取为安全压力的 1/3 左右，例如，1.5MPa 的安全压力，则每次压力增量为 0.5MPa。

钻井液排放量指排放压力增量时需排放的钻井液量。钻井液排放量可用下式计算：

$$钻井液排放量 = \frac{压力增量 \times 环空容积系数}{泥浆浆密 \times 0.0098} \qquad (1-8-1)$$

式中，环空容积系数应为气柱顶部的环空容积系数。

例：0.5MPa 的压力增量，环空容积系数 0.04m³/m，钻井液密度 1.2g/cm³，则：

$$钻井液排放量 = \frac{0.5 \times 0.04}{0.0098 \times 1.2} = \frac{0.02}{0.012} = 1.08m^3$$

重要的是，必须能够精确测量排放钻井液的量。

(2)让套压升高形成安全压力余量：计算完成后，等待气柱滑脱使井口压力升高安全压力值，此时井底压力也升高同样的值。

(3)保持此时套压不变缓慢放浆：当套压升至安全压力余量值后，保持此套压不变，缓慢放掉原先计算好的钻井液量，此时井底压力下降放掉的压力增量。

(4)等待套压上升压力增量的数值。

(5)保持此时套压，缓慢放出排放钻井液量(如上例中的1.08m³)。

(6)重复第(4)、(5)步，直到气体到井口。

(7)从压井管线向井内注钻井液。当气体到达井口后，井口压力不再增加，此时可排放一段气体，使井口压力下降一个压力增量(如0.5MPa)，然后从环空打入相应的(如1.08m³)钻井液量。

(8)重复第(7)步，直到钻井液充满井筒，进行下一步操作。

三、顶部法压井

当井内钻具很少或空井条件下，发现溢流太晚，关井时井内已接近喷空时，可用顶部法压井。顶部法压井与体积法压井气体到井口时的操作类似，可以参考。

四、体积法压井的压力变化规律

体积法压井的压力变化规律如图1-8-1和图1-8-2所示。

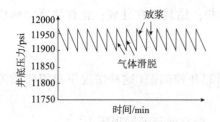

图1-8-1 体积法压井井底压力的变化

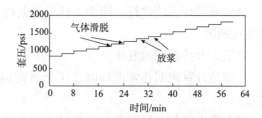

图1-8-2 体积法压井套管压力变化曲线

五、体积法压井的注意事项

1. 环空容积系数

用于确定放钻井液量的环空容积系数应该是气泡顶部的环空容积系数。注意：如果钻具外径不同或者有尾管时，该容积系数是变化的。如果气泡进入较小的环形空间，产生同样的液柱压力降需放的钻井液量就少，在这种情况下，气泡的上升速度应该使用新的环空容积系数，气泡上升速度可用下式大致计算：

$$R = \Delta P_{套}/0.0098\rho_{m}\Delta T \tag{1-8-3}$$

式中，R 为气泡上升速度，m/min；$\Delta P_套$ 为套压变化量，MPa；ρ_m 为钻井液密度，g/cm³；ΔT 为滑脱时间，min。

如果有精确的时间记录，气体上升速度可以在每个步骤都精确计算，应注意的是，即使在放浆时，气泡的滑脱也没有停止。

2. 与司钻法的相似性

实质上体积法压井与司钻法压井的第一循环是相似的，除了没有泵循环以及终了套压稍高。在体积法压井中，溢流是滑脱而不是循环出井的，一旦气体被排出，即和司钻法第一循环结束时的状态是一样的，只是由于安全压力使套压较司钻法稍高。

3. 气体到井口后套压继续上升

如果气泡在整个井眼长度内被打散成许多小气泡，气体到井口后套压将继续上升，由于气体对井内液柱压力的作用很小，放掉气体后井底压力下降很少，因此气体到达井口使套压不断升高，负责人员应放掉少量气体而保持套压不变，直到套压不再上升。

第二节　顶回法压井

如果无法用正常循环的方法进行压井，或者正常循环会造成严重的问题（如 H_2S 气体溢流），就可以使用顶回法。这种方法是在井口加压将溢流包括部分钻井液压回到井内薄弱地层内。

一、顶回法的适用条件

下列情况发生时，可以考虑使用顶回法：

（1）钻机的装备和人员没有能力安全处理 H_2S 或高压气体溢流。

（2）常规循环无法进行，因为：钻具剪断或空井；钻具不在井底；钻柱堵塞；钻柱上部刺孔或断脱。

（3）溢流和井漏同时发生。

（4）溢流计算表明正常循环时套压会过高而引起井控问题（这种情况下只需将溢流顶回地层）。

（5）套管下深距产层很近，且产层渗透率很高，能有效降低回顶压力。

顶回法不是常用的压井方法，许多情况下它是否能通过回挤溢流而实现压井值得怀疑，而且很容易引起紧挨套管鞋地层的破裂，顶回法通常是最后的选择。

有些时候，顶回法则是主要压井方法：如高温高压气井或 H_2S 井；处于人口密集地区的井；试井之后或大修作业之前的井。在这种情况下，应在井控设计中清楚地要求。

二、顶回法操作前注意事项

（1）考虑先用体积法消除气体滑脱的影响。如果大部分气体能因此排出，顶回法的使用将更容易、更有效。

（2）整个过程中要牢记泵、井口装置和套管的压力限额。

（3）如果怀疑是气体溢流（关井压力持续上升），泵送速度必须大于气体滑脱的速度。如果泵压持续上升而不是下降，说明泵速过低，这在大尺寸井眼中很常见。注意增加压井钻井液黏度也许不会有用，会把事情弄得更复杂。

（4）经常出现这种情况，尤其是套管鞋下裸眼段很长时，顶回的溢流不是返回溢流地层而是压裂了套管鞋下的某个地层。这样，不仅没有压住井，反而造成了地下井喷，使与地层相连通的其他井承受危险，也可能出现套管外井喷的可能。因此，考虑使用顶回法时，上述风险应该是在所有风险中较小的。

（5）最好在泵和井眼之间装一个回压阀，作为一个安全阀。如果可能，使用水泥车更便于控制并能提供更高的压力限额。

（6）如果漏失严重的话，也许需要大量的钻井液和相关材料。

三、顶回法操作步骤

（1）计算，包括：计算压井钻井液的密度和体积；确定泵压限额；确定泵速。

（2）所有管线试压，开泵至预期的顶回泵速（不要超过地面压力限额），记录初始泵入压力，如果用钻杆泵入，注意监视环空压力。

（3）在整个过程中监视并记录泵入压力和泵入量。

（4）预计体积泵入后，停泵。

（5）记录并监控地面关井压力。

四、操作注意事项

使用顶回法时有许多事项需要考虑，下面将讨论这些注意事项及其对顶回法操作的影响。

1. 第一步

详细列出实施顶回法压井前必须确定的几个重要参数，这些参数包括：压井钻井液密度和用量；地面泵压限额；确定泵速。

1）压井钻井液密度和用量

$$\rho_{km} = P_{关}/0.0098H + \rho_m（公制） \tag{1-8-4}$$

顶回法压井所需的理论液量等于溢流之下环空内容积。

通常理论计算的体积不够用，因为流体的压缩性、井斜、溢流滑脱、漏失等，因此，应有一个附加量。

2）地面压力限制

顶回法开始前，必须确定地面泵压的限额。一个重要参数是地层破裂的可能性，一些地区地层破裂会引起严重的漏失和地层损害，有些地区则没有那么严重，虽然地层破裂是不希望的，但也是可以接受的，可以根据地区经验来作决定。

从环空顶回，此时最大允许地面压力应低于套管抗内压强度的80%、BOPE限压、地层破裂压力。

地层破裂压力通常都是上述压力限制中最低的，如图1-8-3所示。

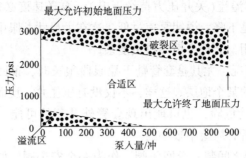

图1-8-3 顶回法压井压力控制示意图

可以做一张图表追踪顶回法操作过程，如图1-8-3所示，最大允许初始地面压力等于地层破裂压力减去井眼内流体的液柱压力，不论液柱是油、气、水或它们的混合物，该点标为0点。最大终了地面压力，该点标为井底泵冲，对直井可在两点之间连一条直线，标定破裂区域的边界。在给定的泵冲下，如果压力超出了这边线，地层将被压裂。对斜井，也可以作这样的图，只不过需要额外的工作，溢流带也可以用同样的方法做出。从初始关井油压处为零点，作一条线与上面的线平行，在与横轴相交的地方，表明此时停泵后油压将为0，如果泵压低于此线，井内将会发生溢流。

在两线之间的区域为"舒适区"，如果泵压保持在这个区内，地层既不破裂也不溢流，随着流体泵入，以相同的时间间隔记录泵压，这样可使监督及早调整。

摩阻作为泵压安全系数的上限，如果需要额外的安全系数，可另作一线与前泵压线平行，比其低100~200psi即可，这条新的线将成为泵压控制线。

3）要求的泵速

顶回时要求的泵速受下列井况的影响：地层渗透率；井内钻井液类型；溢流类型。

所有上述井况影响顶回法的泵压，从而也影响泵速。如前所述，地层内的摩阻也影响泵压和泵速，该摩阻主要受地层渗透率影响。渗透率低的地层泵压高而泵速低，低渗透性地层压力传播速度也慢，进而造成近井地带压力聚集，导致泵压升高，泵速下降。

另一个影响因素是钻井液的类型，黏度高的水基钻井液摩阻较盐水高，另外含固体的流体能产生更高的井下注入压力，因为固相粒子堵塞孔道。

溢流类型，盐水和油的摩阻比气体溢流大，相应的顶回压力更大，泵速更低。对于气体溢流最低泵速必须大于气体滑脱的速度。

2. 第二步

开始真正的顶回法压井。所有管线应试压到至少为最大预期地面压力，套管上应安装一个压力表监控整个工作，有时在另一侧加上一些背压似乎更好一些。

把泵开至预期的顶回速度，并记录初始顶回压力，开泵要缓慢，并密切监视泵压。泵工应了解地面压力限制，在开泵过程中不要超过这个压力限制。班组其他人员应在分配的位置负自己的责任，和其他井控方法一样，开始压井前开个安全会十分必要。

3. 第三步

在整个过程中监测记录顶回压力和打入量，就像第二步，泵工要确保在整个操作过程中泵不超过预定的最高地面压力，泵工应知道随着压井液体的泵入泵压会逐渐下降，记录泵压和体积，可帮助发现泵压变化趋势并及时发现可能存在的问题。

4. 第四步

当预计流体量泵入后，停泵。一旦泵入量或地面泵压显示溢流被全部顶回地层，应立即停泵，不像循环法压井缓慢停泵，而是要立即停泵，并应做好随时泵停的准备。

5. 第五步

停泵后应记录并监测地面压力，此时遗留的剩余地面压力可能是下列现象的指示：

(1) 欠平衡：压井液密度不够或溢流仍然存于井眼中。

(2) 圈闭压力：可以通过小段放浆放掉圈闭压力。

确认顶回法压井成功是压井程序中很重要的一个方面。在多层钻开的井内实施顶回法压井是另一个需要认真考虑的。在压井过程中，如果上层的破裂压力梯度被超过或者上层开始大量吸收流体，成功的顶回法将受到限制，通常用桥堵剂堵住上层薄弱的环节，使压井程序完善实施。

另一个考虑是关井期间气体运移，如果顶回法开始前气体上滑脱了一个显著的距离，那么在气体被压回之前将有大量的钻井液被压回地层，根据流体类型、地层特性、气泡下面流体的多少不同，气体滑脱对顶回法操作的负面影响也不同。

第三节　分段法压井

尽管起钻前要求井队检查井眼是否处于近平衡状态，但正常起下钻柱过程中仍可能有井涌发生。此时的孔隙压力处在静态钻井液密度与当量循环密度之间。停止循环时，当量循环密度的影响消失。然后上提钻柱井眼会有抽吸压力，其作用可能会达到在钻柱下方抽吸进某些地层流体。在现有的近平衡状态下，地层涌入物会跟着钻柱上行。当钻柱起出井眼一半时，气体开始迅速膨胀并继续上升膨胀，迫使更多的钻井液排出井眼，这更进一步降低了静液压头。如果不快速采取措施，便会发生井喷。

考虑这样一种情形，即钻井液密度接近地层的当量密度(或其他弱裸眼地层)，下钻柱时瞬间使钻柱快速下冲造成很大的激动压力，结果导致超过弱地层的破裂梯度而造成钻井液漏失。钻井液液面下降从而造成液柱压力减小，直到等于油藏压力。油藏可能在漏层上方，但多在漏层下方。漏失进入到漏层，油气层的流体就会进入井眼环空并膨胀，环空钻井液形成溢流。若向井内注压井液，因井涌量大而无法实现，此后很快便失去了控制。

要准确地确定起下钻柱时井眼应排出和灌入的钻井液量。如果起钻柱仍外溢，那么可能是井涌。如果观察到这种情况，应引起注意并停止起钻柱。接上旋塞阀并关上，保证井内充满钻井液，尽快地关井。观察压力增加，保证不超过最大允许套压。连接方钻杆或循环接头，测量关井立管压力和关井套管压力，直到压力稳定为止。分析决定在此点压井，还是强行下钻柱到井底然后压井，或者使用体积法控制，使溢流滑脱至钻头之上，再用常规方法压井。

一、分段法压井原理

起下钻过程中发生溢流关井后，先在当前井深用超重钻井液压井。当此高密度压井液循环到钻柱周围时可把井打开。如果井眼稳定，则可以下钻。

下钻过程中因钻具排代和气体滑脱等原因，井内重钻井液将被逐渐挤出一部分。在下钻至某一深度(取决于第一次循环钻井液密度和气体滑脱速度)时，井内将再次出现临界平衡状态。必须在此处再进行一次压井。然后，再下入一段钻柱。继续这一过程，直到钻柱下到井底，进行最终压井或节流循环。

二、分段压井基本计算

1. 重浆密度要求

不仅能够平衡井口压力，而且有一定量的过平衡(下钻安全余量)，满足下钻时排出定量钻井液而不产生欠平衡。

$$G_{km} = (P_c + P_{sm})/H_b + G_{om} \qquad (1-8-5)$$

2. 下钻安全余量(P_{sm})的确定

$$P_{smmax} = P_f - (P_c + G_{om}H_{sh}) \qquad (1-8-6)$$

3. P_{sm}对应的液柱高度

$$h_{sm} = P_{sm}/(G_{km} - G_{om}) \qquad (1-8-7)$$

相应排出重浆体积为：

$$\Delta V_{km} = h_{sm}C_a \qquad (1-8-8)$$

4. 可下入的最大钻杆长度

$$L_{max} = \Delta V_{km}/C_d \qquad (1-8-9)$$

式中，C_d为钻杆的排代系数(有回压阀按湿排代量)。

代入得：
$$L_{max} = P_{sm}C_a/C_d(G_{km} - G_{om}) \qquad (1-8-10)$$

5. (无回压阀)下钻后因管柱内外压力不平衡排出的重浆

$$h = [(G_{km} - G_{om})/G_{om}](LC_d/C_a) \qquad (1-8-11)$$

6. 实际可下深度

$$L = L_{max}[1 - (G_{km} - G_{om})/G_{om}] \qquad (1-8-12)$$

三、操作步骤

(1)进行相关计算。

(2)按司钻法第二循环控制循环重浆，然后开井。

(3)按计算的可下深度下钻，速度要慢。

(4)下完后，关井观察套压，此时应接近零或稍高(考虑气体滑脱和钻柱穿过溢流)。

(5)按新钻头位置重新计算。

(6)重复步骤(2)~(5)，直到溢流出井，或下至井底循环。

例1-8-1：某井井深5000m，9⅝in套管下深2800m。套管鞋处地层破裂压力为48.5MPa，钻头直径8½in，钻具结构为：7indc250 + 5indp4750，起钻至1000m时发现溢流关井，关井数据如下：关井套压为1.5MPa，溢流量2m³，当前钻井液密度1.5g/cm³，试确定分段循环压井程序。

解：

1）获得相关数据

$$钻杆内容积系数\ F_{dc} = 9.26L/m$$

$$钻杆排代系数\ F_{dd} = 3.40L/m$$

$$钻杆总体积系数\ F_d = 12.66L/m$$

$$套管与钻杆环空容积系数\ F_a = 28.16L/m$$

2）确定下钻安全余量

$$\begin{aligned} P_{smmax} &= P_f - (P_c + G_{om}H_{sh}) \\ &= 48.5 - (1.5 + 0.015 \times 2800) \\ &= 5MPa \end{aligned}$$

3）确定压井液密度

$$\begin{aligned} G_{km} &= (P_c + P_{sm})/H + G_{om} \\ &= (1.5 + 5)/1000 + 0.015 \\ &= 0.0215MPa/m \end{aligned}$$

即：压井钻井液密度为 $2.15g/cm^3$。

4）确定可下钻深度

$$\begin{aligned} L_{max} &= P_{sm}F_a/F_d(G_{km} - G_{om}) \\ &= 5 \times 28.16/12.66 \times (0.0215 - 0.015) \\ &= 1772m \end{aligned}$$

5）排出的重浆高度

$$\begin{aligned} h &= P_{sm}/(G_{km} - G_{om}) \\ &= 5/(0.0215 - 0.015) \\ &= 785m \end{aligned}$$

6）操作

（1）控制立压不变，用 $2.15g/cm^3$ 的重浆原地循环，当重浆返出后，停泵，立压、套压均为零。

（2）开井，下钻1772m。

（3）用原浆顶替管内重浆进入环空。此时重浆在环空中高度为：$1000 \times 12.66/28.16 = 450m$
下钻安全余量为：$P_{sm} = 450 \times (0.0215 - 0.015) - 1.5 = 1.425MPa$

（4）下钻至井底。

（5）用原浆控制立压不变，节流循环排污。

第四节　带压起下钻

现场作业人员面对的严重井控问题之一就是发生溢流时钻具不在井底或者空井，但不幸的是，统计表明大多数溢流都发生在起钻过程中，而且，由于钻具不在井底，造成了与常规井控相比更严重的井控复杂情况，当起钻或空井发生溢流时，可以有几种选择来处理溢流，包括：

①将溢流压回地层。

②如果是空井，下入电缆桥塞或阻塞器。

③通过节流阀原地循环。

④如果是气体溢流，使用体积法控制。

⑤如果气体在井口，可以用置换法压井。

⑥带压下钻至井底。

⑦如果是气体溢流，带压下钻结合体积法控制。

⑧强行下钻。

本节讨论现场人员在这些井控条件下带压和强行下钻的问题。带压和强行下起钻指利用防喷器将油管下入或起出带压的井筒，通常这些操作的目的是将管柱下至井底，从而可用常规方法将溢流循环出井。然而近些年来，许多作业操作使用强行起下技术而不压井，这是为了保护油气层。

带压下钻是指管柱的重量大于井内压力产生的上顶力时的下钻操作，强行下钻是指管柱重量不足以克服井内压力产生的上顶力而必须施加压力迫使管柱下行的下钻作业。

通常这两种作业需联合使用，以便把管柱下到理想的深度。

为了充分理解带压下钻和强行下钻，必须了解与此操作有关的压力和其他力，下面讨论这些相关概念。

一、初始关井注意事项

不像钻具在井底，起下钻时发生溢流后的油管压力和套压通常相等，这样使压井液密度难以确定，然而在大多数情况下(即：如果在起钻前进行了溢流检查)，井内液体的密度足以平衡地层压力。溢流类型也比较难以确定，但是如前面所讨论的，关井地面压力的变化可以指出溢流的运移，从而确定溢流为气体。溢流类型的确定和其他因素一起，影响着在带压/强行起下过程中是否使用体积法压井。

另一个重要考虑是工作管柱井深与油气层的相对关系。如果溢流时只起了几柱油管，常规循环法就足以压井。然而如果管柱离井底几百米，那么就需要带压/强行下钻到井底来进行有效的循环压井，在做出强下决定时，要考虑环形防喷器的胶芯是否能满足要求。

和其他所有井控操作一样，强行下钻过程中班组人员应熟悉自己的岗位职责，开始作业前要召开安全会重申和强调这些内容。

带压下钻要求使用某种类型的内防喷工具和灵活好用的环形关闭压力调压阀，安装于油管柱上的内防喷工具和油管塞，用以防止下钻过程中的内喷，而下钻到底后还应能进行正循环，环形调压阀可以调节环形防喷器的关闭压力使下钻更加容易。

当需要进行强行下钻操作时，环形防喷器上部法兰的状况是另一个需要考虑的问题，强下操作也许需要另外的防喷器装在现有防喷器组之上，如果环形防喷器上法兰状态很差，将影响强行起下作业，因为作业过程中可能会发生泄漏而必须维修。

二、向上的力和向下的力

在概述中我们定义带压下钻是指管柱重量大于上顶力，即管柱更重的情况。强行下钻是指管柱重量小于上顶力，即管柱较轻的情况。关井之后，如果必须关闭闸板防止管柱喷出时的情况就是轻管柱情况，这说明必须使用强行下钻。

带压和强行下钻技术常联合作用，典型的强下作业是轻管柱状态，随着更多的管柱下入，在某一点变成重管柱状态。

有时，刚关井时是重管柱状态，可以通过环形防喷器带压下钻，但随着井内压力升高，出现了轻管柱状态。当在高压下进行带压起下时，班组人员应随时准备关闸板防喷器，以防出现井下条件从重管柱状态变为轻管柱状态。

为充分理解带压/强行起下钻，操作过程中作用于管柱上的三个力必须搞清楚。

(1) W_b：重力，即管柱在井液中的质量。

(2) F_p：油管的上顶力，是井内压力作用在防喷器关闭管柱横截面上的力。

当使用双闸板强下时，横截面是指工作管柱的外径。当使用环形或自封强下时，最大上顶力发生在接头或接箍通过胶皮时，此时，最大上顶力应用接头外径的横截面积来计算。

(3) F_f：摩擦力，指通过防喷器时的摩擦。摩擦力与管子运动方向相反。摩擦力的大小很难确定，因为它是防喷器关闭压力、密封胶皮类型、润滑流体、管子粗糙度的函数，该力估计在 0～20000lb 之间，实际上，它可以从指重表的差值来读出。

井内上顶力的大小决定了是采用带压下钻还是强行下钻，当管柱在液体中的质量大于上顶力的总和，重管柱状态存在，可以进行带压下钻；如果管柱在液体中的质量小于上顶力总和，轻管柱状态存在，必须使用强行下钻。

三、带压/强行下钻的压力控制

当带压/强行下钻时，应考虑几个特殊问题：一个问题是向关闭的井内下入管柱，另一个问题是当管柱穿过溢流段时使溢流段增长的影响。

当向关闭的井内下放管柱时，就像向关闭的井内泵入流体，使井底、井口压力上升。开始阶段，我们希望有一定的圈团压力来平衡井底压力防止二次溢流，因此不释放这些圈闭压力而建立一个作业安全系数。

和其他井控程序一样，一些圈闭压力是允许的，但过分的圈闭压力会造成严重的漏失和地层破裂，所以，当选择强行起下安全系数时，可以参考最大初始关井套压。

一旦安全系数建立后，必须开始释放一定的流体补偿下入管柱的影响，有两种方法可以使用：一是体积计量法，另一个是地面压力不变法。

1. 体积计量法

对体积计量法，需要排出的流体量必须计算，并进行计量。排出的流体量应按湿起下来计算，即管柱堵死的情况。

2. 地面压力不变法

另一个方法是当管柱下放时通过节流阀排放流体保持地面压力不变法。通常这是一个简便的方法。尤其是刚开始时，它不需要计量和计算放出流体的量。

当管柱穿过溢流时，溢流的高度将增加，随着溢流高度的增加，液柱压力下降而套压上升，套压上升值必须给予考虑，节流阀调节人员必须加以注意，很明显，如果溢流是气体，套压升高将很明显。因为气体密度低，当使用体积计量法时，不用考虑穿透溢流的影响，套压的上升是自然的。如果使用压力不变法，穿过溢流必须使套压升高，升高量的计算由下式计算：

$$\Delta C_P = \Delta H(G_f - G_i) \qquad (1-8-13)$$

式中，ΔC_P 为增加的套压，MPa；ΔH 为溢流高度改变，m；G_f 为作业流体压力梯度，MPa/m；G_i 为溢流压力梯度，MPa/m。

作为实用考虑，安全系数可以大于穿过溢流时套压的增高值，但不能超过最大允许初始关井套压。如果这样，穿过溢流后井底仍然是过平衡的，不必关心何时穿过溢流。

对向上滑脱的气体溢流，只依赖井口压力或排放流体量是不可能的，必须同时测量排出流体的体积，并维持地面压力不变。同时要使用体积法压井技术，如图1-8-4所示。

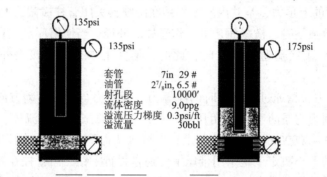

套管	7in 29#
油管	$2\frac{7}{8}$in, 6.5#
射孔段	10000'
流体密度	9.0ppg
溢流压力梯度	0.3psi/ft
溢流量	30bbl

环空内：井底压力=液柱压力+地面压力   井底压力=↓液柱压力+↑地面压力

图1-8-4 穿过溢流时的压力控制

四、带压/强行起下钻程序

1. 不考虑体积法控制的带压/强行起下钻程序

关井后，下列程序可用于带压将管柱下入井内预定深度，该程序不考虑体积法压井，所以适用于不会发生滑脱的流体(如油、盐水等)或者管柱距井底相对较近的情况。

(1)计算：

①管柱相对溢流的深度：确定穿过溢流所需立根数或时间。

②穿过溢流时将产生的套压增量。

③上顶力和管柱在井液中的质量：可以通过放松大钩看管柱下行情况。如果管柱轻，必须使用强行下钻的方法。

④确定适当的安全系数：如果使用井口压力不变法，要注意加上穿过溢流时的套压上升值。

⑤计算下入每柱管具需排放的理论体积。

(2)在安全阀上面安装内防喷工具，当打开安全阀时确认内防喷工具没有泄漏。

(3)调整环形关闭压力使其适合下钻(注：下钻时可以有少量的流体挤出，但静止状态不能泄漏)。

(4)带压下钻至预计的安全压力系数达到。

(5)继续下钻至预定深度，同时，每柱钻具放出定量的流体或通过排放流体保持套压不变(如果使用体积计量法，注意穿过溢流时套压要升高)。

2. 考虑体积法压井的带压/强下程序

下面的程序是在带压/强下过程中同时考虑体积法压井，主要是考虑下钻过程中气体滑脱的影响。

(1)计算：

①检查上顶力和下压力，如果轻管柱出现，使用强下手段。

②计算每下一柱需要排出的流体体积。

③确定适当的安全系数。

④选择适当的压力增量和流体排放量。

⑤管柱与溢流的相对位置：在气体滑脱和下钻速度的基础上确定穿透溢流所需管柱数和时间。

⑥计算穿透溢流时套压的增量。

(2)在旋塞阀上面安装内防喷工具，安好之后，开旋塞阀确认内防喷工具不泄漏。

(3)调节环形防喷器关闭压力使其在下钻时允许少量流体挤出，静止时不能泄漏。

(4)下管柱直到套压升至预定安全系数值。

(5)继续下放管柱，排放流体维持套压不变。记录每下一柱钻杆排出的流体量，用表格记录放浆体积。

(6)当 ΔV(比理论管柱排代量多放的体积)等于计算的排放量时，下放管柱使套压增至预计的压力增量。

(7)待附加压力增量达到之后，重复步骤(5)和(6)直到穿透溢流。

(8)穿透溢流时：

①允许套压升至预定数值。

②调整步骤(6)至新的流体释放量。

(9)重复步骤(5)和(6)直到管柱下到预定深度。

不结合体积控制的带压法下钻不是一个复杂的操作，最关键的是要求通过关闭的防喷器下钻时控制好井底压力。这可以通过两种途径来实现：①从井内放出液体使其等于下入管柱的体积；②保持套压不变。维持套压不变法更简单易行，而测量排出体积法更易发现穿过溢流的现象。不论使用哪种方法，对熟悉井控原理的人来说都不是困难的事情。

结合体积法压井的带压下钻是一个复杂的工作，通常比所讲的还要复杂。关注整个作业过程、体积法压井程序、穿透溢流段、改变流体排放量以及所有相关的细节是一项巨大的工作量。另外，穿透溢流段时间的计算由于这些复杂原因也会很不准确。

更实用的用于气体溢流井带压下钻的方法是取消对穿透溢流段时间的计算，有两种方法可以实现：第一，在安全系数中考虑穿透溢流段时套压的预期升高值，这样即使井内液柱压力降低安全系数也足以平衡地层压力。第二，使用油套环空容积系数计算排放流体量。整个下钻过程中使用同样的排放流体量值，由于该值小于穿透溢流段和考虑气体滑脱所需排放量，在穿透溢流段时井内会稍微过平衡。

一个更实用的方法是，当使用体积法压井时，监督控制套压不变直到井内排出流体量超过下入管柱的总体积。由于管柱上部气体膨胀较多而下部膨胀较少，在第一个释放流体量排出之前油管会使其下到井底。

一旦发现溢流关井之后，尽快开始下钻同时控制套压不变。在开始下钻的同时，计算穿过溢流引起的套压升高并将其加到最初考虑的安全系数中，即使是气体溢流，也可以在气体膨胀至足以引起欠平衡之前把管柱下回井内。

在容易抽吸引起溢流的井上作业时，最好在节流管汇上连接计量设备能够随时计量排出流体体积，这样可以节约时间，不必在溢流发生后再抢接。

五、强下注意事项

如前所述，当向上的力大于向下的力时，轻管柱的情况出现了。此时，需加外力将管柱下到预定井深。因此需要额外的设备来实施强下作业。

强下是相当危险的作业，因为大多数情况下有很大的井口压力需要处理。因此在设计、安装和执行操作时有许多问题需要考虑：下压力；使用的加压装置；强下使用的其他设备；井底压力控制问题；总体安全问题。

1. 下压力

下压力用于克服超过管柱重量的上顶力，其计算公式如下：

$$F_s = (F_p + F_f) - W_b \qquad (1-8-14)$$

式中，F_s 为下压力，kN；F_p 为上顶力，kN；F_f 为防喷器和管柱之间的摩擦力，kN；W_b 为管柱在井液中的重力，kN。

有时，关井时井内没有任何管柱，此时，向下的力为 0，下压力等于上顶力和摩擦力之和，我们把这种情况称为最大下压力。

在计划强下作业时，最大下压力是一个重要参数。如果压力太大，将使防喷器以上的管柱长度失稳破坏。如果超过了管柱的临界失稳点，井口将丧失控制。所以必须考虑管柱的稳定性问题。

有几种方法可以增加管柱的抗压稳定性：使用大尺寸管材；使用加厚管材；使用高强度管材；减小无支撑段长度。

现代液压强下装置的设计方式是减少无支撑段的管子长度，可以极大地增加下压力。随着强下的进行，更多的管子下入井中，要求的下压力也逐渐减少。在某一特定位置，向下的重力超过上顶力和摩擦力之和。换句话说，不再需要下压力，该点称为平衡点。接着下入的管子就形成了重管柱条件，此时，就可以进行带压下钻了。

达到平衡点所需要强下管子长度可以用下式估算：

$$L = \frac{F_p}{W_b} \qquad (1-8-15)$$

式中，L 为需要下入的长度，m；F_p 为井内上顶力，kN；W_b 为井内管具质量，kN/m。

当使用上式时，必须正确判断气体滑脱和穿透溢流对井内压力的影响。

为避免在平衡点附近作业，管子通常不灌浆至灌浆时的平衡点之下。由于此时管柱是空的，仍然是轻管柱状态，然后灌满钻井液，变成重管柱，这样把平衡点给避免。因为在平衡点附近工作很困难，很难了解管柱是向上还是向下运动。当管柱在上下两个方向固定好后，立即灌满流体迫使轻管柱状态变为重管柱状态。

在实际操作中，无须仔细精确计算平衡点。只需将空管柱下到最小下压力的状态，然后灌满钻井液，使之形成重管柱状态。

2. 强下装置设备

当前常用的强下工具有两类：常规装置；液压装置。

第一种强下装置是常规的强下装置。这种装置利用钻机的起升装置和防喷设备联合。静卡瓦通常连接在防喷器上，而动卡瓦和游车配合使用。起升游车使动卡瓦卡紧管柱下行，迫使管柱进入井内。每次下行到位后，静卡瓦卡住管柱使动卡瓦回到原位。重复这种操作直至不再需要强下。

液压装置与常规装置作用相同。也是两个卡瓦轮流作用使管柱下行直到井内管柱质量大于上顶力之和。如图1-8-5所示为强行下钻液压装置示意图。

液压装置使用液压活塞或千斤顶来驱动卡瓦迫使管柱入井，这种装置最近几年受到普遍欢迎。因为它不需要钻机，强下装置和BOP组的许多操作都可以在装置顶部的工作平台上进行。主要缺点是安装困难且通常需要另外的防喷器。

所有的强下设备需要两套卡瓦：一套叫作动卡瓦，用于迫使管柱进入井内；另一套叫作静卡瓦，用于固定管柱使动卡瓦复位。

这些卡瓦既可正装也可倒装。静卡瓦正装可以防止管柱落井，而静卡瓦倒装可以防止管柱喷出。轻管柱时动卡瓦倒装迫使管柱入井，重管柱时动卡瓦正装可以进行下钻。动卡瓦也可以装成双向卡瓦，其好处是在经过平衡点时不需要倒换卡瓦；缺点是如果双向都卡死的话很难卸开。

另外，还有其他一些设备也要提及。最重要的设备之一是起下自封。当井压低时，通过自封带压下钻而不是利用环形或闸板防喷器，自封与所下管柱尺寸相配并坐于BOP之上的一个罩子里。由于这是现场最重要的设备之一，应小心爱护，确保胶皮和其罩子使用正常并经常检查其磨损情况。

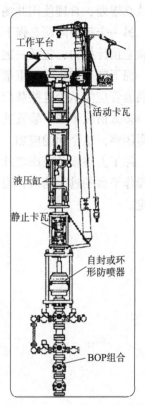

图1-8-5　强行下钻液压装置示意图

强下装置的BOP组合包括一套工作闸板防喷器用于闸板对闸板强下，一套安全闸板只用于关井。如果工作闸板泄漏，安全闸板关闭，维修工作闸板，然后继续强下，安全闸板不用于强下。

强下装置应配置一个平衡环用于闸板对闸板的强下，该平衡环使下闸板打开前其上下压力相等。闸板对闸板的基本步骤为：

(1)关闭上闸板，下放管柱至其上部；

(2)关闭下闸板，放掉上下闸板之间的压力；

(3)打开上闸板将管柱及井下工具放在两闸板之间；

(4)关上闸板并利用平衡环向两闸板之间充压；

(5)打开下闸板放钻具，使下一个接头接近上闸板；

(6)重复步骤(1)、(5)。

由于平衡环和另外的 BOP，强下装置上有许多阀件，这些阀件大部分是液压操作的，而节流阀是固定节流型，不论什么阀，都应认真检查和保养。

在安装强下装置时，应注意考虑设备的摆放。现代液压强下设备需要许多设备来操作。因此，这些设备应合理布局，便于操作使用。远控台应处于远离井口的安全位置。动力设备应远离防喷管线和井口，用于井控的泵等应位于强下装置操作者能看到泵的操作员的位置。所有防喷及泄压管线应注意摆放合理，不影响井控操作。这些情况在开始工作前应认真规划，合理使用井场空间。

另一个重要问题是强下设备的绷绳，用于支撑和固定设备。因此，绷绳锚应进行抗拉实验至预计拉力，包括一定的安全系数。

强下装置和防喷器重量以及绷绳向下的拉力将作用在套管头和表层套管上。套管头和表层套管应能承受这些载荷。

多数情况下强下装置装配起来后很高，这使得操作人员和指挥人员、协同人员的联络变得困难，这个问题应加以解决以保证操作有效和安全。

除了上述设备考虑之外，还应考虑下面一些问题：BOP 配置及控制台的摆放；井架上或操作平台的逃生路线；附近生产井的关停系统；要求的配件数量；H_2S 应急预案；政府规定。

第九章 特殊控制与操作

第一节 控压钻井井控技术

一、控压钻井的概念

控制压力钻井技术(Managed Pressure Drilling，MPD)简称控压钻井，是通过一定的设备和方法来精确控制井下压力，并根据井下压力变化迅速做出正确调整的钻井技术。该技术的目的是确定井底压力、井下压力窗口并以此为依据进行环空压力控制，减少在井下压力窗口窄、易漏、易喷等地层钻进的风险和成本，达到其他方法所不能达到的经济效果，还可以用于避免或对作业过程中意外流入井内的地层流体进行安全处理。控压钻井的方法主要有井底恒压法、加压钻井液帽法、双梯度钻井法、微流量控制法等。

如图1-9-1所示，控压钻井方式主要涉及的问题是在钻井过程中地层流体会流入井内。过平衡钻井方式使用钻井液产生的循环当量密度，能够使得井底压力高于所钻地层的孔隙压力，但低于初始地层破裂压力。欠平衡钻井主要用来防止钻井液漏失到地层中，因此需要保持循环钻井液当量密度低于孔隙压力当量密度，但是要高于维持井壁稳定的压力，这就允许地层流体流入井内，而避免了钻井液流进地层中。控压钻井则是通过利用地面压力维持恒定的井底压力来解决钻井问题，这就能够保持在维持井底压力低于地层破裂压力的同时防止地层流体流入井筒。

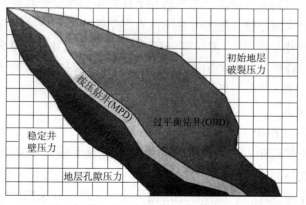

图1-9-1 控压钻井、过平衡钻井与欠平衡钻井方式关系示意图

二、控压钻井的技术原理

控压钻井是指旋转钻井时，司钻手动或自动将控制旋转头的胶芯关闭封住钻具，使井眼形成一个封闭系统并且保持精确合理的井底压力，同时将钻井液引至节流管汇和钻井液循环池中的一种钻井技术。当钻井泵开启，钻井液处于循环状态时，司钻可以通过节流阀来调节环空回压；当钻井泵关闭，例如在接当根时一台专用泵可以向循环系统提供所需的钻井液来补偿系统从动态模式转换到静态模式时损失的循环当量钻井液密度。

针对钻井作业导致的压力波动所进行的回压控制称为动态压力控制。井下压力等于地面压力加上环空压力，由静态部分和动态部分构成。动态压力包括摩阻压力损失，其大小随着钻井液的循环状况而改变。因此，当钻井泵处于关闭状态时，动态压力为零，只有静液压力作用在地层上。在钻进过程中钻井泵处于工作状态时，动态压力可能会随着泵速或钻井液密度的变化而波动，或者由于钻机发生故障、钻屑增加或钻柱旋转而波动。

由于控压钻井系统具备对环空压力变化做出实时反应的能力，因此，在用的钻井液就可以产生足够的循环当量钻井液密度值来稳定下至钻头、上至井口之间的地层，甚至在钻井液停止循环系统变为欠平衡的时候也是如此。司钻应用控压钻井可以在接单根时安全停泵，甚至当钻井液静液压力低于地层孔隙压力的时候也可以实现。

当钻到地层相对稳定的层段时，孔隙压力与破裂压力剖面之间的窗口较宽，有足够的空间来应对动态和静态井底压差。在这种情况下，对于工况的改变就没有必要做出过于精细的反应。保持恒定的井底压力可以通过人工控制节流管汇、钻井泵和专用泵来实现。

三、控压钻井的类型与方式

1. 控压钻井的类型

控压钻井按其工艺技术的不同可将其划分为以下两类：

1)"被动型"控压钻井(Reactive MPD)

它是在采用常规套管程序和钻井液程序钻井时，配备旋转控制装置、节流管汇、钻具浮阀等设备来提高安全性和钻遇意外压力时(如孔隙压力或破裂压力高于或低于预计值)的施工。

2)"主动型"控压钻井(Proactive MPD)

它是在钻井设计时就充分考虑精确控制井下环空压力在套管程序、钻井液程序和裸眼段施工等方面可能带来的好处，施工时井下压力完全按照设计曲线进行，包括接单根时依靠增加井口回压控制井下压力。"主动型"控压钻井可以为钻井作业带来的好处有：用较少的套管钻更深的井；较少的非生产作业时间；钻达目的井深时较少的钻井液密度变化；更强的井控能力等。

2. 控压钻井的方式

1)井底压力恒定(CBHP)

井底压力恒定的控压钻井方式有 3 种：第一种是钻井液密度略低于地层压力当量密度，而当量循环密度达到近平衡钻井的条件，接单根时施加地面回压补偿环空摩阻的消失，保持适当的过平衡状态，从而控制地层流体侵入；第二种采用的钻井液密度与第一种相同，但在接单根时采用套管和连续循环钻井系统保持循环，从而保证井底压力恒定；第三种是采用的钻井液密度略高于地层压力当量密度，静止时保持近平衡条件，钻进时利用循环当量密度减小工具降低井底压力，实现井底压力恒定，避免压漏地层。

在井底压力恒定控压钻井作业中，尽管钻井液密度可能不能平衡地层孔隙压力，但这并不是欠平衡钻井，因为井底总压力仍高于地层孔隙压力，属于控压钻井技术。在这种情况下，若突然发生井侵，利用控压钻井井口装置即可得到恰当控制。井底压力恒定控压钻井技术在钻进、接单根、起下钻作业中均保持恒定的环空压力剖面，避免压裂地层或发生井涌，从而安全钻过狭窄的压力窗口。

2) 加压钻井液帽钻井（PMCD）

加压钻井液帽钻井的早期形式为钻井液帽钻井（MCD），属于"钻井液失返钻进"的一种形式，如图1-9-2所示。

在钻井液帽钻井方式作业期间，用旋转控制装置封闭环空，将加重的高黏钻井液小排量泵入环空，将一段"可牺牲的流体"（注入井筒但不返出的低成本流体，一般为淡水或盐水）注入钻柱，向上携带钻屑，使其进入钻头之上的孔洞或裂缝。环空"钻井液帽"可起到环空隔离的作用，避免油气返出地面造成高压。采用加压钻井液帽技术可以继续降低环空压力，使作业人员能够安全钻穿裂缝或断层，最终钻达完钻井深，从而减少发生井

图1-9-2 高黏钻井液帽钻井方式示意图

下复杂情况的时间与费用，最大限度地减少钻井液漏失，提高机械钻速，节约进入衰竭地层钻井液费用，提升井控能力，减少对储层的伤害。

3) 微流量控制方法（MFC）

微流量控制方法钻井是通过监测微进口流量或出口流量，来实现监测钻井液总流量的微小波动范围，也是一种精确确定孔隙压力与破裂压力的钻井方法。

微流量控制方法钻井技术包括两个工艺流程，即常规钻井和微流量控制方法钻井，如图1-9-3所示。

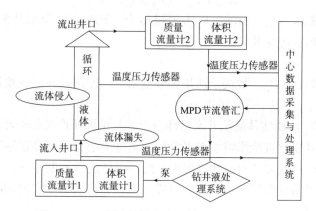

图1-9-3 微流量控制方法钻井工艺简易流程

常规钻井时通过钻井泵、立管、温度与压力传感器、流量计、井口、钻柱、井下设备、防喷器组、旋转控制头、振动筛，最后到达钻井液罐。微流量控制方法钻井时通过钻井泵、立管、温度与压力传感器、流量计、井口、钻柱、井下设备、防喷器组、压力控制设备、流量计、传感器、节流管汇、分离器、振动筛，最后到达钻井液罐。当探测到小的漏失与井侵后，通过回压泵与节流阀的共同作用或只调节节流阀来调整返回流量，达到井底压力地层压力平衡。

微流量控制方法能够在任意选择的井底压力(恒定的、可变的、固定的过平衡)下钻井，需要配置旋转控制头、节流管汇、精确的传感器、质量流量计，可用于高温高压井、深水井、探井、孔隙压力未知地层或压力剖面变化剧烈的井及环保要求高的井。

4)双梯度钻井(DGD)

双梯度控制钻井是在预定井深通过寄生管或同心套管向环空注入惰性气体或其他轻质流体(氮气、加有玻璃微珠的钻井液、低密度流体等)，以有效降低静液柱压力的方法。该技术之所以称为双梯度，是因为注入点之上的压力梯度降低，而其下的压力梯度则保持不变。

双梯度钻井通常用于深海钻井，泥线以上的隔水管内使用海水，通过隔水管内的旋转控制头将泥线以下的钻井液和岩屑隔离开，钻井液和岩屑通过海底泵从泥线送回到钻井船上，从而大大减小钻井液当量循环密度，避免了发生超过地层破裂压力梯度的情况。

第二节　欠平衡钻井井控技术

欠平衡钻井(Underbalanced Drilling)是指在钻井过程中通过控制井口压力使井底压力低于地层压力，允许地层流体有控制地进入井筒并循环至地面的钻井技术。当井口压力(套压)超过井口值并难以控制时，应采用常规井控技术控制井底压力，以防止井喷失控。

一、欠平衡钻井井底压力及其控制

在欠平衡钻井过程中，井底压力的关系式为：

$$\Delta P_u = P_p - (P_m + P_{ap} + P_a) \tag{1-9-1}$$

式中，ΔP_u 为欠平衡压力值，MPa；P_p 为地层压力，MPa；P_m 为钻井液静液压力，MPa；P_{ap} 为环空压耗，MPa；P_a 为井口回压，MPa。

对各压力说明如下：

(1)钻井液静液压力 P_m：取决于所用钻井液密度，作用在井底或地层上，直接影响着欠平衡压力值的大小。

(2)环空压耗 P_{ap}：是钻井液从井底沿环空上返至地面所产生的循环压耗，它直接作用在井底或地层上，其变化直接影响着欠平衡压力值的大小，尤其是钻遇异常低压地层时。

(3)井口回压 P_a：在欠平衡钻井过程中，地层流体连续不断地进入井眼内，环空静液压力就会下降，欠平衡压力值继而上升。所以必须在井口控制一定的回压，实现对地层流体进入量的有效控制。

(4)地层压力 P_p：是欠平衡钻井中最为关键的参数，一切欠平衡钻井参数的计算都是依据地层压力而定，在钻开油气层之前必须准确掌握。

(5)欠平衡压力值 ΔP_u：由地层压力 P_p、钻井液静液压力 P_m、环空压耗 P_{ap}、井口回压 P_a 所确定。其大小直接影响着地层流体进入井眼的量。若欠平衡压力值过大，易造成产层的速敏和井口设备负荷过大或失控，导致严重的钻井事故；若欠平衡压力值过小，则不能有效地满足欠平衡压力钻井的需求。根据所钻地层的物性、井口设备状况和油田的实际情况，一般欠平衡压力值 ΔP_u 取 0.2 ~ 2MPa。

2. 欠平衡钻井中钻井液密度的确定

欠平衡钻井中钻井液密度计算公式为：

$$\rho_m = \frac{P_p - (\Delta P_u + P_{ap})}{0.0098 g H_m}$$ (1-9-2)

式中，ρ_m 为欠平衡钻井的钻井液密度，g/cm^3；P_p 为地层压力，MPa；ΔP_u 为欠平衡压力，MPa；P_{ap} 为环空压耗，MPa；H_m 为所钻井深，m。

3. 欠平衡钻井的井控保障

由于欠平衡钻井是边喷边钻，井底处于欠平衡状态，所以欠平衡压力钻井至少要设两道防线控制地层流体。第一道防线是将井口最上端的旋转防喷器或者旋转控制头用作旋转分流器，以便有效地控制产层流体的产出量；第二道防线是在旋转防喷器发生故障时，利用常规防喷器及节流压井放喷管汇等井控设备来实现对井口和地层的有效控制或压井作业。

4. 欠平衡压力钻井井控所遵循的原则

欠平衡压力钻井井控应遵循以下原则：①在钻进过程中要保证地层流体的流动状态。②当井发生轻微的循环漏失时要继续保持钻进。③在循环过程中要保持钻井液循环池液面恒定。

对于液相欠平衡钻井，为了正确地调节节流阀开启度以使井底负压值稳定在设计范围之内，必须及时收集数据(立压、套压、产油量、产气量、泵冲、钻井液密度及黏度等)，并制定相关措施：

(1)随钻产油气量大，需要减小井底负压值时的调节：

关小节流阀，使泵压增加(增加的值为减小的负压值)，由于需要循环一周才能将井眼内较多的油气循环出来，所以控制效果只有在一个循环周后才能显示出来，在此期间绝不能因为随钻产油气量没有减少而继续增加回压值，以免造成过平衡或井漏。

(2)泵排量不变而泵压值下降时的调节：

这种现象一般发生在初次钻遇油气层或钻遇产出较大的油气层时，因为油气柱在环空上升膨胀而造成液柱压力下降。在此种情况下，应调节节流阀使泵压回升到原来的数值以控制井底压力不变。在泵压明显下降时，除非随钻有气产出，否则井口及点火管线没有油气增多的迹象，较大的油气只有在一个循环周后才显现出来。因此，应随时注意泵压的变化，当泵压变小时及时调节节流阀使泵压及时回升，以免随钻产油气量急速增加造成后期井底压力控制困难。在随钻气体产出时，随着泵压的下降，井口压力反而会增加，这会造成应该减少回压的假象，此时应该增加回压使泵压回升。

(3)随钻产油量不变而泵排量变化时的调节：

判断随钻产油量不变而泵排量变化的简单方法是泵压、套压及泵冲同时变大或变小。最好的解决方法是使泵冲恢复到原来的数值。如果井队由于设备问题无法恢复，应调节节流阀使井底压力保持不变。

(4)接单根时压力的调节：

接单根时，停泵后必须关闭节流阀，目的是增加井口回压，减小负压值，以减小地层产出油气量。接完单根后，马上开泵，尽量减少间隔时间，这样对于控制后效很实用。

(5)套压急剧升高时的调节：

井口套压急剧升高，如果是因为井下气体滑脱至井口引起的，可采用节流循环排气降压法，使套压降到安全套压范围之内；如果是由于钻井设计不当，实际钻遇的地层压力比设计值大得多，造成实际井底负压过大，而采用节流循环排气降压法又不能将套压维持在安全套压范围内，这会给现场施工带来很大危险，此时现场应进行低泵冲试验关井求得新的地层压力，根据设计负压值加重钻井液。

（6）钻井液性能变化时的调节：

当新的地层压力确定后，就要按原先的设计来重新对钻井液密度进行设计并得到新的钻井液密度，由于循环压力与循环液之间有着密切联系并成正比关系，这样就可以根据原先的循环立管压力计算出经过密度调整后的循环立管压力，之后再加上井口回压，控制循环压耗始终等于该循环立管压力，就能够保证实际负压值等于设计的负压值。

欠平衡压力钻井井底压力控制还可以用回压阀控制，使用该方法时要注意以下几点：

①在保持入口钻井液密度稳定和排量一定的情况下，回压控制是通过控制立管压力来实现的，即通过节流阀保持立压不变。此时，井底压力不变、欠压值不变。

②停泵接单根或更换胶芯作业时，在关闭液动节流阀的同时应关闭其前面的平板阀，以增加控制回压，直至环空压力达到平衡。

③每次接单根下钻到底或更换胶芯后必须计算地层流体返到井口的时间，做好放喷排气的准备。

④地层压力发生变化、井口油气量增多或井口回压较大时，应通过调节钻井液密度等方法改变欠平衡的欠压值，以确保欠平衡压力钻井的顺利进行。

总之，对于液相欠平衡钻井，井底压力控制是通过调节钻井液密度和节流回压控制来实现的；而对于充气欠平衡钻井，由于环空流体循环系统属于多相流，这就需要根据多相流数值模拟或多相流水力计算结果，通过调节液体和气体的流量来实现井底压力的控制。

第三节　离线固井

一、离线固井（Offline Cementing）的技术背景

随着钻井技术的发展，运营商把关注点从单纯的井筒交付转向在最短时间内交付，以降低风险和成本，提高效率。2018年，宾夕法尼亚州东北部的一个钻井项目，固井服务公司（哈里伯顿）提出一个离线固井方案，该方案的实施使平均表层套管井段节省钻机时间15h，而中间套管井段平均省时间为16h，平均每口井节省费用为80000美元。

离线固井并不是一个新概念，2015年，在一家页岩钻井项目上，作业者就要求对表层套管和生产套管实施离线固井。

为了提高钻井效率，缩短钻井时间，服务公司必须提供新的方法提高效率。在整个钻井项目过程中，固井作业往往占很大一部分时间，如果能减少从一口井到下一口井开钻的总时间，必然能够降低钻井成本。当作业者从传统钻井方式（每口井都是从上往下钻到生产井段）转向批量钻井方式（先钻所有地面段，然后钻所有中间段，最后钻所有生产段）时，固井服务公司便提出了离线固井的方法。

二、离线固井技术解释

离线固井技术的概念非常简单：钻机先进行第 1 口井的某井段的裸眼钻进，完成后下入套管并悬挂套管于井眼之中。然后，钻机滑至第 2 口井井位时开始钻进，并完成一个裸眼井段钻探。当钻机在第 2 口井钻进时，固井服务商在第 1 口井进行固井作业。

非批量钻进/在线固井和批量钻进/离线固井作业的对比见表 1-9-1。

表 1-9-1　非批量钻进/在线固井和批量钻进/离线固井作业的对比

在线固井	离线固井
1. 下套管、坐封卡瓦、套管离底	1. 下套管、悬挂
2. 安装水泥头	2. 把钻机滑到下口井
3. 开泵循环两周	3. 安装水泥头
4. 注水泥、顶替	4. 开泵循环
5. 候凝	5. 注水泥、顶替
6. 卸水泥头	6. 候凝
7. 割套管、装井口	7. 卸水泥头
	8. 割套管、装井口

离线固井作业无须修改原有井口设计。作业人员将下井套管坐封在井口负载钢圈上，无须像以前一样在井场安装预制坐封接头，为作业者节省更多成本。作业人员还利用一个坐封变扣接头，通过一个短节连接井口，用作水泥头装置。

三、离线固井井控风险及应对措施

(1)在圆井中作业存在受限空间的安全风险，用联顶节提升作业高度，在圆井以外作业。

(2)敞开的圆井不方便固井作业的进行，存在安全风险，圆井盖上圆井盖板，防止工具和人员掉落。

(3)固井顶替水泥时存在较大可能套管上浮风险，可适当增加顶替液密度，在每次操作中测量密度，用锚链把套管固定在牢固的锚点上。

(4)不足 20in 的水泥头进行多级固井存在浮阀失效的风险，可在现场多备一个水泥头，以防浮阀失效。

第二篇 井控装备

在钻井过程中，为了防止地层流体侵入井内，总是使井筒内的钻井液静液柱压力略大于地层压力，这就是所谓对油气井的初级压力控制。但在钻井作业中，常因各种因素的变化，使油气井的压力平衡遭到破坏而导致井侵，这时就需要依靠井控装备实施关井压井作业，重新恢复对油气井的压力控制。有时井口设施严重损坏，油气井失去压力控制，这时就需要采取紧急抢救措施，对油气井进行抢救。因此，井控装备是实施油气井压力控制技术的一整套专用设备、仪表与工具。

井控装备应包括以下设备、仪表与工具(图2-0-1)。

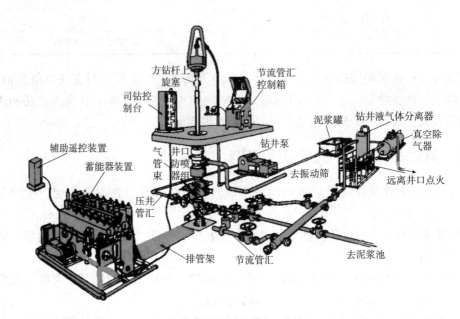

图2-0-1 井控装备分布

(1)以液压防喷器为主体的钻井井口装置，又称防喷器组合。

(2)液压防喷器控制系统。

(3)以节流管汇为主的井控管汇。

(4)钻具内防喷工具。

第一章　液压防喷器组合

第一节　概述

一、液压防喷器的特点

1. 动作迅速

通径小于 476mm 的环形防喷器，关闭时间不应超过 30s；通径大于或等于 476mm 的环形防喷器，关闭时间不应超过 45s；使用后的胶芯能在 30min 内恢复原状。闸板防喷器关闭应能在等于或小于 10s 以内完成，闸板打开后能完全退到壳体内。

2. 操作方便

液压防喷器及液动平板阀的开、关操作全部采用气控液或电控液的遥控方式控制。在正常情况下均在钻台上的司钻控制台上遥控操作。在钻台上无法靠近或司钻控制台遥控失灵时，可以在离井口 25m 远的安全距离直接控制井口液压防喷器及液动平板阀的开、关，实现对井口的控制。

3. 安全可靠

液压防喷器的壳体耐压能力高，各处密封抗磨性好，工作时安全可靠。液压防喷器除了可以用遥控和远程控制外，还配备了手动锁紧装置，保证在密封的情况下锁紧关闭的闸板不会自行打开。

4. 现场维修方便

拆装更换闸板或胶芯方便、省时、省力。当井内无钻具时可以更换，当井内有钻具时仍然可以更换。

二、液压防喷器的额定工作压力

液压防喷器的额定工作压力又称液压防喷器的压力级别，是指液压防喷器在井口工作时能够承受的最大井压，其单位用兆帕（MPa）表示。根据中华人民共和国石油天然气行业标准 GB/T 20174《石油天然气工业钻井和采油设备钻通设备》的规定，液压防喷器共有八个压力级别，即：7MPa、14MPa、21MPa、35MPa、70MPa、105MPa、140MPa、175MPa。

三、液压防喷器的公称通径

液压防喷器的公称通径指液压防喷器能通过的最大钻具的外径。防喷器组合的通径必须一致，其大小取决于井身结构设计中的套管尺寸，即必须略大于连接套管的直径。液压防喷器的通径代号共有九种，即：180mm、230mm、280mm、346mm、426mm、476mm、528mm、540mm、680mm。

例如：井深 4000～7000m 的深井，井身结构常为表层套管 508mm（20in）；技术套管 339.7mm（13⅜in）与 244.5mm（9⅝in）；油气层套管 177.8mm（7in），因此与所下套管相应的井口防喷器公称通径为：

表层套管 508mm（20in），配装防喷器公称通径 540mm（21¼in）；

技术套管 339.7mm（13⅜in），配装防喷器公称通径 346mm（13⅝in）；

技术套管 244.5mm（9⅝in），配装防喷器公称通径 280mm（11in）；

油气层套管 177.8mm（7in），配装防喷器公称通径 280mm（11in）。

四、防喷器的分类与代号

防喷器分为两类，即环形防喷器和闸板防喷器。闸板防喷器又分为单闸板防喷器、双闸板防喷器、三闸板防喷器，其中分别装有一副、两副、三副闸板，以密封不同管柱或空井。

防喷器代号由防喷器名称主要汉字拼音的第一个字母组成。液压防喷器的最大工作压力与公称通径是两项主要技术参数，因此在代号里应以显示。

防喷器的型号命名如下：

环形防喷器：FH 公称通径 – 最大工作压力；

单闸板防喷器：FZ 公称通径 – 最大工作压力；

双闸板防喷器：2FZ 公称通径 – 最大工作压力；

三闸板防喷器：3FZ 公称通径 – 最大工作压力。

公称通径单位为 cm 并取其圆整数值。最大工作压力单位则用 MPa 表示。如 FZ23 – 21；2FZ35 – 35；FH28 – 35。

第二节　环形防喷器

一、环形防喷器的类型

环形防喷器必须配备液压控制系统才能安全使用。地面防喷器组合中一般只配备一个环形防喷器，并与闸板防喷器配套使用。环形防喷器的具体功用如下：

（1）在钻进、取心、下套管、测井、完井等作业过程中发生溢流或井喷时，能有效封闭方钻杆、钻杆、钻杆接头、钻铤、取心工具、套管、电缆、油管等工具与井筒所形成的环形空间。

（2）当井内无管具时能全封闭井口。

（3）在使用减压调压阀或缓冲储能器控制的情况下，能通过 18°台肩的对焊钻杆接头进行强行起下钻作业。

国内外所使用的环形防喷器共有3种类型，即：锥形胶芯环形防喷器、球形胶芯环形防喷器、组合胶芯环形防喷器。目前，国产有锥形胶芯环形防喷器与球形胶芯环形防喷器两种类型。组合胶芯环形防喷器由于制造难度较大，迄今国内尚未研制。

（一）锥形胶芯环形防喷器

因该种防喷器的胶芯截面形状为锥形而得名。常用有 Hydril 公司的 GL、GK、MSP型，国产 FHZ54 – 14、FHZ35 – 105 型等。

1. 结构

锥形胶芯环形防喷器的顶盖与壳体为爪盘连接（图2 – 1 – 1），主要由壳体、顶盖、活塞、胶芯、爪盘、外体部套筒、体部套筒、防磨耗板、密封件等零部件构成。

2. 工作原理

当发现井涌需要封井时，从液压控制装置输来的高压油从壳体下部油口进入活塞下部的关闭腔，推动活塞上行，活塞又推动呈锥面的密封胶芯上行，由于受防磨耗板的限制，迫使胶芯在上行过程中沿着活塞锥面及防磨耗板向上、向井口中心运动，直至支承筋

图2 – 1 – 1 锥形胶芯环形防喷器结构

间橡胶被挤出而抱紧钻具或全封闭井口，达到封井的目的。当高压油从壳体上部油口进入活塞上部的开启腔，推动活塞下行，作用在防磨耗板上的挤压力消除，胶芯在本身弹性力作用下逐渐复位，达到开井的目的。

3. 胶芯选择

各种胶芯如图2 – 1 – 2 所示。

(a)天然气橡胶
(用于水基钻井液，适用操作温度为
–30~255℉(0~195℃)使用寿命长，
黑色标志色)

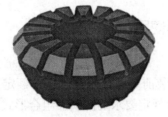

(b)合成橡胶(丁氰橡胶)
(用于油基或混油钻井液，在油基钻
井液中，在20~190℉之间使用效
果很好，红色标志色)

(c)氯丁橡胶
(用于低温环境和油基钻井液，作业
温度范围为-30~170℉，在低温下弹
性比丁氰橡胶好，在高温环境
下使用受影响，绿色标志色)

图2 – 1 – 2 各种胶芯

（二）球形胶芯环形防喷器

1. 结构

球形防喷器的名字来源于其顶盖内剖面的形状像半球状，结构如图2 – 1 – 3 所示。主要由大盖、壳体、胶芯、结合换、活塞、密封件组成。

图2-1-3 球形胶芯环形防喷器
结构图

2. 工作原理

环形防喷器的密封过程分为两步：一是活塞在液压油作用下推动胶芯向上运动，迫使胶芯沿球面向上、向井口中心运动，支承筋相互靠拢，将其间的橡胶挤向井口中心，从而形成初始密封；二是在井内有压力时，作用在活塞内腔上部环形面积上的井内压力进一步向上推动活塞，促使胶芯封闭更加紧密，从而形成可靠的密封，此称为井压助封作用。

3. 球形防喷器胶芯

胶芯可用天然橡胶或丁腈橡胶，以便适用于各种作业，如水基钻井液、油基钻井液和各种操作温度。

H_2S 环境会缩短胶芯寿命，应根据钻井液性质选取相应的胶芯，丁腈橡胶对 H_2S 的耐腐蚀性更好。

加强筋铸于胶芯内部，随着胶芯变形，在高关闭压力下防止胶芯过分变形，开井时可以帮助胶芯复原(图2-1-4)。

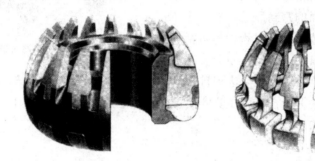

图2-1-4 球形胶芯的金属加强筋

二、环形防喷器的合理使用

1. 环形防喷器的安装方法

(1)安装：环形防喷器在安装前要进行密封试压至额定工作压力，合格后方能运往井场，并根据钻井工程设计和井控规定要求的防喷器组合形式进行安装，油管接头方向应和闸板防喷器的接头方向相同。

(2)在司钻台和远程控制台上，对环形防喷器试开关各二次，以检查开关是否与实际一致，管线连接是否正确，并将油路中的空气排除。

(3)安装后的试压运转：环形防喷器安装好后应牢靠固定，要和整套井口装置一起进行静水压试验，以检验各连接部位和密封性能是否可靠，合格后方允许使用。

正常钻井时，环形防喷器应处于开的位置。

2. 使用方法及注意事项

(1)环形防喷器配用单独的减压调压阀，一般情况下控制压力(关闭油压)应为8.5～10.5MPa。该压力与井内压力及所封钻具尺寸有一定的比例关系，钻具直径尺寸大或井内压力低，则应将控制压力相应调低以延长胶芯的使用寿命。

（2）井涌时应先用环形防喷器封闭井口，但尽量不用作长时间封闭，一则胶芯容易过早损坏，二则无锁紧装置。非特殊情况，不得用作封闭空井。

（3）进入目的层，必须加强对环形防喷器的检查，每天在井内有钻具无井压的情况下，应开关一次，以防胶芯卡死。

（4）利用环形防喷器进行不压井起下钻作业时，必须使用18°台肩的钻杆接头。在环形防喷器液压控制系统关闭油路上，除了配用单独的减压调压阀外，若能安装蓄能器，关闭腔内的液压冲击就可以得到更好的缓冲，胶芯的寿命即能提高。强行起下钻过程中，在保证密封的前提下应将液控压力尽量调低，同时严格控制起下钻速度，特别是过接头时，要慢提慢放（速度要求）。

（5）每次打开后，必须检查是否全开，以防挂坏胶芯。

（6）严禁用打开防喷器的办法来泄井内压力。

（7）环形防喷器处于关闭钻具状态时，允许上、下活动钻具，禁止旋转钻具。

3. 现场维护与保养

（1）每口井用完后，拆开与防喷器连接的液压管线，孔口用丝堵堵好，清除防喷器外部和内腔的脏物，检查各密封件及配合面，然后在螺栓孔、垫环槽、顶盖内球面、活塞支撑面等处，涂防水黄油润滑防锈。

（2）拆开后的连接件，如垫环、螺栓、螺母、专用工具点齐装箱，以免丢失。

（3）经常检查各处螺钉，发现松动及时拧紧。

（4）要保持液压油的清洁，防止脏物进入油缸，以免拉坏油缸、活塞。

（5）所有橡胶备件，均应按下列规定合理存放：

①根据入库先后、新旧程序编号，先旧后新，依次使用。

②必须存放在较暗而干燥的室内，在松弛状态下存放，严禁放于露天，不可受弯受挤压，最好平放于木箱内。"O"形圈禁止悬挂。

③不得接触腐蚀介质。要远离电机、高压电气设备，以免因此产生臭氧腐蚀橡胶件。

4. 胶芯更换（图2-1-5）

胶芯更换的程序步骤如下：

1）空井

（1）去掉固定螺丝；（2）旋开防喷器顶盖；（3）提起顶盖；（4）润滑活塞腔；（5）提出胶芯；（6）安装新胶芯；（7）清洁、润滑防喷器顶盖和本体丝扣；（8）安装顶盖；（9）安装固定螺丝。

2）有管柱时

在井内有管柱时也可以更换胶芯。把磨损的胶芯取出来后，按图2-1-6所示方法割开新胶芯，切割要用锋利的刀具，而不能用锯或其他工具，这样就不会影响胶芯的密封性，用撬杠撬开胶芯有利于割开，把胶芯充分掰开扣住管柱，放入防喷器本体，换上顶盖。

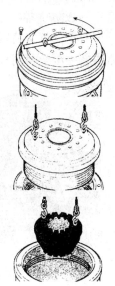

图2-1-5 空井换胶芯示意图

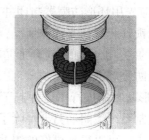

图 2-1-6 切割胶芯

第三节 闸板防喷器

闸板防喷器是利用液压将带有橡胶芯的两块闸板，从左右两侧推向井眼中心，封闭井口。这种防喷器国内研制最早，现场应用也最广泛。

当井内有钻具时，可用与钻具尺寸相应的半封闸板（又称管子闸板）封闭井口环形空间。

当井内无钻具时，可用全封闸板（又称盲板）全封井口。

当井内有钻具需将钻具剪断并全封井口时，可用剪切闸板迅速剪切钻具全封井口。

有些闸板防喷器的闸板允许承重，可用以悬挂钻具。

闸板防喷器的壳体上有侧孔，在侧孔上连接管线可用以代替循环钻井液或放喷。

闸板防喷器的种类很多，但根据所能配置的闸板数量可分为：

①单闸板防喷器：壳体只有 1 个闸板室，只能安装一副闸板。

②双闸板防喷器：壳体有 2 个闸板室，可安装两副闸板。

③三闸板防喷器：壳体有 3 个闸板室，可安装三副闸板。

国产有单闸板防喷器与双闸板防喷器，其中双闸板防喷器应用更为普遍。双闸板防喷器通常安装一副全封闸板以及一副半封闸板。

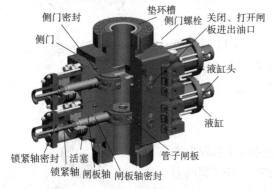

图 2-1-7 双闸板防喷器结构图

一、闸板防喷器的结构

闸板防喷器主要由壳体、侧门、油缸、活塞与活塞杆、锁紧轴、端盖、闸板等部件组成。图 2-1-7 为具有矩形闸板室的双闸板。

1. 壳体

壳体由合金钢铸（锻）成，有上下垂直通孔与侧孔。壳体内有上下两个闸板室，以安装闸板总成。

2. 侧门、液缸和端盖

壳体两侧翼设有侧门。旋转式侧门由上下绞链座限定其位置。铰链座固定在壳体上。

当卸掉侧门的紧固螺栓后，侧门可绕各自的上下铰链座旋转120°以便检修更换闸板总成。平移式侧门拆下侧门紧固螺帽进行液压关井操作，两侧门随即左右移开；检修更换闸板总成后进行液压开井操作，两侧门即从左右向中合拢。这种平移式侧门对井场更换闸板的操作极为有利。无螺栓式侧门，在卸下侧门锁紧块后，用液压打开侧门、检查更换总成后，再用液压关闭侧门。无螺栓式侧门，检修时省去拆卸螺栓过程，提高了效率。

端盖以螺栓固定在侧门凸缘上将油缸压紧。

侧门上有导油孔道，通向油缸的关井油腔和开井油腔以实现液压开关。

3. 活塞与活塞杆

油缸内的活塞与活塞杆为整体结构。活塞杆前端呈 T 形与闸板总成 T 形槽配接闸板体。活塞杆后端连接锁紧轴。

4. 闸板

闸板总成是闸板防喷器关键部件，按其功能分为半封闸板总成、全封闸板总成、剪切闸板总成。

1）半封闸板总成

半封闭闸板（图2－1－8）用于密封常用尺寸的油管、钻杆、钻铤和套管，胶芯为增压和自进功能，且储胶量大。主要结构有 F 型、H 型、FH 型、S 型 4 种，如图 2－1－8～图2－1－11 所示。变径闸板总成可认为是半封闸板总成的特殊结构形式，能够封闭一定尺寸的管柱，如图2－1－12 所示。

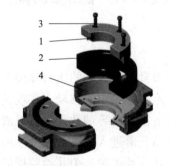

图2－1－8　F 型闸板总成

1—压块；2—胶芯；3—闸板螺钉；4—闸板座

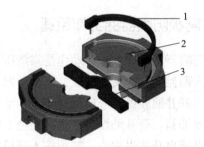

图2－1－9　HF 型闸板总成

1—顶部胶芯；2—闸板体；3—前部胶芯

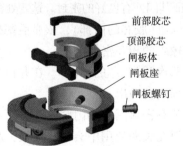

图2－1－10　H 型闸板总成

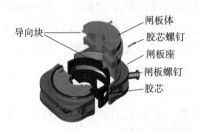

图2－1－11　S 型闸板总成

2）全封闸板

全封闸板总成用来封闭空井，其结构如图 2－1－13 所示。

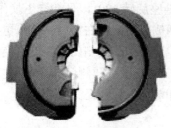

图2-1-12 变径闸板总成

图2-1-13 全封闸板总成

3）剪切闸板总成

剪切闸板总成用于在特定工况下需要剪断井内管柱。按照结构不同分为整体式和分体式，如图2-1-14、图2-1-15所示。按照功能不同分为剪切式和剪切全封一体式。

图2-1-14 分体式剪切闸板

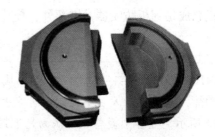

图2-1-15 整体式剪切闸板

二、闸板防喷器的工作原理

闸板防喷器的关井、开井动作是靠液压实现的。来自控制装置的压力油经上铰链座导油孔道进入两侧油缸的关井油腔，推动活塞与闸板迅速向井眼中心移动，实现关井。在关井动作时，开井油腔里的液压油在活塞推动下，通过下铰链座导油孔道，再经液控管路流回控制装置油箱。开井动作时，压力油经下铰链座导油孔道进入油缸的开井油腔，推动活塞与闸板迅速离开井眼中心，闸板缩入闸板室内。在开井动作时，关井油腔里的液压油则通过上铰链座导油孔道，再经液控管路流回控制装置油箱。

为了使闸板防喷器实现可靠的封井效果，必须保证其四处有良好的密封。这四处密封是：

①闸板前部与管子的密封。闸板前部装有前部橡胶（胶芯的前部），依靠活塞推力，前部橡胶抱紧管子实现密封。全封闸板则为闸板前部橡胶的相互密封。

②闸板顶部与壳体的密封。闸板上平面装有顶部橡胶（胶芯的顶部），在井口高压井液作用下，顶部橡胶紧压壳体凸缘，使井液不致从顶部通孔溢出。

③侧门与壳体的密封。侧门与壳体的接合面上装有密封圈。侧门紧固螺栓将密封圈压紧，使井液不致从此处泄漏。该密封圈并不磨损，但在长期使用中会老化变质，故应按规定使用期限定期更换。

④侧门腔与活塞杆间的密封。侧门腔与活塞杆之间的环形空间装有密封圈，防止高压井液与液压油窜漏。一旦高压井液冲破橡胶密封圈，井液将进入油缸与液控管路，使液压油遭到污染并损伤液控阀件。闸板防喷器工作时，活塞杆作往复运动，密封圈不可避免地会受到磨损，久之易导致密封失效。在封井情况下密封圈失效时，为了紧急恢复其密封效

能，此处又附设有二次密封装置。

活塞杆的二次密封装置如图 2－1－16
所示。

在封井工况下如果观察孔有流体溢出，
就表明密封圈已损坏，此时应立即卸下六角
螺塞，用专用扳手顺时针旋拧孔内螺钉，迫
使棒状二次密封脂通过单向阀、隔离套径向
孔进入密封圈的环隙。二次密封脂填补空隙
后就可使活塞杆的密封得以补救与恢复。

活塞杆的二次密封装置使用注意事项
如下：

①预先填放好二次密封脂，专用扳手妥
为存放以免急需时措手不及。

②闸板防喷器投入使用时应卸下观察孔
螺塞并经常观察有否钻井液或油液流出。

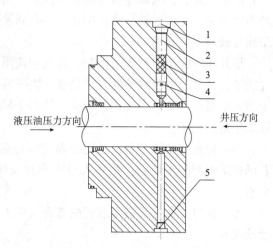

图 2－1－16 二次密封示意图
1—NPT 1 丝堵；2—压紧螺塞；3—二次密封脂；
4—单向阀；5—带孔丝堵 R1/2

③密封圈失效后压注二次密封脂不可过量，以观察孔不再泄漏为准。开井后应及时打
开侧门对活塞杆与其密封圈进行检修。

活塞杆的二次密封装置呈水平装设，观察孔道则设计成垂直向下，即孔眼朝下，这样
有利于观察液体的流出。近年，国内生产的新型闸板防喷器活塞杆二次密封装置的观察孔
则设计成沿水平方向的孔眼，操作者使用时应予以注意。

三、闸板防喷器的使用

1. 拆换闸板的操作

由于闸板损坏或钻杆尺寸变化，常在井场进行拆换闸板作业。拆换闸板操作顺序
如下：

(1)检查蓄能器装置上控制该闸板防喷器的换向阀手柄位置，使之处于中位。

(2)拆下侧门紧固螺栓，旋开侧门。

(3)液压关井，使闸板从侧门腔内伸出(平直移动开关的侧门此时自动打开)。

(4)拆下旧闸板，装上新闸板，闸板装正、装平。

(5)液压开井，使闸板缩入侧门腔内(平直移动开关的侧门此时自动关闭)。

(6)在蓄能器装置上操作，将换向阀手柄扳回中位。

(7)旋闭侧门，上紧螺栓。

2. 闸板防喷器的锁紧

闸板防喷器装设机械锁紧装置的目的是保证防喷器长期可靠的封井以及在液控失效时
用以手动关井，确保防喷器在使用中的可靠性。

1)手动锁紧装置

手动机械锁紧装置由锁紧轴、操纵杆、手轮、万向接头等组成。锁紧轴与活塞以左旋
梯形螺纹(反扣)连接。平时锁紧轴旋入活塞，随活塞运动，并不影响液压关井与开井动
作。锁紧轴外端以万向接头连接操纵杆，操纵杆伸出井架底座以外其端部装有手轮。

液压关井后，闸板应利用锁紧轴锁紧。闸板锁紧的方法是靠人力按顺时针方向同时旋转两个手轮，使锁紧轴从活塞中伸出，直到锁紧轴台肩紧贴止推轴承处的挡盘为止，这时手轮也被迫停止转动。

压井作业完毕需打开闸板时，首先应使闸板解锁，即将锁紧轴重新缩入活塞中，然后才能液压开井。闸板解锁的方法是靠人力按逆时针方向同时旋转两个手轮，直到锁紧轴完全缩入活塞中，轴上台肩到位为止，这时手轮也被迫停止转动。这样，闸板就从锁紧轴的限制中解脱出来。

为了确保锁紧轴到位，手轮必须旋够应旋的圈数直到旋不动为止。手轮应旋的圈数，各闸板防喷器是不同的，井队人员应熟知所用防喷器手轮应旋圈数，并应在手轮处挂牌标明。

如果井口需封井而液控装置失效而又来不及修复时，可以利用手动机械锁紧装置进行手动关井。

手动关井的操作步骤应按下述顺序进行：①操作蓄能器装置上换向阀使之处于关位。②手动关井，顺时针旋转两操纵杆手轮，将闸板推向井眼中心。

在手动关井前应首先使蓄能器装置上控制闸板防喷器的换向阀处于关位。这样做的目的是使开井油腔里的液压油直通油箱。当活塞推动闸板向井眼中心运动时，开井油腔里的液压油就可以流回油箱而不致遏止活塞前进。倘若换向阀处于中位，那么开井油腔就被换向阀所圈闭，开井油腔里的液压油无处可走，活塞就无法运动。倘若换向阀处于开位，那么开井油腔就被位于蓄能器装置上换向阀与减压阀之间的单向阀所限死，开井油腔里的液压油仍无法回流，活塞仍无法运动。只有在换向阀处于关位工况下才能实现手动关井。这点务必注意，谨记勿忘！手动关井后应将换向阀手柄扳至中位，抢修液控装置。

当压井作业完毕，需要打开防喷器时，必须利用已修复的液控装置，液压开井，否则闸板防喷器是无法打开的。手动机械锁紧装置的结构只能允许手动关井却不能实现手动开井。个别井队，在液控失效手动关井后并不着手抢修蓄能器装置，当需要开井时采取拆掉端盖、油缸，用工具撬拉活塞的办法，显然这种做法是错误的。

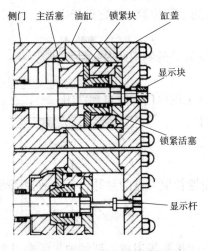

图 2 - 1 - 17　液压锁紧装置图

2）液压锁紧装置

液压锁紧装置的操作特点是：当闸板防喷器利用液压实现关井后，随即在液控油压的作用下自动完成闸板锁紧动作；反之当闸板防喷器利用液压开井时，在液控油压作用下首先自动完成闸板解锁动作，然后再实现液压开井。

液压锁紧装置不能手动关井，在液控失效情况下闸板防喷器是不能进行关井动作的。

近年，华北石油管理局第二机械厂生产的 2FZ23 - 70 闸板防喷器即采用了液压锁紧装置，其结构如图 2 - 1 - 17 所示。

关井时，液控压力油进入油缸的关井油腔，推动主活塞向井口中心移动，当主活塞移动到位时闸板即将井封住。此时，主活塞上的 4 个锁紧块已对准油缸台阶部位，锁紧活塞在液控压

（图中标注：侧门　主活塞　油缸　锁紧块　缸盖　显示块　锁紧活塞　显示杆）

力油以及压缩弹簧的联合作用下向井口中心移动，从而将锁紧块挤压在油缸台阶部位。这样，主活塞就被固定，闸板即被锁紧。当液控压力油卸压后仅靠弹簧力的作用仍能将4个锁紧块牢牢地卡在油缸台阶部位，维持锁紧状态。

开井时，液控压力油进入油缸的开井油腔，主活塞在锁紧块限定下无法移动，锁紧活塞在液控压力油的作用下首先沿远离井口中心方向移动，与此同时锁紧块在压力油作用下向内收缩退回主活塞中，主活塞因而得以解锁。随后，在开井油腔压力油推动下，主活塞向远离井口中心移动，于是井口打开。

活塞杆上连接有显示杆，通过显示杆上显示块的伸缩状态可以显示闸板的关井与开井工况。

3. 闸板防喷器的使用注意事项

(1)半封闸板的尺寸应与所用钻杆尺寸相对应。

(2)井中有钻具时切忌用全封闸板封井。

(3)封井后应锁紧。

(4)在开井以前应首先将闸板解锁，然后再液压开井。液压开井操作完毕应到井口检视闸板是否全部打开。未解锁不许液压开井；未液压开井不许上提钻具。

(5)闸板在手动锁紧或手动解锁操作时，两手轮必须旋转足够的圈数，确保锁紧轴到位。

(6)进入油气层后，每次起下钻前应对闸板防喷器开关活动一次。

(7)半封闸板不准在空井条件下试开关。

4. 闸板防喷器故障原因及排除方法

闸板防喷器故障原因及排除方法如表2-1-1所示。

表2-1-1 闸板防喷器故障原因及排除方法

序号	故障现象	产生原因	排除方法
一	井内介质从壳体与侧门连接处流出	防喷器壳体与侧门之间密封圈损坏；防喷器壳体与侧门连接螺栓未上紧	更换损坏的密封圈；紧固该部位全部连接螺栓
二	闸板移动方向与控制阀铭牌标志不符	控制台防喷器连接油管线接错	倒换防喷器本身的油路管线
三	液控系统正常，但闸板关不到位	闸板接触端有其他物质或沙子、钻井液块的积淤	清洗闸板及侧门
四	井内介质窜到油缸内，使油中含水气	活塞杆密封面损坏；活塞杆变形或表面拉伤	更换损伤的活塞杆密封圈，修复损伤的活塞杆
五	防喷器液动部分稳不住压	防喷器油缸、活塞、活塞杆、密封圈损坏，密封表面损伤	更换各处密封圈，修复密封表面或更换新件
六	侧门铰链连接处漏油	密封表面拉伤，密封圈损坏	修复密封表面，更换密封圈
七	闸板关闭后封不住压	闸板密封胶芯损坏；壳体闸板腔上部密封面损坏	更换闸板密封胶芯，修复密封面
八	控制油路正常，用液压打不开闸板	闸板被泥沙卡住；没解锁	清除泥沙，加大控制压力

第四节 防喷设备配套与选择

一、井口组合的选择

(一)压力级别与组合形式

防喷器压力等级应与裸眼井段中最高地层压力相匹配,并根据不同的井下情况选用各次开钻防喷器的尺寸系列和组合形式。

(1)选用压力等级为14MPa时,其防喷器组合有五种形式供选择,如图2-1-18所示。

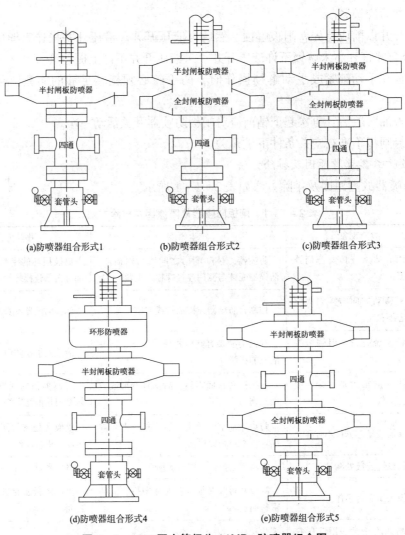

(a)防喷器组合形式1　　(b)防喷器组合形式2　　(c)防喷器组合形式3

(d)防喷器组合形式4　　(e)防喷器组合形式5

图2-1-18　压力等级为14MPa防喷器组合图

（2）选用压力等级为 21MPa 和 35MPa 时，其防喷器组合有五种形式供选择，如图 2－1－19 所示。

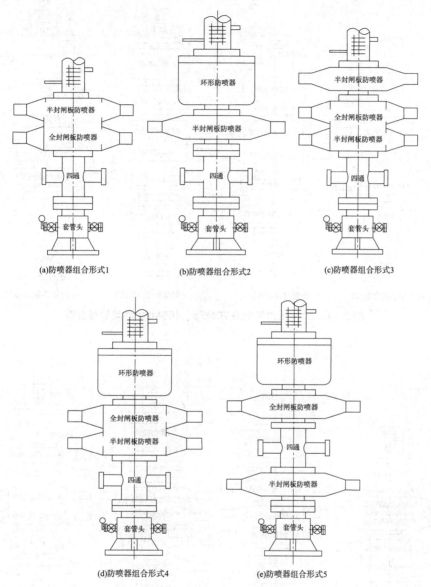

(a)防喷器组合形式1　　(b)防喷器组合形式2　　(c)防喷器组合形式3

(d)防喷器组合形式4　　(e)防喷器组合形式5

图2－1－19　压力等级为21MPa、35MPa 防喷器组合图

（3）选用压力等级为 70MPa 和 105MPa 时，其防喷器组合有 4 种形式供选择，如图 2－1－20 所示。

（4）选用压力等级为 105MPa 和 140MPa 时，其防喷器组合有四种形式供选择，如图 2－1－21 所示。

（5）安装剪切闸板时，其防喷器组合有四种形式供选择，如图 2－1－22 所示。

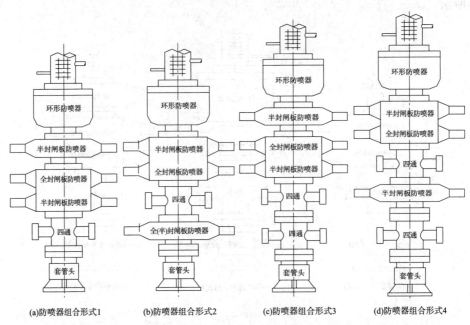

(a)防喷器组合形式1　　(b)防喷器组合形式2　　(c)防喷器组合形式3　　(d)防喷器组合形式4

图2-1-20　压力等级为70MPa、105MPa防喷器组合图

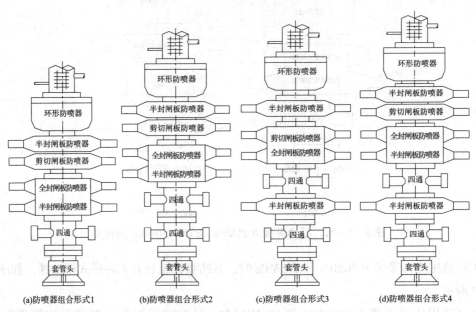

(a)防喷器组合形式1　　(b)防喷器组合形式2　　(c)防喷器组合形式3　　(d)防喷器组合形式4

图2-1-21　压力等级为105MPa、140MPa防喷器组合图

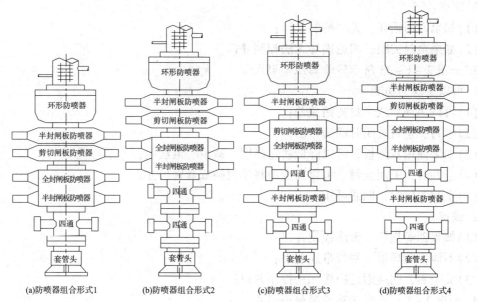

(a)防喷器组合形式1　(b)防喷器组合形式2　(c)防喷器组合形式3　(d)防喷器组合形式4

图2-1-22　安装剪切闸板总成防喷器组合图

(二)不同 BOP 组合的优缺点分析

防喷器组合有多种形式,都有各自的优缺点。设计人员和现场技术人员应了解这些内容,合理选择防喷器组合形式。

1. 如图2-1-23所示防喷器组合形式

1)可以实现的功能

(1)如果四通损坏,可以关半封维修;

(2)可以关半封将全封换成半封;

(3)可以实现环形－闸板带压下钻;

(4)如果需要闸板－闸板带压下钻,可以将全封换成半封;

(5)如果转盘以上钻具损坏,可以将钻柱挂在半封上用四通循环压井;

(6)关全封后四通可用。

2)缺点

(1)最初必须用环形关钻具;

(2)关闭全封后,如果四通损坏,无法控制井口;

(3)半封关闭后,四通不能用,只能用套管头循环孔压井。

2. 如图2-1-24所示防喷器组合形式

1)可以实现的功能:

(1)可以用环形或闸板初始关钻杆;

(2)关半封后可将全封换成半封;

(3)可以实现环形－闸板带压下钻;

(4)半封或全封关闭时四通可用;

(5)半封关闭后,四通可用。

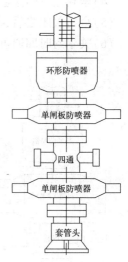

图2-1-23　防喷器
组合(一)

2）缺点：

（1）如果四通损坏，无法控制井口；

（2）如果全封关闭，四通损坏无法控制井口。

3. 如图2-1-25所示防喷器组合形式

1）可以实现的功能

（1）可以用环形或半封初始关井；

（2）半封、全封关闭时四通可用；

（3）如果使用双闸板，可以降低底座高度，减少一道法兰；

（4）空井时，关闭全封，可以安全地将半封换成套管尺寸；

（5）全封关闭时，四通可用。

2）缺点：

（1）如果四通损坏，无法控制井口；

（2）不能实现环形–闸板带压起下；

（3）关全封，四通附近损坏无法控制井口。

4. 如图2-1-26所示防喷器组合形式

1）优点：

（1）环形、闸板都可用于初始关井；

（2）关闭全封，半封可以安全改为套管半封；

（3）如果防喷器组有故障，可以丢掉或放下钻具关井；

（4）全封之下的法兰连接最少；

（5）全封关闭之后，可以进行其上任何部件的维修或更换；

（6）关半封时四通可用。

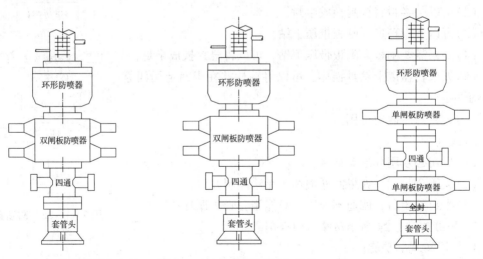

图2-1-24　防喷器组合（二）　　图2-1-25　防喷器组合（三）　　图2-1-26　防喷器组合（四）

2）缺点：

（1）有管柱时，如果四通损坏无法控制井口；

（2）不能使用环形—闸板带压起下；

（3）全封关井后，四通不可用。

(三)通径选择

液压防喷器的公称通径指液压防喷器能通过的最大钻具的外径。防喷器组合的通径必须一致,其大小取决于井身结构设计中的套管尺寸,即必须略大于连接套管的直径。液压防喷器的通径代号共 9 种,即:180mm、230mm、280mm、346mm、426mm、476mm、528mm、540mm、680mm。

例 1 − 9 − 1:井深 4000 ~ 7000m 的深井,井身结构常为表层套管 508mm(20in);技术套管 339.7mm($13\frac{3}{8}$in)与 244.5mm($9\frac{5}{8}$in);油气层套管 177.8mm(7in),因此与所下套管相应的井口防喷器公称通径为:

表层套管 508mm(20in),配装防喷器公称通径 540mm($21\frac{1}{4}$in);

技术套管 339.7mm($13\frac{3}{8}$in),配装防喷器公称通径 346mm($13\frac{5}{8}$in);

技术套管 244.5mm($9\frac{5}{8}$in),配装防喷器公称通径 280mm(11in);

油气层套管 177.8mm(7in),配装防喷器公称通径 280mm(11in)。

第五节　旋转防喷器

欠平衡压力钻井技术指在钻井过程中钻井液循环时的动态井底压力(井内井液压力与环空循环压耗之和)低于地层压力,在钻开油气层的同时允许地层流体进入井内,实现边钻边流,并且在地面实现对井口和井底压力的有效控制,将进入井内的溢流循环到地面上来的钻井方法。旋转防喷器系统即为欠平衡压力钻井专用设备。该系统通过法兰安装在井口常规防喷器组的最上端,拆掉防溢管后即可安装。旋转防喷器系统的整体安装布局示意图如图 2 − 1 − 27 所示。

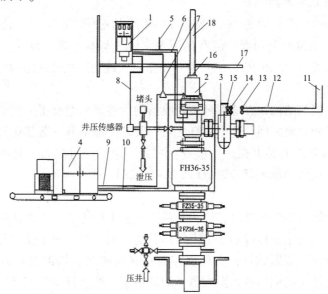

图 2 − 1 − 27　旋转防喷器系统的整体安装布局示意图

1—遥控箱;2—旋转控制头;3—旁通阀;4—动力箱;5—气源管线;6—液缸油管线;7—1in 油压管线;
8—压井控制管线;9—润滑油管线;10—冷却油管线;11—液压站管线;12—液压管线;13—1in 快速公接头;
14—1in 快速母接头;15—双公接头;16—方钻杆驱动器;17—钻台;18—钻杆

一、旋转防喷器的功用、结构与组成

旋转防喷器的功用是封闭钻具(六方钻杆、钻杆等)与井眼之间的环形空间,在额定动密封压力条件下可允许钻具旋转,实施带压钻进作业,同时井口上返的钻井液通过旋转防喷器下方的排出管汇(液动节流阀)导流至地面,进行分离、处理和储存,实现欠平衡钻进的过程。还允许带压进行短起下钻作业,与强行起下钻设备配合可以进行带压强行起下钻作业。常用于异常低压地区,采用诸如泡沫钻井液钻井、充气钻井液钻井以及空气或天然气钻井。也可用于修井作业以及地热钻井。旋转防喷器按密封结构方式可分为主动密封式旋转防喷器和被动密封式旋转防喷器。

常用旋转防喷器技术规范如表2-1-2所示。

表2-1-2　常用旋转防喷器技术规范

型　号	压力级别/MPa		转速/(r/min)	通径/mm	密封形式
	静态	旋转			
Shaffer PCWD 型	35	21	200	279.4	主动
SEAL. TECH 型	14	10.5	100	279.4	主动
RBOP 型	13.8	10.35	100	279.4	主动
Williams7000 型	21	7	100	73、107.95	被动
Williams7100 型	35	17.5	150	73、107.95	被动
FS-206-70 型		7	150	206	被动
FS12-50 型		5	80	120	被动

(一)主动密封式旋转防喷器

目前,世界上生产主动密封式旋转防喷器的公司较多,如美国 Shaffer 公司、SEAL. TECH 公司、RBOP 公司等。但就其原理来说,基本上是一致的。现以 Shaffer 公司生产的旋转球形防喷器(RSBOP)为例介绍主动密封式旋转防喷器的结构与组成。

1. 结构与组成

旋转球形防喷器的结构是在球形环型防喷器的内腔顶部增设了一套旋转轴承系统,以便在封闭井内钻具和井眼之间的环空钻具之后,胶芯能随钻具一起带压转动,实现欠平衡压力钻井作业。其主体主要由壳体、顶盖、衬套、球形密封胶芯、旋转动密封、活塞总成、止推轴承、扶正球轴承等部分组成(图2-1-28)。

2. 工作原理

当需要关闭旋转球形防喷器时,液压油从下壳体上的进油口进入防喷器里面的活塞下腔,推动活塞上行,活塞挤压胶芯沿上壳体内腔的球面上行,由于受上壳体内腔的球面的限制,胶芯向内收缩,抱紧钻具,实现胶芯与钻具的密封。当需要开启旋转球形防喷器时,液压油从上壳体上的油口进入防喷器里面的活塞上腔,推动活塞下行,活塞挤压胶芯沿上壳体内腔的球面下行,在液压力和胶芯自身弹性的作用下,胶芯向外张开松开钻具。在上面两个过程中,液压油不断地通过防喷器,在对轴承、动密封进行润滑的同时,对轴承和动密封进行冷却。

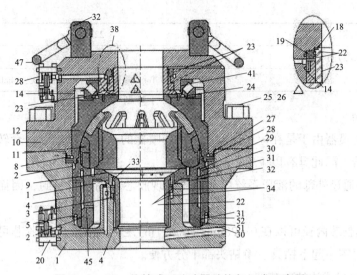

图 2 − 1 − 28 旋转球形防喷器结构与组成示意图

1—下壳体；2—活塞；3—下部动密封；4—活塞套；5—扶正套、扶正轴承；7—下密封挡卡；9—活塞套连接螺栓；
10—上壳体；11—胶芯；12—导向体；13—扶正筒连接螺栓；14—主轴承；15—扶正筒；16—密封支撑座；
18—上密封挡卡；19—上部动密封；20—液压控制器；21、22—动密封圈；
23、24、27、28、30、32、34—"O"形密封圈；25、26—壳体连接螺栓；
29、31—活塞密封付；37—吊环座；38—吊环销；42—吊环

3. 技术规范

旋转球形防器技术规范见表 2 − 1 − 3。

表 2 − 1 − 3 旋转球形防器技术规范

工作模式	旋　转	静　态
最大额定压力	21MPa(3000psi)	35MPa(5000psi)
最大旋转速度	200r/min	禁止旋转
液压关闭压力	28MPa(4000~4200psi)	38MPa(5500psi)
通径	11in	
上部法兰	API 5M − 11in	
上部法兰钢圈	R54	
底部法兰	API 5M − $13\frac{5}{8}$in	
底部法兰钢圈	BX160	
侧部输出口	API10M − $1\frac{13}{16}$in	
侧部输出口钢圈	BX151	
高度	1289mm(上法兰到下法兰的距离)	
外径	1320mm	
总重	5980kg	
吊耳最大吊重	4300kg	
壳体螺栓	115mm($4\frac{1}{2}$in)	

续表

密封件(胶芯)质量	227kg
密封件(胶芯)高度	320mm
液压油	先导系统：MD Totco 多用途液压油；主系统：Shell Tulis 320

4. 使用特点

旋转球形防喷器由于是在原来的球形环形防喷器的基础上增加了一套转动机构而设计成的旋转防喷器，因此具有以下特点：

(1)由于是通过外部的液压系统主动加压实现胶芯与钻具的密封，因而低压密封性能良好。

(2)由于其胶芯内径可以在 $0 \sim 280mm(0 \sim 11in)$ 之间变化，一种胶芯可适应多种尺寸的钻具，包括封零。起下钻具、换钻头都十分方便。

(二)被动密封式旋转防喷器

目前，国内外生产被动密封式旋转防喷器的公司较多，如美国 Williams 公司、Hydril 公司、国内如重庆矿山机械厂等。但就其原理来说，基本上是一致的。现以 Williams 公司生产的 7100 型旋转控制头(RCH)为例介绍被动密封式旋转防喷器的结构与组成。

1. 结构与组成

7100 型旋转控制头(RCH)总成主要由底座、液压卡箍、大直径高压密封元件、高压动密封旋转轴承总成等组成。其主要功能是在一定范围内承受套压，带压旋转钻具和带压起下钻。高压动密封旋转总成采用了上下两个胶芯双重密封结构(图2-1-29)。方钻杆驱动器的安装示意图如图2-1-30所示，旋转控制头外形尺寸如图2-1-31所示。

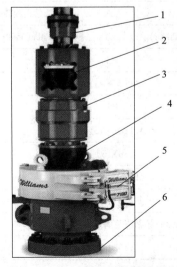

图2-1-29　7100型旋转控制头

1—方钻杆驱动器；2—上胶芯；3—轴承总成；
4—下胶芯；5—液压卡箍；6—底座

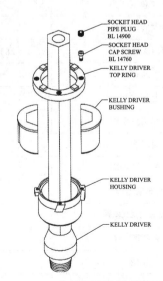

图2-1-30　方钻杆驱动器安装示意图

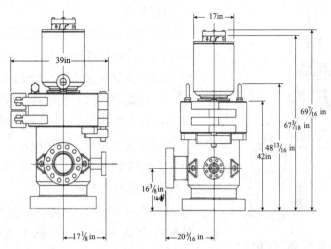

图 2 - 1 - 31 旋转控制头外形尺寸

密封胶芯的作用是实现井筒与钻具之间的密封，防止井中高压流体、气体外窜，属易损件。其密封胶芯外形如图 2 - 1 - 32 所示。

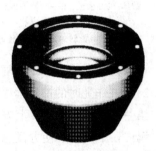

图 2 - 1 - 32 专用密封胶芯外形

2. 工作原理

7100 型旋转控制头的工作原理是井眼与钻具之间的环形空间靠特制的密封胶芯与钻具之间的过盈实现密封，井口压力起辅助密封作用，高压动密封旋转轴承总成靠一个高压动密封组件实现与控制头底座之间的密封。该系统具有结构简单、工作可靠性高、配套件少、使用维护方便等优点。

3. 技术规范

7100 型旋转控制头防喷技术规范见表 2 - 1 - 4。

表 2 - 1 - 4 7100 型旋转控制头防喷技术规范

名称	规格型号
额定静态工作压力	35MPa
额定连续旋转工作压力	17.5MPa
额定间歇旋转压力	17.5MPa
钻具额定旋转速度	150r/min
底部连接法兰	5M - 13$\frac{5}{8}$in
胶芯	2$\frac{7}{8}$in 使用于 3$\frac{1}{2}$in 钻杆、4$\frac{1}{8}$in 使用于 5in 钻杆
高度	1320 ~ 1600mm(可选)
外径	1320mm
质量	2700kg
旁通法兰直径	API 7$\frac{1}{16}$in
测试管连接法兰直径	API 2$\frac{1}{16}$in

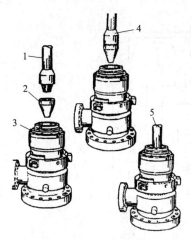

图2-1-33　下钻作业时的操作
程序示意图

1—钻具；2—引鞋；3—旋转轴承总成；
4—钻具插入旋转总成前；
5—钻具插入旋转总成，穿过胶芯

4. 操作程序

使用被动密封式防喷器系统进行欠平衡钻井时各个钻井工况下的操作程序：

1）下钻作业时的操作程序（图2-1-33）

第一：将旋转控制头的旋转总成放在钻台支架上；

第二：将引鞋接于钻具下部，缓慢下放钻具使引鞋和钻具插入旋转总成，穿过胶芯；

第三：将带旋转总成的钻具从支架上提出，卸掉引鞋，钻具下部接上钻头；

第四：卸掉转盘大方瓦，下放钻具通过转盘通孔，使旋转总成坐在旋转控制头壳体顶部，装好卡箍，再装好转盘大方瓦；

第五：钻具接好加压装置，打开全封闸板防喷器，下放钻具，进行强行下钻作业；

第六：当钻具质量能克服钻具上顶力自由下放时，可以去掉加压装置，恢复正常下钻作业直至下完钻具。

2）钻进作业时的操作程序

第一：下钻完毕，接上方钻杆并接好方瓦总成；

第二：下放钻具使方瓦总成坐于旋转总成的中心管方孔内；

第三：转盘方孔装好方补芯；

第四：打开节流管汇上的液动放喷阀；

第五：开泵循环，使井口保持一定的压力；

第六：开冷却循环水；

第七：启动转盘，进行欠平衡钻井作业。

3）起钻作业时的操作程序

起钻作业时的操作程序与下钻作业时的操作程序相反。当井内压力作用在钻具上的上顶力略小于井内钻具重量时，仍需接好加压装置进行起钻作业。当钻头起至全封闸板防喷器与自封头胶芯时，先关闭全封闸板防喷器，然后再打开旋转防喷器壳体上的泄压阀，泄压后再拆掉卡箍，提出旋转总成。

4）中途更换胶芯的操作程序

第一：关闭半封闸板防喷器；

第二：打开泄压塞泄压；

第三：卸掉卡箍，上提钻具，将旋转总成提出；

第四：从钻具上卸掉旋转总成，将旋转总成放在支架上，更换自封头；

第五：按下钻作业时的操作程序将旋转总成重新装入旋转控制头壳体内。

5）安全使用注意事项

应与常规防喷器配套使用，所用钻杆应带18°坡度接头的对焊钻杆。

二、旋转防喷器控制系统

(一)PCWD 旋转防喷器的控制系统

1. 组成

Shaffer 公司生产的 PCWD 旋转防喷器控制系统(也称随钻压力控制系统)主要由三部分组成：液压控制装置(HCU)、司钻控制盘(DCP)、安装配件及工具。典型的 PCWD 旋转防喷器控制系统的安装方式如图2－1－34所示。

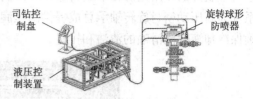

图2－1－34 典型的 PCWD 安装图

2. 功用

通过液压控制装置提供的液压挤压一个特制的球形密封胶芯实现井筒与壳体、井筒与钻具之间的密封，也可以关闭和封闭空井。液压控制装置通常摆放在靠近井口防喷器组附近合适的位置上，并提供控制安装在防喷器组上旋转球形防喷器(RSBOP)的液压源，并用防火液压软管与旋转球形防喷器连接，液压控制装置由钻台上的司钻控制盘控制。司钻控制盘一般放在钻台上便于司钻操作的地方。

为了使钻柱对胶芯的磨损达到最小，当井压变化时，旋转球形防喷器会自动调节胶芯的密封压力，这种工作模式称为"旋转(ROTATE)"。当井口压力较大时，操作者需把系统切换到所谓的"静态(STATIC)"高压工作模式下。在"静态"时，系统靠液压控制装置上预压储能器支持，并对胶芯施加最大的密封压力。在这种状态下，钻柱不能旋转、上下活动。从司钻操作盘上操作者可以控制旋转防喷器控制系统(PCWD)的工作模式、检测井口压力和该系统的工作状况，或对旋转球形防喷器系统的胶芯密封压力进行调整。

(二)7100 型旋转控制头的控制系统

Willians 公司生产的 7100 型旋转控制头控制系统主要由司钻控制台和动力润滑站组成。典型的 7100 型旋转控制头控制系统的安装方式如图2－1－35所示。

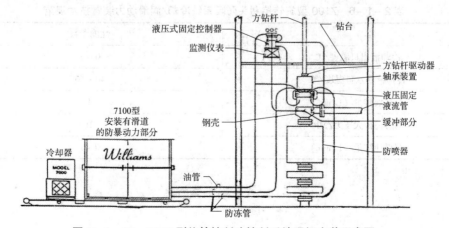

图2－1－35 7100 型旋转控制头控制系统现场安装示意图

1. 司钻控制台

司钻控制台的作用是检测套压、润滑油压力、为夹紧装置提供动力并控制高压旋转动密封总成的夹紧或松开。通过该装置可以监视旋转控制头防喷系统的操作。

2. 冷却、润滑动力装置（图2-1-36）

该装置的作用是对轴承进行连续强制润滑和冷却，最大限度地延长轴承的寿命。润滑系统为高压动密封旋转轴承总成提供高压润滑油，保持轴承良好的工作状态。使用时必须确保冷却液及润滑油的清洁和排量。

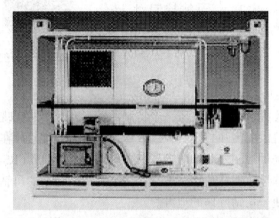

图2-1-36 Willians7100型冷却、润滑动力装置

3. 技术规范

技术规范见表2-1-5、表2-1-6。

表2-1-5 7100型旋转控制头防喷系统司钻控制台技术规范

名　称	性能参数
油泵工作油压/MPa	21
油泵工作排量/（L/min）	2
工作气源压力/MPa	0.7

表2-1-6 7100型旋转控制头防喷系统冷却/润滑动力装置技术规范

名　称	性能参数
冷却液出口温度/℃	0~5
冷却液回水口温度/℃	40~60
冷却液排量/（L/min）	4
润滑油最大压力/MPa	21
润滑油排量/（L/min）	0~1

第二章 节流及压井管汇

第一节 节流及压井管汇

压井作业需借助于一套装有可调节节流阀的专用管汇，通过节流阀给井内施加一定的回压并通过管汇约束井内流体，使井内各种流体在控制下流动或改变流动路线。这套专用管汇称为节流及压井管汇。

根据钻具四通、四通两侧平板阀数量，井口管汇布局有 4 种形式，如图 2-2-1～图 2-2-4 所示。

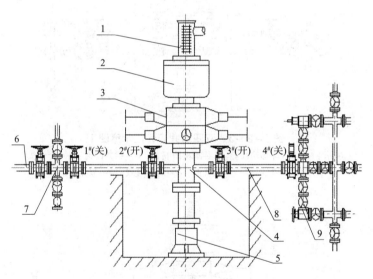

图 2-2-1 单四通井口管汇示意图 1

1—防溢管；2—环形防喷器；3—闸板防喷器；4—钻具四通；5—套管头；
6—放喷管线；7—压井管汇；8—防喷管线；9—节流管汇

节流管汇的功用是：

（1）通过节流阀的节流作用实施压井作业，替换出井里被污染的钻井液，同时控制井口套管压力与立管压力，恢复钻井液液柱对井底的压力控制，制止溢流。

（2）通过节流阀的泄压作用，降低进口压力，实现"软关井"。

（3）通过放喷阀的大量泄流作用，降低井口套管压力，保护井口防喷器组。

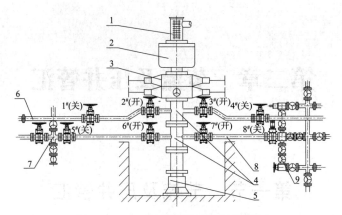

图 2 - 2 - 2　单四通井口管汇示意图 2

1—防溢管；2—环形防喷器；3—闸板防喷器；4—钻井四通；5—套管头；
6—放喷管线；7—压井管汇；8—防喷管线；9—节流管汇

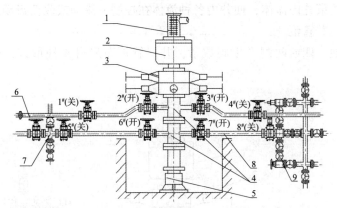

图 2 - 2 - 3　双四通井口管汇示意图 1

1—防溢管；2—环形防喷器；3—闸板防喷器；4—钻井四通；5—套管头；
6—放喷管线；7—压井管汇；8—防喷管线；9—节流管汇

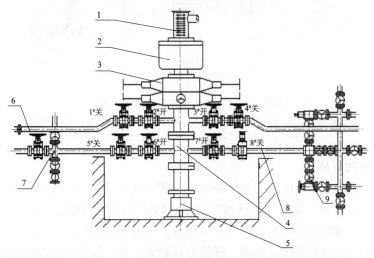

图 2 - 2 - 4　双四通井口管汇示意图 2

1—防溢管；2—环形防喷器；3—闸板防喷器；4—钻井四通；5—套管头；
6—放喷管线；7—压井管汇；8—防喷管线；9—节流管汇

压井管汇的功用是:

(1)当用全封闸板全封井口时,通过压井管汇往井筒里强行吊灌重钻井液,实施压井作业;

(2)当已经发生井喷时,通过压井管汇往井口强注清水,以防燃烧起火;

(3)当井喷着火时,通过压井管汇往井筒里强注灭火剂,能助灭火。

一、节流压井管汇的压力级别与组成形式

面对井架大门,井口四通右翼安装节流管汇,左翼安装压井管汇。根据《石油天然气工业钻井和采油设备节流和压井设备》(SY/T 5323)的规定,节流压井管汇的最大工作压力分为6级,即14MPa、21MPa、35MPa、70MPa、105MPa、140MPa。

井场所装设的节流压井管汇,其压力等级必须与井口防喷器组一致。通常,管汇压力等级的选定以最后一次开钻时井口防喷器组的压力等级为准。这就避免了由于井口防喷器组压力等级的改变而频繁换装管汇。

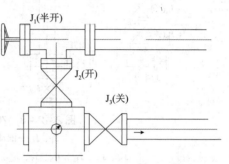

图2-2-5　14MPa节流管汇
J_1—手动节流阀;J_2、J_3—手动闸阀

根据SY/T 5964的规定,我国现场的节流压井管汇按压力和井深温度、腐蚀气体等因素分为下述几种组合形式:

1. 节流管汇

(1)压力等级为14MPa的节流管汇,组合形式如图2-2-5所示。

(2)压力等级为21MPa、35MPa的节流管汇,组合形式如图2-2-6所示。

(3)压力等级为35MPa、70MPa的节流管汇,组合形式如图2-2-7所示。

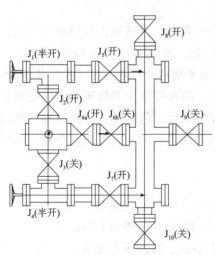

图2-2-6　21MPa和35MPa节流管汇
J_1—手(液)动节流阀;J_4—手动节流阀;
J_2、J_3、J_5、J_{6a}、J_{6b}、J_7、
J_8、J_9、J_{10}—手动闸阀

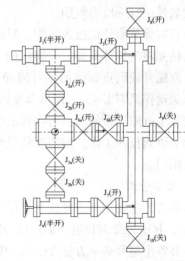

图2-2-7　35MPa和70MPa节流管汇
J_1—液动节流阀;J_4—手动节流阀;
J_{2a}、J_{2b}、J_{3a}、J_{3b}、J_5、J_{6a}、J_{6b}、
J_7、J_8、J_9、J_{10}—手动闸阀

（4）压力等级为70MPa、105MPa的节流管汇，组合形式如图2-2-8所示。

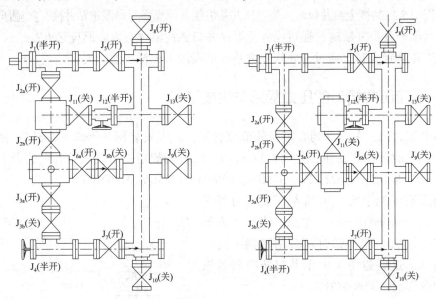

图2-2-8　70MPa和105MPa节流管汇

J_1、J_{12}—液动节流阀；J_4—手动节流阀；

J_{2a}、J_{2b}、J_{3a}、J_{3b}、J_5、J_{6a}、J_{6b}、J_7、J_8、J_9、J_{10}、J_{11}、J_{13}—手动闸阀

节流管汇通常分为手动节流管汇与液动节流管汇两种。手动节流管汇的常用与备用两个节流阀都是手动节流阀，五通上除装有套压表外还装有立压表，立压表的管线自立管引入。液动节流管汇的常用节流阀采用液动节流阀并由钻台上的专用液控箱控制其开启程度，备用节流阀仍采用手动节流阀。

节流管汇型号表示方法 JG - Y/S2 - 21 中：JG—节流管汇，Y—液动，S—手动，2—节流阀数量，21—压力级别。

一旦需要节流管汇投入工作，只需要开启液动平板阀，井液就由井口流经五通、节流阀进入钻井液气体分离器。分离出的气体由管线引出，远离井口75m以外（油井），点燃烧掉，而钻井液则重新流回钻井液净化系统。液动平板阀由遥控装置遥控，该阀动作迅速，开关动作只需1～3s。调节节流阀的开启程度，即可控制关井套压、立压的变化。当节流阀发生故障需检修时，可将其上游与下游的闸门关闭，将备用节流阀上游的闸门打开使备用节流阀投入工作。当需要放喷时，可迅速打开两个放喷阀，关闭钻井液气体分离器的输入闸门。

2. 压井管汇

压井管汇主要用于空井压井、反循环压井及放喷，组合形式如图2-2-9～图2-2-11所示，其压力级别和组合形式应与防喷器的压力级别与组合形式相匹配。

压井管汇型号表示方法 YG - 21 中：YG—压井管汇，21—压力级别。

在用全封闸板全封井口，钻井液正常循环无法进行的情况下，必须利用压井管汇往井里吊灌钻井液，这时需在压井管汇上连接高压泵使钻井液经单流阀进入井筒。检修单流阀时可关闭其下游的闸门。压井管汇不准用作起钻灌钻井液管线，否则将严重冲蚀管线与阀件，降低压井管汇的耐压性能。

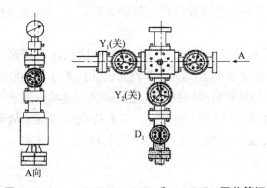
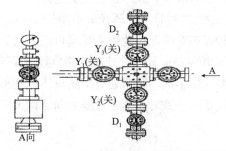

图 2 - 2 - 9　14MPa　21MPa 和 140MPa 压井管汇
D₁—单流阀；Y₁、Y₂—手动闸阀

图 2 - 2 - 10　105MPa 和 140MPa 压井管汇
D₁、D₂—单流阀；Y₁、Y₂、Y₃—手动闸阀

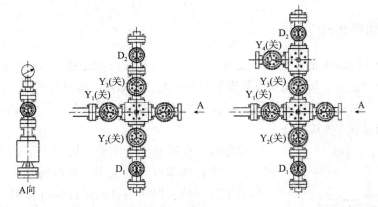

图 2 - 2 - 11　105MPa 和 140MPa 压井管汇
D₁、D₂—单流阀；Y1、Y2、Y3、Y4—手动闸阀

二、使用基本要求

（1）防喷管汇、节流管汇和压井管汇的额定工作压力不应低于最后一次开钻所配置的钻井井口装置的额定工作压力值。

（2）防喷管汇通径不小于 108mm。

（3）防喷管汇和节流管汇之间的液动平板阀，由防喷器控制装置控制。

（4）采用双四通连接时，应考虑上、下防喷管线能从钻机底座下顺利穿过，转弯处应用角度大于 120°的预制铸（锻）钢弯头，防喷管线等不允许在现场进行焊接。

（5）四通两翼各有两个平板阀，紧靠四通的平板阀应处于常开状态，靠外的手动或液动平板阀应接出井架底座以外，寒冷地区在冬季应对控制闸阀以内的防喷管线采取相应的防冻措施。

（6）防喷管汇长度若超过 7m，应打基墩固定。

（7）节流管汇水平安装在双四通的 8 号或单四通的 4 号平板阀外侧的基础上，若为基础坑应排水良好。压井管汇水平安装在双四通的 5 号或单四通的 1 号平板阀外侧。节流压井管汇上所有的平板阀应挂牌编号，并标明开关状态。

（8）节流阀控制台安装在节流管汇上方的钻台上，套管压力表及变送器安装在节流管汇四通上，立管压力变送器垂直于钻台平面安装，供给控制台的气源管线用专门的闸阀控制，所有液气管线用快速接头连接。

(9)放喷管线的通径应不小于78mm，其布局要考虑当地季节风向、居民区、道路及各种设施等情况，放喷管线出口距井口的距离应不小于75m，含硫油气井应不小于100m。每隔10~15m及转弯处和放喷口处应采用水泥基墩与地脚螺栓或地锚固定，放喷管线悬空处要支撑牢固，转弯处应用角度大于120°的预制铸(锻)钢弯头，不允许现场焊接。放喷管线走向一致时，两条管线之间保持大于0.3m的距离，出口应朝不同方向。

第二节　节流压井管汇的主要阀件

一、手动平板阀

手动平板阀的结构如图2-2-12所示。丝套与阀杆以左旋螺纹(反扣)连接。阀板与阀杆利用T形槽挂接。阀板与阀座靠碟形弹簧相互自由贴紧。阀板与阀杆、阀板与阀座的这种结合形式，保证了阀板"浮动"。阀杆上端的护罩上开有长槽，可从外面观察到阀杆的位移情况。阀板下方连接尾杆。

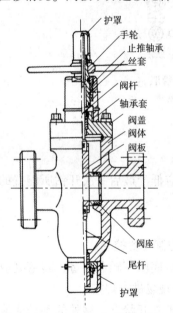

图2-2-12　手动平板阀结构

操作时手轮带动丝套旋转，阀杆上下移动，阀板上行或下行，平板阀即打开或关闭。平板阀开、关时应使阀板上行或下行到位，即使阀杆或尾杆端部接触其护罩。顺时针旋转手轮，阀杆与阀板下行到位，平板阀关闭。为了实现阀板的有效密封，必须保证阀板自由浮动，因此在阀板下行到位后必须再逆时针旋转1/4圈，否则阀板与阀座间密封不良，仍会有井液流失，若此时继续顺旋手轮企图解决漏失问题，结果会适得其反，愈顺旋手轮漏失愈严重。

开启平板阀的动作要领是：逆旋手轮，阀板上行到位，回旋手轮1/4~1/2圈。

关闭平板阀的动作要领是：顺旋手轮，阀板下行到位，回旋手轮1/4~1/2圈。

平板阀只能全开全关，不允许半开半关，否则在井液的高速冲蚀下将使其过早损坏。因此，平板阀只能作"通流"或"断流"使用，不能当作节流阀使用。严禁将平板阀打开少许用以泄压。

平板阀的阀腔内必须填满密封润滑脂，以润滑阀板与阀座间的接触面并保证有效密封。平板阀在开关动作时，密封润滑脂会有流失。密封润滑脂流失过多将导致阀板与阀座密封不良以及摩阻增大。壳体上，一般都附设有注脂嘴，可用专用油枪往阀腔里强注密封润滑脂。通常，管汇运往井场前，阀腔里已填满密封润滑脂，现场使用时不必再做添加保养。

平板阀上部止推轴承处有黄油嘴，可注黄油润滑轴承。上部阀杆与下部尾杆盘根处有二次密封脂注入嘴，当盘根刺漏时可用油枪注入二次密封脂以紧急补救其密封性能。

二、液动平板阀

液动平板阀的结构如图 2 - 2 - 13 所示。液动平板阀的结构、工作原理与手动平板阀相同,只是上部手轮机构由油缸、活塞取代而已。

液动平板阀在节流管汇上平时处于关闭工况,只在节流、放喷或软关井时才开启工作。

三、筒形节流阀

1. 手动筒形节流阀

结构如图 2 - 2 - 14 所示。阀芯呈圆筒形,阀板与阀座间有环隙,入口与出口始终相通。因此该阀关闭时并不密封。阀板与阀座皆采用耐磨材料制成,阀芯磨损后可调头安装使用。这种节流阀较针形节流阀耐磨蚀、流量大,节流时震动小。

操作节流阀时,顺时针旋转手轮开启度变小并趋于关闭;逆时针旋转手轮开启度变大。节流阀的开启度可以从护罩的槽孔中观察阀杆顶端的位置来判断。平时节流阀在管汇上应处于半开状态。

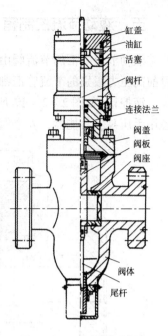

图 2 - 2 - 13 液动平板阀

2. 液动筒形节流阀

以油缸、活塞代替手轮机构,其余与手动筒形阀板节流阀相同(图 2 - 2 - 15)。液动筒形节流阀所需液控油压并不高,仅 1MPa 的油压就够了。液控压力油由钻台上的液控箱提供。

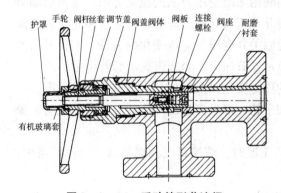

图 2 - 2 - 14 手动筒形节流阀

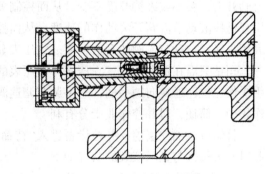

图 2 - 2 - 15 液动筒形节流阀

四、单流阀

压井管汇上装有单流阀,其结构如图 2 - 2 - 16 所示。

高压泵将钻井液注入井筒时,钻井液从单流阀低口进入高口输出,停泵时钻井液不会倒流。平时以及井喷时,井口高压流体不会沿单流阀流出。该阀自封效果好,寿命长,在现场也便于检修。

五、液动节流控制箱

液动节流管汇的节流阀由安装在钻台上的节控箱控制，便于安全、快速关井和压井，目前高压力级别的节流管汇都是液动的。

液控箱(如图2-2-17所示)装设在钻台上立管一侧，液控箱内部装有油箱、气泵、备用手压泵、蓄能器、安全阀、空气调压阀等部件。

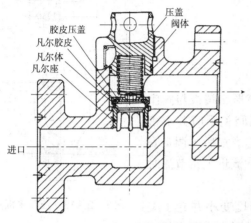

压盖阀体

胶皮压盖
凡尔胶皮
凡尔体
凡尔座

进口

图2-2-16　压井管汇单流阀　　　　图2-2-17　液控箱

液控箱中的气泵与蓄能器能制备压力油并利用三位四通换向阀遥控节流管汇上的液动节流阀。液控箱面板上装有立压表、套压表、阀位开启度表、油压表、气压表、三位四通换向阀、调速阀等。

气压表显示输入液控箱的压缩空气气压值，气源来自钻机气控系统。油压表显示液控油压值，压力油由蓄能器提供。三位四通换向阀用来改变压力油的流动方向，遥控液动节流阀开大、关小或维持开度不变，从而控制关井套压与立压的降低、升高或稳定。调速阀用来遥控液动节流阀开关动作的速度，从而控制关井套压与立压变化的快慢。阀位开启度表用来显示液动节流阀的开启程度。立压表显示立管压力，套压表显示套管压力。

司钻只需在钻台上观察立压表与套压表的压力变化以及阀位开启度表的指示情况，一手操作三位四通换向阀手柄；一手调节调速阀手轮，即可实施压井作业。液动节流管汇操作集中、简便，对井控作业十分有利。

打钻进入油气层前，井控设备进入"待命"工况时，液控箱应调试就绪，"待命"备用，此时有关阀件与显示仪表的状况如下：

(1)气源压力表(在面板上)显示0.6~1.0MPa；

(2)变送器供气管路上空气调压阀的输出气压表(在液控箱内)显示0.35MPa；

(3)气泵供气管路上空气调压阀的输出气压表(在液控箱内)显示0.2MPa；

(4)油压表(在面板上)显示3MPa；

(5)阀位开启度表(在面板上)显示4/8开启度(即指示液动节流阀处于半开工况)；

(6)换向阀手柄(在面板上)处于中位。

第三章　液压防喷器控制系统

液压防喷器都必须配备控制装置。控制装置的作用就是预先制备与储存足量的压力油并控制压力油的流动方向，使防喷器得以迅速开关动作。当液压油由于使用消耗，油量减少、油压降低到一定程度时，控制装置将自动补充储油量，使液压油始终保持在一定的高压范围内。

控制装置由蓄能器装置(又称远程控制台或远程台)、遥控装置(又称司钻控制台或司控台)以及辅助遥控装置组成。

蓄能器装置是制备、储存与控制压力油的液压装置，由油泵、蓄能器、阀件、管线、油箱等元件组成。通过操作换向阀可以控制压力油输入防喷器油腔，直接使井口防喷器实现开关动作。蓄能器装置安装在井口侧前方25m远处。

遥控装置是使蓄能器装置上的换向阀动作的遥控系统，间接使井口防喷器开关动作。遥控装置安装在钻台上司钻岗位附近。

辅助遥控装置安置在值班房内，作为应急的遥控装置备用。

蓄能器装置上的换向阀其遥控方式有3种，即液压传动遥控、气压传动遥控、电传动遥控。据此，控制装置分为3种类型，即液控液型、气控液型、电控液型。目前陆上钻井所用控制装置多属气控液型。

地面防喷器控制装置型号表示方法如下(以 FKQ400 – 5B 为例)：

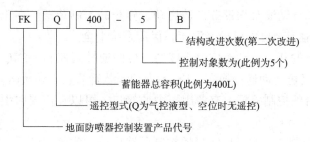

第一节　远程控制台

一、FKQ 系列地面防喷器控制装置结构

远程控制台由底座、油箱、泵组、蓄能器组、管汇、各种阀件、仪表及电控箱等组成。其典型结构如图 2 – 3 – 1 所示。

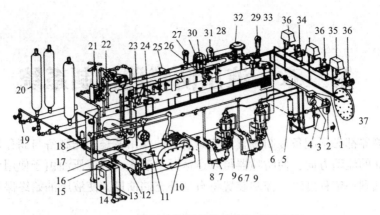

图 2 - 3 - 1　典型蓄能器装置结构组成示意图

1—分水滤气器；2—油雾器；3—气源压力表；4—气路旁通截止阀；5—压力继气器；6—气泵；
7—滤清器；8—进油阀；9—单向阀；10—电泵马达；11—压力继电器；12—三缸单作用油泵；
13—滤清器；14—电控箱；15—进油阀；16—单向阀；17—精滤器；18—蓄能器安全阀；
19—截止阀；20—蓄能器钢瓶；21—手动减压阀；22—旁通阀；23—换向阀(三位四通
换向转阀)；24—二位气缸；25—管汇安全阀；26—泄压阀；27—蓄能器压力表
28—闸板防喷器供油压力表；29—环形防喷器油压力表；30—三通旋塞；
31—调压阀；32—气动减压阀；33—气动压力变送器；34—气动压力变送器；
35—气动压力变送器；36—空气调压阀(空气过滤减压阀)；37—接线盒

远程控制台的特点是：

（1）配有两套独立的动力源。FKQ 系列配有电动油泵和气动油泵，FK 系列配有电动油泵和手动油泵。即使在断电的情况下，亦可保证系统正常工作。

（2）蓄能器组有足够的高压液体储备，满足关闭全部防喷器组和打开液动阀的控制要求。任一蓄能器瓶的失效，总液量的损失不大于 25%，符合 API 规范的要求。

（3）电动油泵和气动油泵均带有自动启动、停止的控制装置。在正常工作中，即使自动控制装置失灵，溢流阀也可以迅速溢流，保证系统安全。

（4）每个防喷器的开、关动作均由相应的三位四通转阀控制。FKQ 系列控制装置既可直接用手动换向，又可气动遥控换向。FK 系列控制装置只能手动换向。

（5）远程控制台的控制管汇上有备用压力源接口，可以在需要时引入压力源，如氮气备用系统等。

（6）FKQ 系列控制装置的环形防喷器控制回路可以远程气动调压，而且当气源突然失效时，控制压力可以自动恢复为初始设定值，符合 API 规范要求。

2. 司钻控制台

FKQ 系列控制装置配有司钻控制台。司钻控制台通常安装在钻台上，使司钻能够很方便地对远程控制台实现遥控。

司钻控制台特点是：

（1）工作介质为压缩空气，保证操作安全。

（2）各气转阀的阀芯机能均为 Y 形，并能自动复位，在任何情况下都不影响在远程控制台上对防喷器组进行操作。

（3）具有操作记忆功能。每个三位四通气转阀分别与一个显示气缸相接，当操作转阀到"开"位或"关"位时，显示窗口便同时出现"开"字或"关"字，气转阀手柄复位后，显示标牌仍保持不变，使操作人员能了解前一次在司钻台上操作的状态。

（4）为确保对防喷器组的操作可靠无误，司钻控制台的转阀均采用二级操作的方式，即首先要扳动气源转阀，接通气源，然后扳动控制气转阀，才能使相应的控制对象动作。

3. 空气管缆

空气管缆是用以连接远程控制台与司钻控制台之间的气路。空气管缆由护套及多根管芯组成，两端装有连接法兰，分别与远程控制台和司钻控制台相连，连接法兰之间用橡胶密封垫密封。

4. 液压管线

一般情况下，远程控制台与井口防喷器组之间的距离为30m，需要用一组液压管线将它们连接起来。连接方式有硬管线连接和软管线连接。

（1）硬管线连接包括管排架、闭合弯管、三弯管等。使用硬管线连接，具有安全、可靠等优点，缺点是布置安装不方便。

（2）软管线连接具有简单、方便等优点，但在使用中应注意其安全性。

（3）根据现场情况，也可以软、硬管线混合使用，充分发挥其各自的优点。例如长直管线采用管排架，两端连接采用软管线。

①管排架是为保护高压控制液管线而特别设计的。管排架中按控制对象数量装有高压油管，用以将远程控制台与防喷器组连接起来。管排架之间的油管用快换活接头相连，可锤击上紧，非常方便。在管排架两端备有挡板，以保护快换活接头搬运时不受损坏。

②软管线的两端一般为自封式的快速接头，代替管排架、闭合弯管等硬管线，实现控制装置与防喷器的连接。

5. 报警装置

远程控制台可以安装报警装置，对蓄能器压力、气源压力、油箱液位和电动泵的转速进行监视，当上述参数超出设定的报警极限时，可以在远程控制台和司钻控制台上给出声、光报警信号，提示操作人员采取措施。操作人员应当利用报警仪所提供的信息，以及其他仪表所提供的信息，综合分析设备的工作状态，确保地面防喷器控制装置可靠工作。

报警装置的功能如下：蓄能器压力低报警；气源压力低报警；油箱液位低报警；电动泵运转指示。

6. 氮气备用系统

氮气备用系统由若干与控制管汇连接的高压氮气瓶组成，可为控制管汇提供应急辅助能量。氮气备用系统通过隔离阀、单向阀及高压球阀与控制管汇连接。如果蓄能器和（或）泵装置不能为控制管汇提供足够的动力液，可以使用氮气备用系统为管汇提供高压气体，以便关闭防喷器。

7. 压力补偿装置

压力补偿装置是地面防喷器控制装置的配套设备。在钻井过程中，当钻杆接头通过环形防喷器时，会在液压系统中产生压力波动。将本装置安装在控制环形防喷器的管路上，管路压力的波动会立即被吸收，从而可以减少环形防喷器胶芯的磨损，同时也会在过接头后使胶芯迅速复位，确保钻井安全。

压力补偿装置安装在地面防喷器控制装置的环形防喷器控制管线中，为保证使用效果，应将该装置安装在距环形防喷器较近的关闭油路。

8. 辅助控制台

为了便于对远程控制台进行控制，FKQ 系列控制装置还可以配备辅助控制台。辅助控制台采用气动控制，通过空气管缆与远程控制台连接，从而可以在司钻控制台或辅助控制台两处对远程控制台进行控制。

二、FKQ 系列地面防喷器控制装置工作原理

气控液型控制装置的工作过程可分为液压能源的制备、压力油的调节与其流动方向的控制、气压遥控等 3 部分，其工作原理并不复杂，现分别予以简述。

1. 液压能源的制备、储存与补充

如图 2-3-2 所示，油箱里的液压油经进油阀、滤清器进入电泵或气泵，电泵或气泵将液压油升压并输入蓄能器储存。蓄能器由若干个钢瓶组成，钢瓶中预充 7MPa 的氮气。当蓄能器钢瓶中的油压升至 21MPa 时，电泵或气泵即停止运转。当钢瓶里的油压过分降低时，电泵或气泵即自动启动往钢瓶里补充压力油。这样，蓄能器的钢瓶里将始终维持有所需要的压力油。

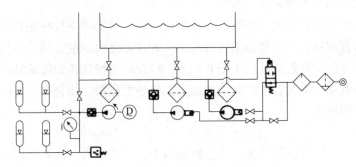

图 2-3-2　控制装置的液控流程—液压流程的制备

气泵的供气管路上装有分水滤气器、油雾器、压力继气器以及旁通截止阀。通常，旁通截止阀处于关闭工况，只有当需要制备高于 21MPa 的压力油时，才将旁通截止阀打开，利用气泵制造高压液能。

2. 压力油的调节与其流动方向的控制

如图 2-3-3 所示，蓄能器钢瓶里的压力油进入控制管汇后分成两路：一路经气动减压阀将油压降至 10.5MPa，然后再输至控制环形防喷器的换向阀（三位四通换向转阀）；另一路经手动减压阀将油压降为 10.5MPa 后再经旁通阀（二位三通换向转阀）输至控制闸板防喷器与液动阀的换向阀（三位四通换向转阀）管汇中。操纵换向阀的手柄就可实现相应防喷器及液动阀的开关动作。

当 10.5MPa 的压力油不能推动闸板防喷器关井时，可用旁通阀手柄使蓄能器里的高压油直接进入管汇中，利用高压油推动闸板。在配备有氮气瓶组的装置中，当蓄能器的油压严重不足时，可以利用高压氮气驱动管路里的剩余存油紧急实施防喷器关井动作。

管汇上装有泄压阀。平常，泄压阀处于关闭工况，开启泄压阀可以将蓄能器里的压力油排回油箱。

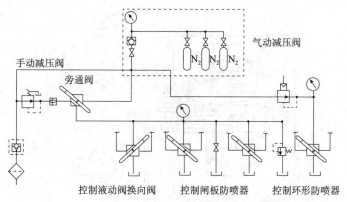

图2-3-3　控制装置的液控流程：压力油的调节与流向的控制

3. 气压遥控

前述两部分液控流程属于蓄能器装置的工作概况。为使司钻在钻台上能遥控井口防喷器开关动作则需要遥控装置。

气压遥控流程如图2-3-4所示。压缩空气经分水滤气器、油雾器后再经气源总阀（二位三通换向转阀）输至诸空气换向阀（三位四通换向滑阀或转阀）。空气换向阀负责控制蓄能器装置上二位气缸的动作，从而控制蓄能器装置上相应的换向阀手柄，间接控制井口防喷器的开关动作。

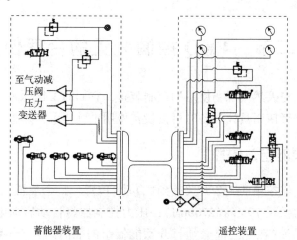

图2-3-4　控制装置的气压遥控流程

蓄能器装置上控制环形防喷器开关的换向阀其供油管路上装有气动减压阀。该气动减压阀由遥控装置或蓄能器装置上的调压阀调控。调控路线由三通旋塞（二位三通换向阀）决定。通常，气动减压阀应由遥控装置上的调压阀调控。

遥控装置上有4个压力表，其中3个压力表显示油压。蓄能器装置上的3个压力变送器将蓄能器的油压值、环形防喷器供油压力值、闸板防喷器供油压力值皆转化为相应的低气压值。转化后的气压再传输至遥控装置上的压力表显示相应的油压。

液压能源的制备、压力油的调节与其流向的控制等工作都在蓄能器装置上完成，典型的蓄能器装置其元件组成与管路情况如图2-3-1所示。

安装在钻台上的典型遥控装置其元件组成与管路连接情况如图2-3-5所示。

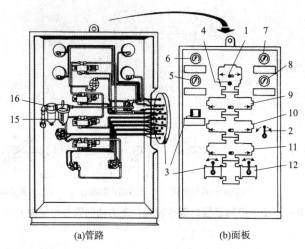

(a)管路   (b)面板

图2-3-5　典型遥控装置结构组成示意图

1—控制环形防喷器用空气换向阀；2—控制旁通阀用空气换向阀；3—气源总阀；
4—调压阀；5—气源压力表；6—闸板防喷器供油压力表；7—蓄能器压力表；
8—环形防喷器供油压力表；9—控制半封闸板防喷器用空气换向阀；
10—控制全封闸板防喷器用空气换向阀；11—控制半封闸板防喷器用空气换向阀；
12—控制液动阀用空气换向阀；13—备用空气换向阀；14—分水滤气器；
15—油雾器；16—接线盒

第二节　FKQ 控制装置的合理使用

目前，国内石油与天然气现场使用的控制装置，它们的工作原理与结构组成以及操作要领基本相同，操作者使用具体设备时可按设备说明书的提示，熟悉结构，正确操作。

一、电动油泵的启、停控制

将远程控制台上电控箱的主令开关旋到"自动"位置，整个装置便处于自动控制状态。此时，如果系统压力低于19MPa(2700psi)，压力控制器将自动启动电动油泵。压力油经单向阀向蓄能器组供油(在此之前必须打开蓄能器组的隔离阀)。当系统压力达到21MPa(3000psi)时，压力控制器自动切断电源，使电动油泵停止供油。当系统压力降至19MPa(2700psi)时，电动油泵会自动重新启动工作。

系统处于"自动"状态时，压力控制器使蓄能器组的压力始终保持在19～21MPa(2700～3000psi)，随时可供操作防喷器开启或关闭。

注意：①主令开关在"自动"位置时，电动油泵会自动启动，操作者应当注意，避免电动机突然运转发生人身和设备事故。

②主令开关在"手动"位置时，电动油泵不会自动启动，操作者应注意观察系统压力，在需要时手动停止电动油泵。

将主令开关旋至"手动"位置时，按下启动按钮，电动油泵将会启动工作。系统压力升到21MPa(3000psi)时，应当按下"停止"按钮。

二、液压控制

储存在蓄能器组中的压力油通过蓄能器隔离阀(高压球阀)、滤油器,再经减压溢流阀减压后,进入控制管汇,到各三位四通转阀进油口。同时来自蓄能器组的压力油经滤油器进入控制环形防喷器的减压溢流阀,减压后专供环形防喷器使用。只需扳动相应的三位四通转阀手柄,便可实现"开""关"防喷器的操作。

三位四通转阀的换向也可通过司钻控制台遥控完成。首先扳动司钻控制台上控制气源开关的气转阀至开位,同时操作其他三位四通气转阀进行换向,压缩空气经空气管缆而进入远程控制台,控制相应的气缸,带动换向手柄,使远程控制台上相应的三位四通转阀换向。在司钻控制台上气转阀换向的同时,压缩空气使显示气缸的活塞移动,司钻控制台上各气转阀上的圆孔内显示出"开"或"关"的字样,表示各防喷器处于"开"或"关"的状态。

控制管汇上的减压溢流阀的出口压力的调整范围为 $0 \sim 14 \mathrm{MPa}(2000 \mathrm{psi})$,一般情况下调整为 $10.5 \mathrm{MPa}(1500 \mathrm{psi})$。旁通阀的手柄在"开"位时,减压溢流阀将不起作用,控制管汇的压力与系统压力相同。

注意:司钻控制台上的转阀为二级操作方式,即扳动各控制对象的转阀时,必须同时扳动气源开关转阀。因为控制系统管线较长,扳动转阀必须保持 $3\mathrm{s}$ 以上,以保证远程控制台上的转阀换向到位。

控制环形防喷器的减压溢流阀可以是手动或气/手动减压溢流阀。系统装有气/手动减压溢流阀时,可以分别在远程控制台或司钻控制台对该阀的输出压力进行气动调节。可以通过远程控制台上的分配阀选择气动调压的位置。分配阀有两个位置:远程控制台控制、司钻控制台控制。

手动调节时,旋转减压溢流阀上端的手轮,可以将输出压力调节为设定压力。向下旋入为提高输出压力,向上旋出为降低输出压力。

气动调压的使用方法如下:

(1)在气压为零的情况下,先手动调压至输出压力为 $10.5 \mathrm{MPa}(1500 \mathrm{psi})$ 或所需的设定压力,锁定调节杆。

(2)将分配阀手柄旋至"司钻控制台"位置,在司钻控制台上旋转调节旋钮,可以调整环形防喷器的控制压力,顺时针旋转为降低控制压力。

(3)将分配阀手柄旋至"远程控制台"位置,在远程控制台上旋转调节旋钮,可以调整环形防喷器的控制压力,顺时针旋转为降低控制压力。

注意:①使用气动调压时,必须首先手动调压至输出压力为 $10.5 \mathrm{MPa}/1500 \mathrm{psi}$。气动调压失效时(例如气管爆裂等原因使气压为零),环形控制压力将会自动恢复为手动设定的初始设定值,以保证安全。

②在司钻控制台进行气动调压时,由于气控管路较长,使减压溢流阀出口压力的变化稍有滞后,操作时应注意观察,缓慢操作。

远程控制台上所用的三位四通转阀(液转阀)均为"O"形机能,转阀手柄在"中"位时,各腔互不相通,而当手柄处于"开"位或"关"位时,随着压力油进入防喷器中油缸的一端,另一端的油液便经三位四通转阀回油箱。使用时,转阀的手柄应保持在"开"位或者"关"位。

司钻控制台上各三位四通转阀(气转阀)可以自动复位("中"位)。

三、辅助泵的控制

控制装置另外配有一组辅助泵源，FKQ 系列为气动油泵，FK 系列为手动油泵。在没有电或不许用电时，系统压力可由气动油泵或手动油泵提供。

对于配有气动油泵的控制系统，打开气源开关阀，关闭液气开关的旁通阀，压缩空气经气源处理元件进入液气开关，如果此时管汇压力低于 19MPa（2700psi），液气开关将自动开启，压缩空气通过液气开关进入气动油泵，驱动其运转，排出的压力油经单向阀进入管汇。当系统压力升至 21MPa（3000psi）左右时，在压力油的作用下，液气开关自动关闭，切断气源，气动油泵停止工作。

在个别情况下，需要使用高于 21MPa（3000psi）的压力油进行超压工作，只能由气动油泵供油。此时应首先关闭管路上的蓄能器组隔离阀，使压力油不能进入蓄能器组，同时将控制管汇上的减压溢流阀的旁通阀从"关"位扳至"开"位。打开液气开关的旁通阀使液气开关不起作用，压缩空气直接进入气动油泵使其运转。

注意：①使用气动油泵时，应确认管汇溢流阀工作正常。必要时应先进行试验，确保其在 34.5MPa（5000psi）时能全开溢流。

②使用气动油泵时，管汇压力将高于 21MPa（3000psi），必须首先关闭管路上的蓄能器组隔离阀（或者蓄能器球阀），否则会影响设备及人身安全。

第三节　FKQ 控制装置的安装与调试

一、安装

（1）带保护房吊装远程控制台时，须用四根钢丝绳套于底座的四脚起吊，起吊时请注意吊装平稳。吊装司钻控制台或管排架时均应将钢丝绳穿过或钩住吊环起吊。

（2）远程控制台应安装于离井口 25m 以外的适当位置（参见有关标准、规范），司钻控制台则安放在钻台上便于司钻操作的地方。

（3）油管的连接。建议由防喷器本体开始，依次连接管路，这样做既可以使管线摆放整齐，也易于调整走向，不致返工。此外，所有油、气管线在安装前都应当用压缩空气吹扫干净，这一点务请引起充分重视。

远程控制台底座后槽钢的上方，对应于每根油管均焊有"O"或"C"的字符。"O"意为"开"（OPEN）、"C"意为"关"（CLOSE）。因此，连接管路时既要按远程控制台上转阀标牌所示全封、半封、环形、放喷等对应连接，又要注意标有"O"或"C"的管路须与防喷器本体的"开"或"关"油口一致。

注意：①接错控制对象，或者接错开关方向，将导致错误的动作。管路连接前必须仔细加以辨认。

②连接时，注意管路接头不得有任何堵塞或泄漏，管线内不得有污物，否则将影响系统可靠工作。

（4）气管路的连接。FKQ 系列控制装置需要连接气源管线和空气管缆。连接空气管时，应注意连接法兰的方向，在法兰面间垫好密封垫，均匀地拧紧螺栓。

远程控制台气源使用内径为 32mm 的软管连接，司钻控制台气源使用内径为 16mm 的软管连接。软管与接头连接处，必须用喉箍卡紧，防止松脱。软管应无老化、龟裂等缺陷，以免使用中爆裂。

注意：①连接气管线时，应保证管线没有死弯，管线接头连接可靠，避免出现管线爆裂，连接处滑脱等故障。

②连接空气管缆两端法兰时，如果密封垫未垫好，或者联结螺栓没有均匀上紧，将会导致管路之间串气，从而引起误动作。

（5）电源连接。电源应为 380V、50Hz 的交流电。应当按照有关电气规程，将电控箱的地线端子可靠接地，避免发生人身事故。

接线前，将远程控制台上电控箱的电源开关断开，以防通电后电机立刻启动而发生事故。

注意：系统连接电源前，应确认电控箱上的电源开关已经断开，以免发生意外事故。通电前，应确认控制装置已经可靠接地。

设备安装完毕后，再仔细检查一遍所有的连接管路是否有误。由于运输等原因，可能造成各种活接头、接头等的松动，在试运转前应确保其已紧固，然后才能进行试运转。

二、调试

1. 试运转前的准备工作

（1）逐个预充或检查蓄能器的氮气压力，压力值应为（7±0.7）MPa，不足时应补充氮气。

（2）油箱加油：既可由油箱顶部的加油口加入，也可由电动油泵吸油口用吸油管开泵加油。加油量应控制在油箱最上面油标上的中间位置。

环境温度在 0℃ 以上，使用 L-HM32 普通液压油或适宜的代用油。

环境温度在 0℃ 以下，使用 L-HL32 低温液压油或适宜的代用油。

（3）按润滑要求，对运动部位进行润滑。

（4）打开蓄能器隔离阀，打开控制管汇上的卸荷阀，各三位四通转阀手柄扳至"中"位，旁通阀在"关"位。

（5）打开电源开关，手动启动电动机，然后立即停止转动。电机缓慢停止时观察其转向是否与链条护罩上方的箭头所指方向一致，不一致时要调换电源线相位。

2. 调试程序

1）电动油泵启停试验

主令开关转到"自动"位置，电动油泵空载运转 10min 后，关闭控制管汇上的卸荷阀，使蓄能器压力升到 21MPa（3000psi），此时应能自动停泵。不能自停时可将电控箱的主令开关转到"手动止"位置，使泵停止运转。

逐渐打开卸荷阀，使系统缓慢卸载，油压降至 18.5MPa 左右时，电动油泵应能自动启动。

在上述过程中检查并调整压力控制器，直到电动油泵能正确地自动停止和启动。升压过程中应观察远程控制台上各接头等处是否有渗、漏油现象。

2)气动油泵启停试验

关闭液气开关的旁通阀,打开通往气动油泵的气源开关阀,使气动油泵工作,待蓄能器压力升到21MPa(3000psi)左右时,观察液气开关是否切断气源使气动油泵停止运转。

逐渐打开控制管汇上的卸荷阀,使系统缓慢卸载,系统压力降至17.5MPa左右时,气动油泵应能自动启动。

在上述过程中检查并调整液气开关,直到气动油泵能正确地自动停止和启动。升压过程中应观察远程控制台上各接头等处是否有渗、漏油现象,如有渗漏现象应及时维修。

3)手动油泵试验

如果系统装有手动油泵,应关闭管路上的蓄能器隔离阀,打开控制管汇的旁通阀,摇动手动油泵手柄,观察管汇压力是否上升。手动油泵手柄摇动较困难时,请将手动油泵上的截止阀关闭,使手动油泵单缸工作,继续升压。

4)调整减压溢流阀

在上述升压过程中,观察管汇或环形控制回路的减压溢流阀的出口压力值是否为10.5MPa(1500psi),不符合时进行调节。

5)换向试验

蓄能器压力升至21MPa(3000psi),控制管汇上的旁通阀置"关"位,在远程控制台操作三位四通阀进行换向,观察阀的"开""关"动作是否与防喷器或放喷阀的实际动作一致。在司钻控制台上操作气转阀换向,观察阀的"开""关"动作是否与控制对象的动作一致。不一致时应检查管线连接是否有误。

6)溢流阀试验

(1)储能器溢流阀试验:关闭管路上的蓄能器隔离阀,三位四通转阀转到中位,电控箱上的主令开关扳至"手动"位置,启动电动油泵,蓄能器压力升至23MPa(3300psi)左右,观察电动油泵出口的溢流阀是否能全开溢流。全开溢流后,将主令开关扳至"停止"位置,停止电动油泵,溢流阀应在压力不低于19MPa(2700psi)时完全关闭。

(2)管汇溢流阀试验:关闭蓄能器组隔离阀,将控制管汇上的旁通阀扳至"开"位。打开气源开关阀,打开液气开关的旁通阀,启动气动油泵运转,使管汇升压至34.5MPa(5000psi),观察管汇溢流阀是否全开溢流。全开溢流后,关闭气源,停止气动油泵,溢流阀应在压力不低于29MPa(4200psi)时完全关闭。必要时,应对溢流阀的溢流压力进行调整。

注意:试验和调整溢流阀时,必须关闭蓄能器组隔离阀,避免因蓄能器压力升高而导致事故。

7)环形防喷器气动调压试验

将环形防喷器气/手动减压溢流阀的手轮向下旋压,使阀的出口压力设定在10.5MPa(1500psi)。

将远程控制台上分配阀的手柄旋至通"司钻控制台"位置,然后在司钻控制台上调节气动调压手轮,观察司钻控制台上环形防喷器压力表的读数是否变化,是否与远程控制台上压力表读数一致。

将分配阀手柄旋至通"远程控制台"位置,调节远程控制台上的气动调压手轮,观察环形防喷器压力表的读数。

8）检查油箱液面高度

若在上述调整过程中漏油过多造成油箱液面过低时应当补充油液，但不宜补充过多，以防蓄能器组卸压时，全部油液返回油箱时溢出油箱。

第四节　控制系统的维护与保养

一、维护

（1）在正常钻进情况下，远程控制台各转阀的手柄位置是：各防喷器处于"开"位，放喷阀处于"关"位，旁通阀处于"关"位。

（2）司钻控制台转阀为二级操作，使用时应先扳动气源阀，同时扳动相应的控制转阀。由于空气管缆为细长的管线，需要一段响应时间，扳动转阀手柄后应停顿3s以上，确保远程控制台相应转阀完成动作。

（3）控制装置与防喷器连接的液压或气管线均不得通过车辆，防止压坏。

（4）控制装置在正常钻进时应当每班进行一次检查，检查内容包括：油箱液面是否正常；蓄能器压力是否正常；电器元件及线路是否安全可靠；油、气管路有无漏失现象；压力控制器和液气开关自动启、停是否准确、可靠；各压力表显示值是否符合要求；根据有关安全规定进行防喷器开、关试验。

（5）用户应当建立使用与维修记录，以随时记录使用情况、故障情况及检修情况。所有文件和记录须随机转运。

二、保养

（1）各滤油器及油箱顶部加油口内的滤网，每次上井使用后应当拆检，取出滤网，认真清洗，严防污物堵塞。

（2）气源处理元件中的分水滤气器，每天打开下端的放水阀一次，将积存于杯子内的污水放掉。每两周取下过滤杯与存水杯清洗一次，清洗时用汽油等矿物油滤净，压缩空气吹干，勿用丙酮、甲苯等溶液清洗，以免损坏杯子。

（3）气源处理元件中的油雾器，每天检查其杯中的液面一次，注意及时补充与更换润滑油（N32号机油或其他适宜油品），发现滴油不畅时应拆开清洗。

（4）定期检查蓄能器预充氮气的压力。最初使用时每周检查一次氮气压力，以后在正常使用过程中每月检查一次，氮气压力不足6.3MPa（900psi）时应及时补充。检查氮气压力必须在蓄能器瓶完全泄压的情况下进行。可利用蓄能器底部带卸荷的球阀卸压。

（5）控制装置远距离运输时，建议将蓄能器内的氮气放到只剩1MPa（140psi）左右，以免运输中发生意外。

（6）随时检查油箱液面，定期打开油箱底部的丝堵放水，检查箱底有无泥沙，必要时清洗箱底。应定期检测油箱内液压油的清洁度，以防止由于液压油的污浊对控制装置造成损坏。

（7）定期检查电动油泵、气动油泵或手动油泵的密封盘根，盘根不宜过紧，只要不明显漏油即可，遇有盘根损坏时应予更换。

（8）拆卸管线时，应注意勿将快换活接头的"O"形密封圈丢失。拆卸后，这些密封圈应分别收集到一起，妥善保管。

（9）经常擦拭远程控制台、司钻控制台表面，保持清洁，注意勿将各种标牌碰掉。

（10）每钻完一口井后，应对压力表进行一次校验。

（11）每周一次用油枪向转阀空气缸的两个油嘴加注适量润滑脂。

（12）每月一次检查电动油泵曲轴箱润滑油液位，不足时补充适量 N32 号机械油或其他适宜油品。

（13）每月一次拆下链条护罩，检查润滑油情况，不足时补充适量 N32 号机械油或其他适宜油品。

三、故障与排除

1. 控制装置运行时有噪音

原因：系统油液中混有气体。措施：空运转，循环排气。检查蓄能器胶囊有无破裂，及时更换。

2. 电动机不能启动

原因：电源参数不符合要求。措施：检修电路。

原因：电控箱内电器元件损坏、失灵，或熔断器烧毁。措施：检修电控箱或更换熔断器。

3. 电动油泵启动后系统不升压或升压太慢，泵运转时声音不正常

原因：油箱液面太低，泵吸空。措施：补充油液。

原因：吸油口闸阀未打开，或者吸油口滤油器堵塞。措施：检查管路，打开闸阀，清洗滤油器。

原因：控制管汇上的卸荷阀未关闭。措施：关闭卸荷阀。

原因：电动油泵故障。措施：检修油泵。

4. 电动油泵不能自动停止运行

原因：压力控制器油管或接头处堵塞或有漏油现象。措施：检查压力控制器管路。

原因：压力控制器失灵。措施：调整或更换压力控制器。

5. 减压溢流阀出口压力太高

原因：阀内密封环的密封面上垫有污物。措施：旋转调压手轮，使密封盒上下移动数次，挤出污物，必要时拆检修理。

6. 在司钻控制台上不能开、关防喷器或相应动作不一致

原因：空气管缆中的管芯接错、管芯折断或堵死、连接法兰密封垫串气。措施：检查空气管缆。

第四章 辅助防喷工具

第一节 溢流检测设备

一、钻井液池液面指示器

钻井液池液面变化对指示溢流发生具有重要意义，除了坐岗人员之外，井队还应配备钻井液池液面指示器，帮助探测钻井液总体积的变化。

钻井液池液面指示器有许多种，其基本要求是及时反映钻井液池液面变化，并能进行报警。现在许多公司的井队配备了红外线液面探测仪，使测量精度得到很大提高。

(一)浮子式液面指示器

基本原理是液面升降带动浮球运动，并将这种运动转化为液压信号传递到钻台面，司钻可以随时监控钻井液池液面变化。

浮子式液面指示器如图 2 - 4 - 1 所示。

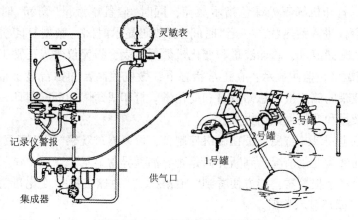

图2 - 4 - 1 浮子式液面指示器

(二)数字式液面检测装置

目前常用的液面检测装置为 NYB2000 型钻井液罐液位监测报警仪，采用形象化数码显示报警器、非接触式液位传感器和新颖先进的系统管理软件，对钻井液罐液位监测和井涌、井漏异常显示与报警，使用计算机实现自动化管理。

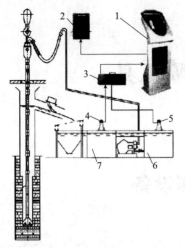

图 2 – 4 – 2　NYB2000 型报警仪示意图
1—微机台；2—显示报警器；3—接线盒；
4、5—液位传感器；6、7—液罐

1. 结构与工作原理

NYB2000 型液罐液位监测报警仪结构如图 2 – 4 – 2 所示，主要由微机台、显示报警器、接线盒、液位传感器组成。

井涌的关键报警信号是钻井液罐内钻井液体积的增加，当地层流体进入井内时，相等体积的钻井液被替排进钻井液罐，这种情况可通过钻井液罐液位计探测到。

大多数钻井液罐监测系统的基本原理是一个浮在钻井液液面上并与已经校核的记录器连接的浮子水平仪，或为超声波传感器向液面发出声波探测信号。为取得地面钻井液总体积的信息，在每个钻井液罐上安装液面传感器，这些传感器探测的液面变化信号，由钻井液体积累加器管理，累加在一起，便成为钻井液总体积的信息。钻井液总体积的变化信号送记录仪记录，另一路送报警比较器比较，变化量在比较器的上下限时不报警。如果钻井液增加量超过比较器上下限时，继电能动作，"高""低"报警指示灯显示，并驱动报警器报警。

2. 使用与注意事项

NYB2000 型报警仪安装完毕，试运行无误，按通"电源"按钮开关，即可连续对钻井循环钻井液罐液位进行监测，并自动进行井涌异常、井漏异常显示与报警。

(1)开机预热：合通电源防爆开关，按通微机控制台"电源"绿色按钮开关，"电源""钻井液液位"、打印机等三处绿色指示灯亮，同时"储备罐液量"窗和"时间"窗数码亮，NYB2000 型报警仪进入预热状态。至"时间"窗数码显示时间，微型打印机输出打印初始状态监测钻井液罐储液量、总储液量和变化量数据报表，报警仪进入正常工作状态。

(2)钻井液罐液位监测显示：在正常状态下，微机控制台和钻台显示报警器上数码窗同步显示钻井液罐的储液量、总储液量和变化量。打印机每隔 30min 打印一次钻井液罐的储液量、总储液量和变化量数据报表。

钻井液液位坐岗录井监测人员在微机控制台，可以通过观察"储备罐液量"循环显示数据，监测各罐储液量变化情况，判断井筒是否有油气异常显示。

司钻在钻台显示报警器，能方便看到"前储液量""总储液量""变化量"定位显示数据，以及"罐储液量"循环显示数据。

钻井队长和技术员，通过打印出的钻井液液位数据报表，以及"储备罐液量"窗实时循环显示数据，能较快判明井筒有无异常情况。

(3)井涌、井漏异常显示与报警：当监测钻井液罐的总储液量的变化量超过设定值 $+1m^3$ 时，钻台显示报警器"变化量"数据闪亮，提请司钻注意，校对循环罐液位有无异常，并采取相应措施。

如果总储液量的变化量超过设定值 $+2m^3$（或 $-2m^3$）时，微机控制台和钻台显示报警器的"钻井液液位"红色指示灯（或黄色指示灯）均亮，同时打印机将实时输出打印井涌异常(或井漏异常)显示的钻井液液位数据资料报表。

如果总储液量的变化量连续超过 $+2m^3$(或 $-2m^3$),"钻井液液位"红色指示灯(或黄色指示灯)将变为闪亮,同时警报器响,打印机将实时输出打印井涌异常(或井漏异常)报警的钻井液液位数据资料报表。

(4)警报器控制:在微机控制台和钻台控制器,两处分别设有"报警"转换开关。当"报警"开关灯亮时,若出现井涌异常、井漏异常报警,将同时进行声光报警。此时监测人员判明情况后,在微机控制台或钻台控制器任何一处,均可转换"报警"开关,停止警报器声音报警。

相反,如果"报警"开关灯熄灭,出现井涌异常、井漏异常灯光报警后,在微机控制台或钻台控制器任何一处,亦可转换"报警"开关,进行警报声音报警,以方便采取相应的处理措施。

(5)资料报表收集:微型打印机资料记录纸打印完后,应按照下述方法换装记录纸:

①按 SEL 键开关(指示灯熄灭),按 LF 键,走完记录纸。妥善收集保存打印的原始资料报表。

②拉开打印机盖,把色带架从机壳中拉出一部分,从色带架下部取出纸管和转轴。

③在转轴上换装一卷新的记录纸后,装入色带架下部,并将色带架推进机壳。

④将纸尖正对插入记录纸进口,按 LF 走纸键。记录纸尖破损的,需用剪刀重新剪成新的纸尖。

⑤纸尖走出色带架后,关闭机盖,按 SEL 键开机(指示灯亮),打印机即重新进入工作状态。

(6)停机:

①停止使用,按断微机控制台"电源"绿色按钮开关。

②长时间停电、停用,必须及时按断"电源"绿色按钮,并断开电源防爆开关。

注:停电超过 5min,必须及时按断"电源"绿色按钮开关停报警仪,以防止 UPS 电源蓄电瓶长时间耗电导致损坏。

(三)搬迁注意事项

NYB2000 型报警仪拆卸后应及时维护,安全运输,以方便迁移至新井场后安装和使用。

(1)按断微机控制台"电源"开关,拔出电源三芯插头。

(2)拆卸保护接地网 $6mm^2$ 铜芯导线。

(3)拆卸仪表接地电缆,拔出接地桩。

(4)拆卸钻台控制器、钻台显示报警器、钻井液罐液位传感器连接电缆插头,并分别装上插座护盖和插头丝堵。

(5)电缆和导线单独装箱,防砸、防雨水。

(6)微机控制台、钻台显示报警器、钻井液罐液位传感器的探头分别装箱,防碰、防挤压、防雨水。

二、钻井液返速测量仪

钻井液返速测量仪可以发现早期的钻井液流动参数的变化,比钻井液池液面指示器更早发现钻井液系统的变化，使司钻可以及时采取行动。该设备应及时安装并保持正常状态。现场常用的有两种类型，即流量差式和流速差式。前者测量进出口的流量差，后者反映出口流速的变化。如图2-4-3所示。

三、灌浆装置

起下钻时应使用循环灌浆装置，如图2-4-4所示。

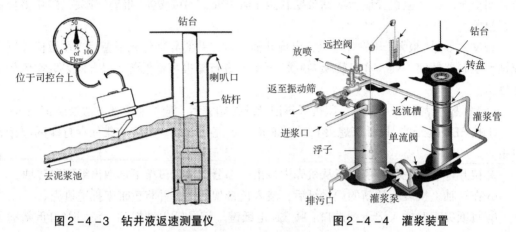

图2-4-3 钻井液返速测量仪 　　　　　图2-4-4 灌浆装置

循环灌浆罐应有较小的容积，其返回管线应使灌满后钻井液返回到灌浆罐中。灌浆罐应配备两套独立的计量系统(一套机械浮杆式液面指示器，一套电子式)，以便精确测量灌浆量。实际灌浆量应及时监控，并和计算值对比，记入灌浆记录。

第二节　内防喷工具

一、方钻杆旋塞

方钻杆旋塞是用于关闭钻柱内孔防止内喷的手动球阀，也可用于防止钻井液喷溅，它连接于方钻杆的上部和下部，耐压可达105MPa，其结构如图2-4-5所示。

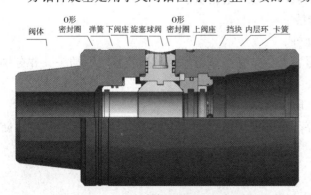

图2-4-5 方钻杆旋塞开位剖面图

二、全开口安全阀

安全操作要求钻台上准备好与现用钻具(钻杆/钻铤)相匹配的处于开位的全开口安全阀(包括开关扳手)。如果在卸掉方钻杆的情况下发生井涌，如起下钻或接单根时，可以立即在钻柱顶部安装合适的全开口安全阀。安全操作经验表明，作为预防措施，当钻机维修或方钻杆处于大鼠洞内时在钻柱上安装全开口安全阀是个好习惯。使用时要注意全开口安全阀与钻柱顶部丝扣的配合。如果需要强行下钻，可在全开口安全阀上面安装钻杆回压阀并打开全开口安全阀。下套管时要准备好相应的转换接头。全开口安全阀的结构如图2-4-6所示。

三、箭式回压阀

箭式回压阀是一种单流阀(或浮阀)，可随钻具下入井内防止内喷，它只能在很低流速下与钻柱连接。最好的办法是先安装全开口安全阀，并关闭，如果决定下钻，再连接箭式回压阀。释放箭杆用于保持回压阀打开以便在钻柱内喷的情况下安装，去掉释放杆则回压阀关闭，然后去掉上部的顶盖连上钻杆。其结构如图2-4-7所示。

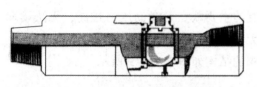

图2-4-6　全开口安全阀结构图

阀体　接头体　弹簧　阀芯　阀座　压帽

图2-4-7　箭式回压阀

四、投入式回压阀

投入式回压阀，顾名思义是将阀座事先连接于钻柱上，在需要时将阀芯投入或泵入阀座形成关闭，不需要时可用钢丝回收，属于内防喷工具的一种，目前工程现场基本不再使用此内防喷工具。结构如图2-4-8所示。

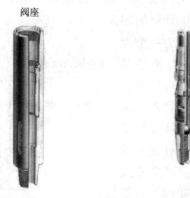

阀座　　　　　　　　　阀芯及打捞器

确定阀件尺寸后，选择对应　　　选择尽可能大的阀芯以便于循环，确定
的阀座，与钻柱适当配合。　　　阀芯能通过的最小内径，阀芯外径必须小
　　　　　　　　　　　　　　于上述最小内径至少1/16in。

图2-4-8　投入式回压阀及打捞工具

五、钻杆浮阀(回压阀)

钻杆浮阀通常直接安装于钻头之上，简单地说浮阀就是回压阀，正循环时浮阀保持打开，一旦停泵自动关闭，正常钻进时其功能是防止接单根时的回流，关井时用于防止内喷。常用的浮阀有两种形状：弹簧式和合页式。

合页式浮阀装有内顶杆，可以在下钻时使阀保持开启状态，这样就避免了下钻时灌浆的麻烦，也可以减少下钻的激动压力，顶杆在开泵后自动释放，一旦停泵，阀自动关闭。一些合页式浮阀加工有液压通孔，可以在关井状态下读取立压。

弹簧式浮阀与上述浮阀的作用相似，也有在阀的中心加工 2.5mm 的液压通孔，以便在关井时读取立压。

使用浮阀的主要缺点是激动压力过高，无法读取关井立压，无法反循环，下钻时需灌钻井液。

钻杆浮阀的结构如图 2-4-9 所示。

图 2-4-9 钻杆浮阀

第三节 气体处理设备

一、液气分离器

1. 简介

液气分离器(图 2-4-10)是防止井场充满可燃气体的第一道防线，用以在节流压井过程中分离钻井液中的气体。它是一个开口的容器，通常连在节流管汇的后面。其组成为一个大直径管子，内部焊接许多挡板，用来打散钻井液，使气体易于分离。底部的虹吸设计可以允许分离后的钻井液回流到振动筛，而保证容器上部气体具有一定的压力。顶部的排气管直径应足够大，从而允许气体排至安全距离而不会有过大的摩阻和回压。排气管线直径至少 8in，连接方式为法兰或卡子，与液气分离器具有同样的压力等级。排气管线端部应建燃烧池，并远离储备库或废品池以防着火。

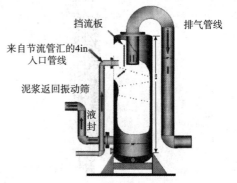

图 2-4-10 液气分离器

液气分离器对稀流体的分离效率很高，对黏度高的流体的分离效率低。所以，有时需要减小钻井液流速而保证分离器正常运行。否则，会产生气体吹通，即充气量过大使钻井液液封被吹通，造成循环池充满可燃气体的现象。或者因钻井液返流速度不及而使排气管线进入钻井液，影响分离效率。

速率对吹通的影响：液气分离器内的液柱高度取决于液封的高度，液气分离器内部的压力取决于流经排放管线的气体的摩阻，过高的摩阻可将液气分离器内的液封吹通；一定的气体如果在液气分离器内停留的时间不够，也有可能随钻井液排出。液气分离器内的压力最高为液封的静液柱压力，液封的高度是调节液气分离器压力的手段，但是，绝对不能忽略影响液气分离器压力的另外一个关键因素：排放管线的直径。

液气分离器内气体最高流速可按下述方法计算：

节流阀处读出的压力 P_2 为当前套压；V_2 为气体到井口的体积；P_1 为（井底压力）；V_1 为溢流量；则根据玻马定律：

$$V_2 = P_1 \cdot V_1 / P_2$$

气体在液气分离器出口体积　　　$V_3 = 10V_2$

而气体排放时间可根据公式 $t = V_3/q$ 算出。其中，q 为钻井液泵压井排量，L/s。

液气分离器应定期清洁，不要通过液气分离器循环水泥浆。在节流循环时，液气分离器可能会振动或摇晃，因此应固定牢靠。

2. 使用中容易出现的问题及解决对策

（1）出液管出口位置低于出液管入口位置。在虹吸现象作用下，分离器内高于出液管进口的钻井液就会被排出，分离器内的可燃气体从出液管排向罐区。解决方法：可以调整液气分离器高度，使出液管出口高于出液管入口，这个高度应使液面维持分离器高度的30%左右。或使分离器最低液面与排液口之间的高度差大于3倍出液管直径，以避免使天然气通过出液管排出。也可以在出液管线上设置防虹吸口，当液面低于出液管最高位置时，在防虹吸口的大气压作用下，出液管停止排液，维持稳定的液位高度，从而避免使气体进入出液管。

（2）出液管出口接近或超过分离器筒体高度的一半。分离器液面过高，超过筒体高度的30%后，脱气不充分，除气效率低，分离器的处理量也会降低。可以采取出液管从筒体底部引出的方式，这样相当于加长了筒体高度，除气效率提高，处理量也增加。

（3）出液管出口安放在锥形罐上，从出液管出口排出的含气钻井液不经过振动筛除气，不利于进一步除去钻井液中的气体。所以出液管出口安放在振动筛入口处，分离器排出的钻井液经过振动筛二次除气，使钻井液中的含气量进一步降低。

（4）出液管出口靠近缓冲罐底部，从钻井液高架槽出来的钻屑会堵塞出液管出口。为防止高架槽返出的钻屑堵塞分离器出液管出口，宜将分离器出液管出口安放在钻井液出口缓冲罐的上部或顶部。

（5）液体出口喷冒。主要原因为气体在从液气分离器到点火处的流动过程中受到来自阻火器、变径弯头和管线长度等因素所造成的沿程阻力损失大，导致液气分离器内分离出来的气体压力升高从而推动液面下移所致。当分离器内压力升高到某一极限值时，气体便从液体出口与钻井液一同排出，因夹带大量的气体，所以造成喷冒现象。另外，钻井液的黏度大、气体不容易分离干净，也容易造成喷冒钻井液现象。可在钻井液出口前端安装一个缓冲罐，缓冲罐的一个出口与过渡罐相通，另一个出口与录井脱气槽子连接，可有效解决出口喷冒问题。

二、点火装置

现场常用点火装置分为手动和自动两类，自动点火装置又分为全自动、半自动和遥控型。放喷点火装置型号表示如下。

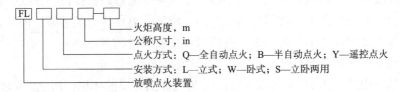

例如：FLLY10－3表示主火管公称直径10in，高度3m，遥控点火方式立式安装的放喷点火装置。

1. 功用

放喷点火装置是井控装备中众多配套设施之一，它能将液气分离器所分离出来的气体实施遥控式手动(自动)点火，使天然气燃烧排空，减少环境污染。可用于各种人所不能及的远距离点火和有毒气体的燃烧场所点火，避免了人工近距离点火的不安全因素。

2. 结构与工作原理

1)点火装置的结构

放喷点火装置主要由主火管、防回火阀、点火棒、高压包、远程控制器、电缆、遥控器、液化气等组成，如图2－4－11所示。

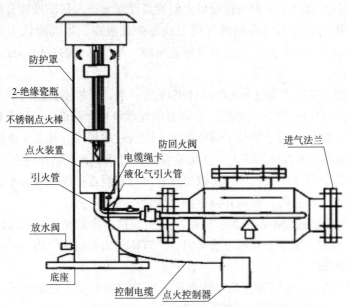

图2－4－11　放喷点火装置安装示意图

放喷点火装置按结构形式可分为立式、卧式、立卧两用式三种。

(1)立式点火装置：防回火阀与液气分离器的排气管线直接相连，主火管垂直于地面，点燃后的天然气向空中排放。

(2)卧式点火装置：防回火阀与液气分离器的排气管线直接相连，主火管平行于地面，点燃后的天然气沿排气管轴线排放。此类型装置目前在工程现场已不再使用。

(3)立卧两用点火装置：主火管的安装底板可拆卸，安装底板与回火阀互换位置，即可改为立式或卧式。

主火管的导电杆由特种材料制成，绝缘层采用高铝瓷绝缘体制成。电嘴发火元件采用航空电嘴特有的陶瓷半导体，侧电极和中心电极采用高温耐热合金钢，内部采用高温密封工艺。电嘴火花能量大，不怕污染、不积炭，自净能力强，点火迅速，有停电应急功能。

主火管直接连接在液气分离器排气管线末端，远程控制器、液化气安放在100m以外的适当地方。

2)自动点火装置工作原理

输入220V交流电，经变压器升压、硅堆整流后变为高压直流，经限流电阻向储能电容充电。经过一定时间后，储能电容器上的电压达到放电管击穿电压而放电，使储能电容器上所储存的能量通过放电管、电感、点火电缆、导电杆加载到点火头上，点火头端面产生强烈的火花，从而点燃放喷出来的天然气及有毒有害的气体。当储能电容器上的能量释放完后，放电管恢复阻断状态，以后便重复上述工作过程连续放电点火。

3. 使用与注意事项

自动点火器操作时应注意以下几点：

(1)外接电源为220V/50Hz交流电源。

(2)严禁在高压点火导线与点火棒未连接的状况下开启点火开关。

(3)工作点火时请勿按压行程开关，否则点火控制器系统将停止工作点火。

(4)工作时的输出电压为交流220V电压，有潜在危险，严禁带电移动、连接和碾压，小心触电。

(5)电子点火器的输出电源只能与点火装置连接，不可作为其他电源使用。

(6)点火装置为非防爆产品，注意安装环境周围不能有易燃液体和挥发性的易燃气体。

(7)点火工作时，导电杆前端会发出"叭叭叭"的点火声音，否则视为点火系统有故障。

(8)工作中，未连接外接电源，内部电压下降到10.4~11V时，点火控制器将发出声光报警，此时应充电。如果忽略了报警声，电子点火器将在电压降到9.7~10.3V时，自动关闭系统，以避免控制器电瓶亏电，点火装置将停止工作点火。

(9)在长时间开盖待机状况下，为保证电瓶电压，一定要接通220V交流电源。

(10)为保障点火系统正常工作，应保持点火棒和火花塞(正极与负极)清洁干燥。

(11)点火控制器内部电瓶为保持工作电压会持续放电，当放电至0V时，再对电瓶充电较困难。

第四节　连接设备

一、套管头

套管头是连接各类套管的一种部件，用以悬挂技术套管和生产套管并确保密封各层套管间的环形空间，为安装防喷器和四通等上部井口装置提供过渡连接，并且通过套管头本体上的两个侧口，可以进行补挤注水泥和注平衡液等作业。

套管头根据生产标准可分为标准套管头和简易套管头；按照结构，标准套管头又可分为以下几种类型：

①按悬挂套管层数分：单级、双级和多级套管头；

②按本体连接形式分：卡箍式、法兰式套管头；

③按组合形式分：单体式、组合式套管头；

④按悬挂套管方式分：卡瓦式、螺纹式和焊接式套管头；

⑤根据套管头通径分：通孔式、缩孔式套管头。

套管头形式如图2-4-12～图2-4-15所示。目前国内使用较多的是多级、卡瓦式套管头。

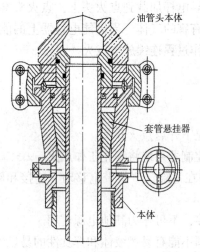

图2-4-12 卡箍连接卡瓦悬挂
单级套管头

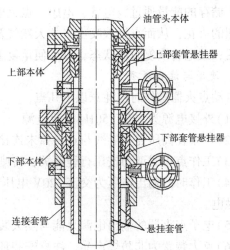

图2-4-13 法兰连接卡瓦悬挂
双级套管头

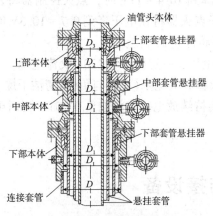

图2-4-14 法兰连接卡瓦悬挂
三级套管头

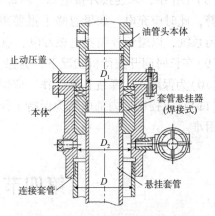

图2-4-15 焊接悬挂通孔独立
螺纹式套管头

1. 标准套管头的结构

1）套管头壳体

一般分为下法兰四通、中间四通两部分。有的在与油管头连接时，还有中间转换法兰。

2）悬挂器与密封总成

悬挂器（图2－4－16）用来悬挂套管、油管并在内外套管柱之间的环形空间形成压力密封。其悬挂可用螺纹、卡瓦或任何适用的方式。

悬挂器总成的密封一般分为主、副密封。主密封直接同悬挂器相连，由座圈、密封圈、压圈组成；副密封在悬挂器的上部，密封上部液压。副密封又分为机械式和液压式两种。

悬挂器总成的最大外径比它所通过的装置最小通径小0.75%。结构如图2－4－6所示。

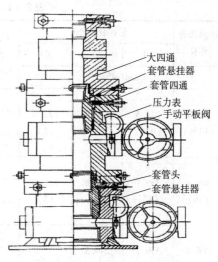

图2－4－16 套管头与悬挂器结构

2. 标准套管头规格与型号

1）套管头表示法

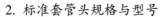

更新设计号，用阿拉伯数字表示
额定工作压力，MPa
套管程序
套管头代号

例：双级气（油）井套管头

35MPa 型：$T13\frac{3}{8}in \times 9\frac{5}{8}in \times 7in - 35$

2）国产套管头基本参数

国产套管头基本参数见表2－4－1～表2－4－6。

表2－4－1 国产双级套管头基本参数

连接套管外径	悬挂器套管外径		下部本体工作压力/	下部本体垂直通径/	上部本体工作压力/	上部本体垂直通径/
	D1	D2	MPa	mm	MPa	mm
mm（in）						
339.7（13⅜）	177.8（7）	127.0（5）139.7（5½）	14	318	21	162
			21	318	35	162
			35	318	70	162
339.7（13⅜）	193.7（7⅝）	127.0（5）139.7（5½）	14	318	2t	178
			21	318	35	178
			35	318	70	178
339.7（13⅜）	244.5（9⅝）	127.0（5）139.7（5½）177.8（7）	14	318	21	230
			21	318	35	230
			35	318	70	230

表 2-4-2 三级套管头基本参数

连接套管外径	悬挂套管外径			下部本体工作压力/MPa	下部本体垂直通径/mm	中部本体工作压力/MPa	中部本钵垂直通径/D_t/mm	上部本体工作压力/MPa	中部本钵垂直通径/D_t/mm
	D_1	D_2	D_3						
mm(in)									
339.7 (13$\frac{3}{8}$)	244.5 (9$\frac{5}{8}$)	177.8 (7)	127.0 (5)	14	318	14	230	21	162
				14	318	21	230	35	162
				21	318	35	230	70	162
406.4 (16)	339.7 (13$\frac{3}{8}$)	177.8 (7)	127.0 (5)	14	390	14	318	21	162
				14	390	21	318	35	162
				14	390	35	318	70	162
406.4 (16)	339.7 (13$\frac{3}{8}$)	244.5 (9$\frac{5}{8}$)	139.7 (5$\frac{1}{2}$) 177.8(7)	14	390	14	318	21	230
				14	390	21	318	35	230
				21	390	35	318	70	230
508.0 (20)	339.7 (13$\frac{3}{8}$)	177.8 (7)	127.0 (5)	14	486	14	318	21	162
				14	486	21	318	35	162
				21	486	35	318	35	162
508.0 (20)	339.7 (13$\frac{3}{8}$)	244.5 (9$\frac{5}{8}$)	139.7 (5$\frac{1}{2}$) 177.8(7)	14	486	14	318	21	230
				14	486	21	318	35	230
				21	486	35	318	70	230

注：组合式本体工作压力，按上部本体工作压力确定。

表 2-4-3 35MPa 型套管头基本参数

四 通	连接形式①		侧口法兰①	垂直通径/mm	额定工作压力/MPa
	下 部	上 部			
13$\frac{3}{8}$in 套管头	13$\frac{3}{8}$CSG 13$\frac{3}{8}$BCSG 焊接	6B13$\frac{5}{8}$-21	6B2$\frac{9}{16}$-35(21) 6B2$\frac{1}{16}$-35(21)	317	21
		6BX13$\frac{5}{8}$-35			35
9$\frac{5}{8}$in 套管头	6B13$\frac{5}{8}$-21	6B11-35	6B2$\frac{9}{16}$-35	230	35
	6BX13$\frac{5}{8}$-35	6BX13$\frac{5}{8}$-35	6B2$\frac{9}{16}$-35 6B2$\frac{9}{16}$-35		

①具体形式及规格见产品铭牌或打印标记。

表 2-4-4 70MPa 型套管头基本参数

四 通	连接形式①		侧口法兰①	垂直通径/mm	额定工作压力/MPa
	下 部	上 部			
13$\frac{3}{8}$in 套管头	13$\frac{3}{8}$CSG 13$\frac{3}{8}$BCSG 焊接	6BX13$\frac{5}{8}$-35	6B2$\frac{9}{16}$-35 6B2$\frac{1}{16}$-35	317	35

续表

四　通	连接形式①		侧口法兰①	垂直通径/mm	额定工作压力/MPa
	下　部	上　部			
9⅝in 套管头	6BX13⅝ – 35	6BX11 – 70 6BX13⅝ – 70	6BX2⁹⁄₁₆ – 70 6BX2¹⁄₁₆ – 70 6B2⁹⁄₁₆ – 35 6B2¹⁄₁₆ – 35	230	70

①具体形式及规格见产品铭牌或打印标记。

表 2 – 4 – 5　105MPa 型套管头基本参数

四　通	连接形式①		侧口法兰①	垂直通径/mm	额定工作压力/MPa
	下　部	上　部			
13⅜in 套管头	13⅜CSG 13⅜BCSG 焊接	6BX13⅝ – 70	6BX2⁹⁄₁₆ – 70 6BX2¹⁄₁₆ – 70	317	70
9⅝in 套管头	6BX13⅝ – 70	6BX11 – 105	6BX2⁹⁄₁₆ – 105 6BX2¹⁄₁₆ – 105 6BX2⁹⁄₁₆ – 70 6BX2¹⁄₁₆ – 70	230	105

①具体形式及规格见产品铭牌或打印标记。

表 2 – 4 – 6　悬挂器技术参数

规　格	最大外径/mm	通径/mm	连接螺纹①
9⅝in 套管悬挂器	340	230	9⅝ LCSG 9⅝ BCSG
7in 套管悬挂器	272	180	7 LCSG 7 BCSG
5½in 套管悬挂器	272	120	5½LCSG 5½BCSG

①具体形式及规格见产品铭牌或打印标记。

CSG = STC 为短圆螺纹；LCSG = LTC 为长圆螺纹；BCSG = BTC 为偏梯形螺纹。

3. 标准套管头安装操作程序

1）20in 套管头安装程序

（1）用 26in 钻头钻至设计井深，起出工具，下入 20in 表层套管至预定位置，固井、候凝。

（2）切割 20in 套管，保证与 30in 导管高度差为 12⅜in(320mm) 修整坡口。

（3）将 20in 套管头套入 20in 套管，确保方向正确，端面呈水平状态，圆底盘坐在导管上，然后焊接。

（4）焊后进行试压至所用套管抗拉强度的80%或额定工作压力，检验两道焊缝的密封性。焊缝应无渗漏等现象发生。

（5）为了保持刚性的节流，压井管汇出口管线距在地面高度不变，防止浅层气，需在20in套管上安装替代四通防喷器组、修井液出口管。

（6）将20in试压塞与钻杆相连，并通过修井液出口管、防喷器组、替代四通将试压塞送入，使其坐落在20in套管头台肩上。

（7）关防喷器，由钻杆泵入14MPa（2000psi）水压，对各连接部位进行试压，检查各处密封情况。

（8）试压成功后，先泄压，后打开防喷器，取回20in试压塞。

（9）由钻杆连接送入取出工具和20in防磨套，并通过防喷器组下防磨套，注意触及防磨套即可，不要顶得过紧，以免挤扁防磨套，退回送入取出工具。

2）13⅜in套管安装程序

（1）用17½in钻头钻至设计井深，起出钻具，退回四只顶丝，用送入取出工具收回20in防磨套。

（2）下入13⅜in套管至预定位置，固井、候凝。

（3）拆去套管头与替代四通之间螺栓、螺帽，上提防喷器组。

（4）在20in套管头法兰上，横跨放置两块木板用以支承13⅜in套管挂组件。

（5）上提13⅜in套管，使其产生4~5t超张力。

（6）对准部分13⅜in套管挂的导向定位销，旋转悬挂器，合抱住13⅜in套管，由下而上逐一卸出手柄，移去木板，使13⅜in套管挂件坐落到20in套管头的台肩上，然后放松13⅜in套管，让卡瓦抱住套管，环形空间对称的拧紧密封板上的内六角螺钉，激发橡胶密封，进而密封环形空间。

（7）在距法兰面上大约7in（180mm）处，切割13⅜in套管，并将切口倒呈6mm×300mm坡口。

（8）清洁20in套管头钢圈槽，并在钢圈槽内放置清洁无损的R73密封钢圈，然后把13⅜in套管四通从13⅜in套管上方慢慢套入，用螺栓固定两法兰。

（9）卸去13⅜in套管四通下部21¼in法兰上的两只接头，并从对面180°对称的注塑接头注入密封膏进行BT密封注塑作业。

（10）13⅜in BT密封试压合格后，安装替代四通防喷器组、修井液出口管，下入13⅜in试压塞，对各连接部位试压检查各处密封情况，试压合格后，先卸压后打开防喷器。

（11）取出试压塞，通过钻杆和送入取出工具，下13⅜in防磨套，做好标记，拧进法兰上的四只顶丝，以顶住防磨套，注意触及防磨套即可，不要顶得过紧，以免挤扁防磨套，退回送入取出工具。

3）9⅝in套管安装程序

（1）用12¼in钻头钻至设计井深，起出钻具，退回四只顶丝，用送入取出工具收回13⅜in防磨套。

（2）下入9⅝in套管至预定位置，固井、候凝。

（3）拆去13⅜in套管头与替代四通之间螺栓、螺帽，上提防喷器组。

（4）在13⅜in套管法兰上，横跨放置两块木板用以支承9⅝in套管挂组件。

（5）上提 $9\frac{5}{8}$ in 套管，使其产生 4～5t 超张力。

（6）对准部分 $9\frac{5}{8}$ 套管挂的导向定位销，放置悬管挂，合抱住 $9\frac{5}{8}$ in 套管由下而上逐一卸出手柄，移去木板，使 $9\frac{5}{8}$ in 套管挂组件坐落到 $13\frac{3}{8}$ in 套管头上的台肩上，然后放松 $9\frac{5}{8}$ in 套管，让卡瓦抱住套管，把 4～5t 重量加于卡瓦上，激发橡胶密封，进而密封环形空间。

（7）在距法兰面上大约 $6\frac{3}{4}$ in（170mm）处，切割 $9\frac{5}{8}$ in 套管，并将切口倒呈 6mm × 300mm 坡口。

（8）清洁 $13\frac{3}{8}$ in 套管头、钢圈槽，并在钢圈槽内放置清洁无损的 BX160 密封钢圈，然后小心地将 $9\frac{5}{8}$ in 套管四通从 $9\frac{5}{8}$ 套管上方慢慢套入，用螺栓固定两法兰，直至两法兰面间隔为零。

（9）卸去 $9\frac{5}{8}$ in 套管四通下部 $13\frac{3}{8}$ in 法兰上的两只接头，并从对面 180° 对称的注塑接头注入密封膏进行 BT 密封注塑作业。

（10）$9\frac{5}{8}$ in BT 密封试压合格后，安装替代四通防喷器组，修井液出口管，下入 $9\frac{5}{8}$ in 试压塞，对各连接部位试压，检查各处密封情况，试压合格后，先卸压，后打开防喷器。

（11）取出试压塞，通过钻杆和送入取出工具，下入 $9\frac{5}{8}$ in 防磨套，做好标记，拧进法兰上的四只顶丝，以顶住防磨套，注意触及防磨套即可，不要顶得过紧，以免挤扁防磨套，退回送入取出工具。

4）7in 套管安装程序

（1）用 $8\frac{1}{2}$ in 钻头钻到设计井深，起出钻具退回顶丝，用送入取出工具收回防磨套。

（2）下入 7in 套管至预定位置，固井、候凝。

（3）拆去套管四通与替代四通之间的螺栓、螺帽，上提防喷器。

（4）在套管四通法兰上，横跨放置两块木板，用以支承 7in 套管挂组件。

（5）上提 7in 套管，使其产生 4～5t 超张力。

（6）安装 7in 套管挂，方法同前。

（7）在距法兰以上大约 170mm 切割 7in 套管并将切口倒呈 6mm × 300mm 坡口，打磨光滑。

（8）安装 7in 油管四通，清洗法兰装入 BX – 158 钢圈，上紧螺栓，转入采油作业。

5）$9\frac{5}{8}$ in BT 密封安装、注塑程序

（1）切断套管（切断高度参见使用说明书），并将切口倒呈 6mm × 300mm 坡口，并打磨。

（2）用清洗剂清洗套管头（或套管四通）内腔 BT 密封槽和套管短柱的密封面，检查圆度和是否有表面缺陷。

（3）用轻质油涂抹 BT 密封件，并将其安放到套管头或套管四通内腔密封槽中。

（4）平稳下放套管头或套管四通，让套管慢慢套入 BT 密封，用螺栓上紧，固定两法兰。

（5）卸去套管四通下部标有"注塑孔"字样的两只注塑接头。

（6）在注入枪装入 EM08 密封脂，通过软管连接到另一头的注塑接头上。

（7）操作注入枪，注入密封脂，同时观察对面的开启孔，直到开启孔口有密封脂溢出。

（8）将卸掉的接头装回到本体上。

(9)对另一注塑接头按步骤(6)~(8)程序重复操作。

(10)分别继续操作注入枪，挤入密封脂，达到工作压力或抗外挤强度的80%，取两者中低值。

(11)操作试压枪，从标有"试压孔"字样的接头上，泵入35MPa或套管抗外挤强度80%的水压，取两者中低值，检查两道BT密封之间密封性能，如无泄漏，从试压接头内卸压为零。

(12)再从对面另一"试压孔"接头上，泵入35MPa或套管抗外挤压强度80%水压，取低值，检查BT密封、密封钢圈、卡封式套管挂的密封性能，如无泄漏，从试压接头内卸压为零。

(13)两次试压成功后，BT密封注塑压力可能降低，建议作适当补充。

6)13⅜in BT密封安装、注塑程序：

(1)切断套管(切断高度参见使用说明书)，并将切口倒呈6mm×300mm坡口，并打磨。

(2)用清洗剂清洗套管头(或套管四通)内腔BT密封槽和套管短柱的密封面，检查圆度和是否有表面缺陷。

(3)用清质油涂抹BT密封件，并将其安放到套管头或套管四通内腔密封槽中。

(4)平稳下放套管头或套管四通，让套管慢慢套入BT密封，用螺栓上紧，固定两法兰。

(5)卸去套管四通下部标有"注塑孔"字样的两只注塑接头。

(6)在注入枪装入EM08密封脂，通过软管连接到另一头的注塑接头上。

(7)操作注入枪，注入密封脂，同时观察对面的开启孔，直到开启孔口有密封脂溢出。

(8)将卸掉的接头装回到本体上。

(9)对另一注塑接头按步骤(6)~(8)程序重复操作。

(10)分别继续操作注入枪，挤入密封脂，达到工作压力或抗外挤强度的80%，取两者低值。

(11)操作试压枪，从标有"试压孔"字样的接头上，泵入35MPa或套管抗外挤强度的80%水压，取两者低值，检查两道BT密封之间密封性能，如无泄漏，从试压接头内卸压为零。

(12)再从对面另一"试压孔"接头上，泵入14MPa或套管抗外挤压强度80%水压，取两者低值，检查BT密封、密封钢圈、卡封式套管挂的密封性能，如无泄漏，从试压接头内卸压为零。

(13)两次试压成功后，BT密封注塑压力可能降低，建议作适当补充。

二、四通

四通按用途分为防喷器四通、采油树四通和套管头四通；按结构分为普通四通和特殊四通。四通是石油井口装置的重要连接件，其可靠性对井口装置的安全工作具有极其重要的作用。

1. 四通的结构与作用

防喷器四通的基本结构如图2-4-17所示。防喷器四通主要起连接防喷器和套管底法兰以及侧口连接放喷或压井作业管线，进行放喷或压井作业的作用。

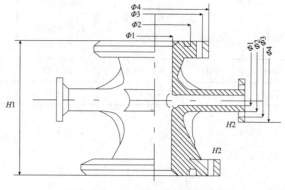

图2-4-17　钻井四通结构图

2. 技术规范

防喷器四通的压力级别和通径与所配用的防喷器等同。防喷器四通用钢及机械性能与所配防喷器钢级与性能相等。技术规格见表2-4-7、表2-4-8。

表2-4-7　钻井四通外形尺寸

防喷器型号	通径		外形尺寸/mm		底法兰尺寸/mm			侧法兰尺寸/mm				
	mm	in	H1	Φ4	Φ3	Φ2	Φ1	Φ4	Φ3	Φ2	Φ1	H2
FZ23-21	230	9	470	570	370	270			241	162	102	
FZ 23-35	230	9	670	485	393	270	100	310	241	162	102	
FZ 28-35	280	11	650	584	483	323	120	310	241	162	100	
FZ 35-35	346	13⅝	620	950	591	408		310	241	162	104	
FZ 35-21	346	13⅝	650	790	534	381			235	149	102	
FZ23-35	230	9	750	600	394	270	100	310	240	162	100	
2FZ28-14	280	11	600	508	432	323	70	290	203	149	100	5
2FZ28-35	280	11	650	584	483	323	120	290	203	149	100	7
2FZ35-35	346	13⅝	630	680	590	390	105	310	240	162	100	0

表2-4-8　钻井四通的技术规范

钻井四通型号	外形尺寸		垂直通径/ mm(in)	螺孔参数	侧法兰规格	
	高/mm	宽/mm		数量×通径/ 个×mm	法兰型号/ in×MPa	钢圈
FS23-21	470	—	230(9)	12×39	4¹⁄₁₆×35	R39
2FS23-21	600	750	230(9)	12×45	4¹⁄₁₆×35	R39
2FS35-21	550	950	346(13⅝)	20×39	4¹⁄₁₆×21	R37
2FS35-35(重庆)	640	950	346(13⅝)	16×45	4¹⁄₁₆×35	R39
2FS35-35(上海)	650	950	346(13⅝)	16×45	4¹⁄₁₆×35	R39
2FS35-70(歇福尔)	730	940	346(13⅝)	20×52	4¹⁄₁₆×70	BX155

钻井四通型号	外形尺寸		垂直通径/mm(in)	螺孔参数	侧法兰规格	
	高/mm	宽/mm		数量×通径/个×mm	法兰型号/in×MPa	钢圈
2FS35-70(海德里)	760	1010	346(13⅝)	20×52	4¹⁄₁₆×70	BX155
2FZ35-70(喀麦隆)	700	1010	346(13⅝)	20×52	4¹⁄₁₆×70	BX155

三、法兰

1. 法兰分类

井口法兰分为环形法兰、盲板法兰、扇形法兰和变径法兰。环形法兰又分为6B型、6BX型；盲板法兰也分为6B型、6BX型。

2. 法兰的型号表示

环形法兰的型号表示如下：

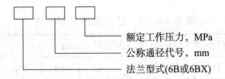

额定工作压力，MPa
公称通径代号，mm
法兰型式(6B或6BX)

例：6B型法兰，公称通径13⅜(348.1mm)，额定工作压力21MPa，则表示为6B13⅜-21。

3. 法兰通径系列

法兰通径系列见表2-4-9。

表2-4-9 法兰公称通径及代号

公称通径及代号/mm(in)	34.9(1⅜)	46.0(1¹³⁄₁₆)	52.4(2¹⁄₁₆)	85.1(2⁹⁄₁₆)	79.4(3⅛)	103.2(4¹⁄₁₆)	130.2(5⅛)	179.4(7¹⁄₁₆)
公称通径及代号/mm(in)	228.6(9)	279.4(11)	346.1(13⅝)	425.4(16¾)	539.8(21¼)	879.4(26¾)	762.0(30)	

4. 法兰压力系列

法兰按额定工作压力分为6个等级：14MPa、21MPa、35MPa、70MPa、105MPa、140MPa。

5. 法兰结构

1)环形法兰

环形法兰可分为6B型和6BX型两类。从结构上看，6B型法兰有整体式、螺纹式、焊颈式等，而6BX型法兰仅有整体式和焊颈式两种。

6B型环形法兰，如图2-4-18所示。6BX型环形法兰，如图2-4-19所示。

2)盲板法兰

盲板法兰也分为6B型、6BX型两种。盲板法兰主要用于封堵或试压使用。如图2-4-20所示。

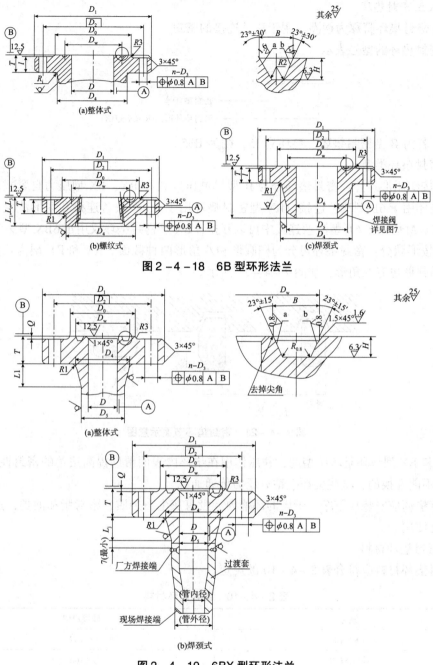

图 2-4-18 6B 型环形法兰

图 2-4-19 6BX 型环形法兰

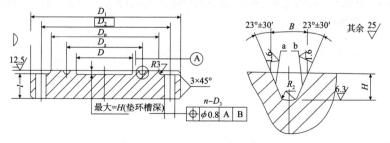

图 2-4-20 6B 型盲板法兰

6. 法兰密封垫环

法兰密封垫环简称为钢圈，用于法兰连接的密封。

1）密封垫环的型号表示

例：若为 R 型密封垫环，垫环号 35，则为 R35。

2）密封垫环类型

（1）按作用形式分：密封垫环分为 R 型机械压紧式和 RX、BX 型压力自紧式两类。R 型密封垫环用于 6B 型法兰连接，RX 型密封垫环用于 6B 型法兰连接和扇形法兰连接。R 与 RX 型密封垫环在 6B 型法兰连接中可以互换，BX 型密封垫环仅用于 6BX 型法兰连接。

（2）按形状分：密封垫环可分为椭圆形和八角形两种截面。RX 和 BX 型为八角形，R 型既有椭圆形也有八角形，如图 2 - 4 - 21 所示。

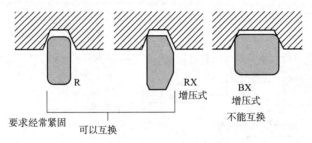

图 2 - 4 - 21　密封垫环节面示意图

RX 和 BX 型垫环是增压型的，井压作用在垫环内表面帮助提高法兰的密封性。RX 和 BX 型是不能互换的，这些垫环上钻有压力传递通孔。

所有垫环应安装在干净、干燥的环槽内，没有灰尘、杂质、密封脂和油类，这类垫环不能重复使用。

3）密封垫环材料

密封垫环材料应符合表 2 - 4 - 10 的规定。

表 2 - 4 - 10　密封垫环材料

钢号	硬度/HB
08，10	≤137
0Cr18Ni9	≤160

注：08 或 10 号钢用作采油井口装置密封垫环，0Cr18Ni9 用作采气井口装置密封垫环，如果 08 或 10 号钢用作采气井口装置密封垫环时，垫环表面应镀 0。

第五章　井控装备管理

第一节　井控装备的日常管理

井控装备是应急设备，必须随时处于良好的待命工况，现场人员必须切实保证对井控装备的良好的维护保养，使其达到相应的工作状态。

一、井控装备的安装要求

(1)确保钻机安装对中减少钻具与防喷设备的接触和磨损。

(2)如果安装闸板防喷器时尽量使其侧门位于套管头上阀门的上方，起一定的保护作用。

(3)每次安装时，拆开的部分都要使用新的垫环，旧垫环不能重复使用。

(4)螺栓和螺母的尺寸和钢级应认真检查，使用适当的润滑剂并用对角上紧的方式连接法兰，法兰安装后要检查螺栓拧紧情况。

二、井控装备的日常检查

下面几项内容应每天进行检查：

(1)检查蓄能器液面，确保液面在适当位置且四个压力表读数正常。

(2)确认控制管线铺设正确，不会被卡车或落物损害。

(3)确认控制手柄在其适当的关位或开位(不是中位)且没有泄漏。

(4)确认防喷器固定良好，减少钻井过程中的振动。

三、井控装备的使用要求

(1)至少每次起下钻应开关防喷器一次，分别从远控台或司控台进行操作，环形防喷器不做封零操作，不能用半封闸板关空井。

(2)节流压井管线按要求冲洗以防止泥浆固相沉积，冲洗用清水并在平时在管线里灌满(除非极寒冷地区，用柴油或乙二醇防止冰冻)。

(3)不能让水泥浆通过节流管汇或防喷器组，如果上述设备接触水泥浆，应用清水彻底清洗，并确保内部干净。

(4)起下钻时不能用压井管线作为灌浆管线。

(5)不允许现场焊接，所有防喷器的维修应由有资质的厂家进行。维修防喷器时，只能使用有资质厂家的产品，包括润滑剂。

(6)现场至少保证每种密封件有一套备用件。

(7)不使用时不要将闸板组装在一起。

(8)所有的用于防喷器的橡胶制品应存放于凉爽的地方，并用原包装储存。

(9)防喷器在完井后应拆开检查内部的腐蚀和磨损并检查法兰螺栓。

(10)制造厂家的安装、操作、保养手册应保存好以备随时查阅。

(11)井队应有防喷器组装结构图显示每个防喷器的性能，结构图应包含闸板的部件号、部件明细、闸板、顶密封、胶芯及侧门密封的安装日期。

(12)应保留所有部件的维修记录，该记录至少包括所有的维修和检查，记录要随设备一起。

(13)新的防喷器设备应有 API 认证标示。

(14)暴露于井液中的橡胶元件应每 12 个月更换一次，除非目测需提前更换，而 30in 的胶芯可以 36 个月更换一次。

(15)所有防喷器组合和蓄能器应有上次检查和认证的记录。

第二节 井控装备的试压

井控装备试压的目的是消除各种泄漏的可能，确保设备在意外压力环境下能够工作。

一、试压的基本要求

所有防喷设备按下列要求试压：

(1)试压时要告诉全体人员，无关人员不允许进入试压区。

(2)试压介质一律为清水。

(3)低压试验值为 2.1MPa。

(4)高压试验值依防喷器压力级别而定，闸板防喷器试至额定工作压力，环形防喷器试至额定工作压力的 70%。

(5)首先应试低压，不能用从高压放到低压的方法进行低压试验，由于高压可能引起密封从而掩盖低压的问题。

(6)防喷器(包括全封和剪切全封)的试压频度为：安装时、钻开每层套管水泥塞前、每次拆卸维修之后(只对受影响的地方试压)、不超过 14d(前后 2d)。

(7)所有在试阀门下游的阀门应处于开位。

(8)当用试压塞进行防喷器试压时，应打开套管环空阀门，防止憋破套管。

(9)用碗式试压塞测试上部套管头时，应通过钻杆排空防止可能的泄漏憋破套管或压漏地层。

(10)所有井口阀门首次单独试压至其额定工作压力，接下来的试压值为套管抗内压强度的 80%，皮碗试压塞位于井下 30m。

(11)套管闸板试压至最大预期地面压力。

(12)变径闸板用在各种管径试压，不包括钻铤和井下工具。

(13)不要用环形防喷器关空井或带电缆的各种钻杆来试压，环形只是在紧急情况下才这样使用，环形防喷器应用所关闭的最小直径的钻杆试压。

（14）所有试压必须保持10min无明显压降为合格。

（15）设备带压时，只有专业人员才能进入试压区检查是否泄漏。

（16）只有在压力完全泄掉，各方都确认无压力圈闭的可能时，才能进行紧扣或维修工作。

（17）套管或油管闸板芯子安装之后应进行试压，这种试压只限于拆开过的压力密封件的范围，侧门密封和闸板应用试压短节带试压塞或试压皮碗进行试压。

（18）环形防喷器液压室的首次试压应至少达到10.5MPa，闸板防喷器和液动阀试压至厂家推荐的最大操作压力，应对关闭和打开腔全面试压，以后的试压在再次安装时进行。

（19）所有的试压都必须用试压泵，不能用泥浆泵试压，水泥车是可用的。

（20）所有试压结果应作曲线存档，填清下列信息：试压日期、井号、司钻、队长、试压监督。

二、试压步骤

下面给出70MPa防喷器组合的推荐试压步骤，其他级别的试压与此类似，尽管试压的顺序可能稍有变化，但基本目标必须达到：从井压的方向，分别用低压和规定的高压试验每个防喷器阀件及所有相应管线。

压力源来自钻杆下端通过射孔的短节或钻孔的试压塞（除了全封和套管试压）。环形防喷器和半封闸板用此种方法分别试压，全封闸板在提出钻杆后从压井管汇打压，在关闭的闸板和试压塞之间试压。

为了对压井管线、节流管线和管汇上的阀门逐个试压，可从最外端阀门试起（其他阀门全开），然后打开此阀，关闭内部紧挨的阀门，试压，直到防喷器组。

1. 功能测试及流通测试

在防喷器试压前，进行如下工作：

（1）开关所有防喷器，不要用半封或环形防喷器关空井。

（2）通过压井管线、返流管线、液气分离器、节流管汇进行清水循环，确保无堵塞现象。

（3）放掉防喷器内的混浆并用清水充满。

2. 套管试压

（1）连接试压泵于压井管线并打开压井管线上的阀门1#、2#。

（2）打开节流管汇上的所有阀门，关闭4#液动阀。

（3）关闭外层套管头T1和T4阀。

（4）关闭全封/剪切全封（如果井内有管柱，可关闭上部半封）。

（5）从压井管线泵入并监测记录试压泵压力，除了导管和表层套管，都试压至套管抗内压强度的80%。

（6）要测试套管内阀，可关闭T2和T3阀，打开T1和T4阀，如图2-5-1所示。

3. 全封/剪切闸板试压（或全封）（图2-5-2）

（1）在套管头上下放试压塞，起出下放工具。

（2）连接试压泵于压井管线并打开压井管线1#和2#阀。

（3）打开节流管汇上的所有阀件。

（4）打开所有套管头上的阀门，关闭液动阀4#。

（5）关闭剪切闸板。

（6）从压井管汇泵入清水，监控记录泵压，首先进行低压试验（2.1MPa），然后进行高压试验。

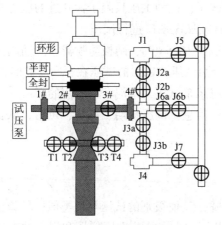

图2-5-1　套管试压

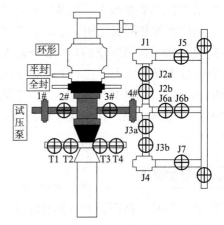

图2-5-2　全封/剪切闸板试压

4. 环形防喷器试压

（1）在套管头内下入试压塞和试压短节。

（2）在钻台上连接试压泵至试压短节。

（3）关闭压井管线1#阀，打开其余阀门（压井管线的单流阀座顶开）。

（4）首先打开节流管汇上的所有阀门，然后关闭汇流管前的阀门。

（5）确认套管头阀门T2和T3打开。

（6）关环形防喷器，从试压短节泵入清水打压，首先试低压，然后按环形防喷器额定工作压力的70%试高压，观察试验压力，如图2-5-3所示。

5. 半封闸板防喷器试压

不要改变上一试压阀门状态，立即试上闸板。

（1）关节流管汇阀4#。

（2）关闭上闸板，通过试压短节泵入打压，先进行低压试验，然后按额定工作压力试高压，如图2-5-4所示。

6. J2a、J3b、J6b试压

（1）打开最外侧阀门。

（2）打开节流阀J1、J4。

（3）关闭J2a、J3b、J6b。

（4）关上闸板，从试压短节泵入，先试低压2MPa，再试高压，如图2-5-5所示。

7. 试压J2b、J3a、J6a

（1）开J2a，J3b，J6b。

（2）关J2b，J3a，J6a。

（3）关闭上闸板从试压短节泵入先试低压，再试高压，如图2-5-6所示。

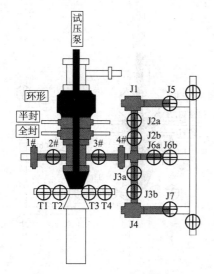

图 2 – 5 – 3　环形防喷器试压

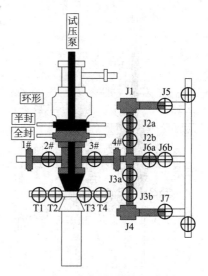

图 2 – 5 – 4　半封闸板防喷器试压

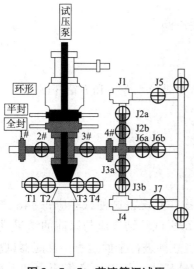

图 2 – 5 – 5　节流管汇试压

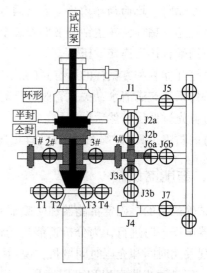

图 2 – 5 – 6　节流管汇试压

8. 试压 4#液动平板阀

（1）打开 J2b，J3a，J6a。

（2）关液动阀。

（3）关闭上闸板从试压短节泵入先试低压，再试高压，如图 2 – 5 – 7 所示。

9. 试压 2#，3#阀

（1）打开 4#液动阀。

（2）关闭 1#、3#阀。

（3）关闭上闸板，从试压短节泵入，先试低压，再试高压，如图 2 – 5 – 8 所示。

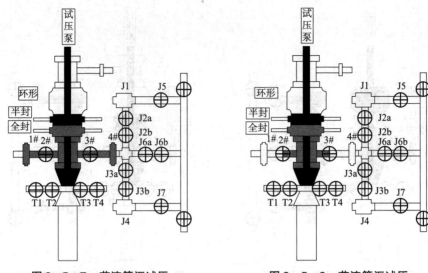

图2-5-7　节流管汇试压　　　　　图2-5-8　节流管汇试压

10. 方钻杆、地面循环设备、安全阀试压

(1)提起方钻杆,在主钻杆下部安装全开口安全阀。

(2)用配合接头连接试压泵。

(3)打开立管和方钻杆的所有阀门。

(4)将系统充满清水,关立管阀进行立管、水龙带、水龙头和方钻杆试压。

(5)首先试低压,然后试高压。

(6)内防喷工具(浮阀)也可以这样试压。

三、蓄能器试验

该试验的目的是确定蓄能器和防喷器系统的操作状况,这种试验应每14d进行一次,与防喷器试压同时进行,为分析蓄能器的性能,每次试验结果应与以前的结果进行比较,如果发现关闭时间和充压时间增长,说明蓄能器应立即进行全面检查。蓄能器试验包括以下内容:记录蓄能器容积和可用液量;记录蓄能器压力;记录预充气压力和上次检查日期;记录每个控制对象的开关时间。

• 第三篇　井控设计 •

井控设计是钻井工程设计的重要组成部分，其主要内容包括：满足井控要求的钻前工程及合理的井场布置；合理的井身结构；适合地层特性的钻井液类型、合理的钻井液密度；满足井控安全的井控装备系统等。

与钻井设计一样，井控设计应依据地质设计提供的地层与压力情况、当前钻井技术水平、井控设备能力、钻井地区环境及气候状况等，在国家及行业有关法律法规要求范围内编制。应考虑：可能遇到的风险；地层参数的不确定性；一级井控保持；所用设备情况；井控方法；人员培训要求等。

首先是收集可用的资料。科学合理的井控设计，应有全井段的地层孔隙压力梯度、地层破裂压力梯度、浅气层资料以及已开发地区分层地层压力动态数据为基础的资料。其次评价这些资料并预测可能遇到的风险，设计应提供有效控制并削减这些风险的措施，并有相应的应急预案以备更复杂的或例外的情况发生。

一、井控设计应考虑的因素

编制井控设计，首先要有充分的依据作为基础，这是设计的前提。同时，对影响井控安全的各种因素全面考虑，也是十分重要的。下面列出钻井设计需要检查和仔细研究的一些具体内容。

1. 浅层气

应努力完成对钻井地区浅层气存在可能性的描述。可能性典型描述包括：①没有浅层气证据；②区域曾经有；③当地曾经有；④井位浅层气地震勘测异常；⑤发现油苗；⑥海床麻坑；⑦观察到气体渗出。

2. 异常高压地层

异常高压存在的可能性必须在不同层面加以证实。

1）地质环境

井位的地质环境可以指出充压趋势，典型的问题区域包括：①新的沉积盆地；②巨厚新沉积层；③高处含水露头；④深地堑构造；⑤巨厚蒸发岩层；⑥岩盐存在；⑦挤压构造。

2）地质构造

应从邻井资料中尽可能彻底地评价能够影响井控的地质问题。这些问题包括：①漏失层：漏失钻井液进而丧失一级井控；②高泥砂岩比沉积层序：会引起地层圈闭压力；③井底高温：常常伴随着异常高压；④高渗井段：导致压差卡钻；⑤膨胀性页岩：引起抽吸；⑥断层：地层高压的传导管。

3）邻井地层压力资料

钻井设计应对邻井资料进行分析以确定预期的地层压力。预测的结果可用于钻井液设计和套管程序设计。邻井资料的品质将影响对压力解释的信任度，即：①区域观察：在附近油田遇到的高压情况；②深度地震波缺失：如果地层层序已知则是很好的证明；③油田观察：同一油田压力相当程度上相同；④断块观察：如果两井在同一断块上，其参数会高度相似；⑤邻井：几乎完全相似。

3. 预期地层压力范围

大多数高压层压力系数(梯度)都不同，只有被大块岩盐隔断的渗透性碳酸盐层是例外。通常高压带的压力随深度变化很快。在高的异常高压沉积中，层间压力变化范围很大，有时也有正常压力梯度，导致压力剖面复杂而难以解释。

在不同深度上地层压力的大幅变化使一级井控难以维持而引起井控问题。预期地层压力只能大概定量描述，如图表3-1-1所示。

表3-1-1 预期地层压力范围表

psi/ft	kPa/m	ppg
<0.47	<10.6	<9
0.47~0.62	10.6~14.1	9~12
0.62~0.73	14.1~16.5	12~14
0.73~0.83	16.5~18.8	14~16
0.83~0.94	18.8~21.2	16~18
>0.94	>21.2	>18

4. 硫化氢含量(井内流体中)

预期的硫化氢含量对人员健康、环境保护、设备选择都是至关重要的。预期浓度应该是估算的，即：①0；②0~50ppm(1ppm = 1×10^{-6})；③50~100ppm；④100~500ppm；⑤500~1000ppm；⑥1000~5000ppm。

5. 地层流体类型

了解可能钻遇的地层流体的类型很重要，因为这关系到井控问题，包括：

• 原生地层水/盐水：无特别风险。

• 稠(重)油：无特别风险。

• 轻油：高密度差引起滑脱。

• 高气油比：压井时，当溢流接近泡点时处理困难。

• 干气：最轻的溢流，高流动性导致滑脱问题。

• 液化气或溶解气：最大的风险，因为相态变化而影响井底压力。

6. 钻井液类型

钻井液类型的选择影响井控：

(1)水基钻井液在维护良好时是最适合的，但是，抑制性差会导致抽吸发生。对于气体溢流，必须考虑并处理滑脱问题。在深水区钻进必须考虑气体水合物的化解问题。

(2)油基钻井液通常可以维持良好的井眼状态，但溢流的气体在井底可溶解于油相，如果没有及时发现，在浅井段释放后急剧膨胀从而导致巨大的井控风险。溢流后通常要几个循环周期才能脱气。

(3)合成油基钻井液有许多页岩抑制性产品，存在和油基钻井液一样的风险。

（4）聚合物水基钻井液具有良好的页岩抑制性，但如果没有使用顶驱则容易引起抽吸，因为每30~60m需要拉一次井壁。

（5）天然钻井液页岩抑制性和失水性都很差，很容易引起抽吸。

（6）原油很难加重且由于气体溶解难以发现气体溢流，引起井控复杂。

（7）自然造浆密度不超过静水压力而且易于导致泥页岩膨胀而抽吸。

7. 井底温度

井底温度高导致井控问题有以下几个原因：

（1）钻井液（尤其是油基钻井液和合成油基钻井液）高温变稀导致加重剂沉降。

（2）静止时钻井液膨胀造成溢流假象使起下钻溢流检测变得困难。

（3）高温通常伴随异常的密度变化溢流，使一级井控维持困难。这通常导致气态溢流在井内距井底较远处进入露点而体积减少。在一些极端情况下，液体溢流在循环至井口过程中可经过泡点和露点两个状态，引起体积的复杂变化。

（4）MWD/PWD工具在高井温下可能无法工作。

注意：井底温度应为预期的复杂层位或储集层的温度值而不是井温梯度。

8. 地层破裂窗口（余量）

地层破裂窗口指裸眼井段最低破裂压力梯度（通常是套管鞋处）减去井底地层压力梯度。破裂压力梯度通过已知（解释）的地层压力、上覆岩层压力和基岩应力进行计算。该窗口是井内最薄弱点的破裂压力和本井段最高井底压力之间的安全系数。

每个套管鞋处的破裂压力窗口在设计时都应进行计算，如表3-1-2所示。

表3-1-2　破裂压力窗口值

psi/ft	kPa/m	ppg
0.31	7.1	6
0.21	4.7	4
0.10	2.4	2
0.05	1.2	1
<0.05	<1.2	<1

9. 井眼尺寸

当前世界范围内都倾向于小井眼的钻井设计，以节约管材、钻井液、水泥和钻机费用。如果设计了小井眼，将会由于井眼小而引起相应的井控问题，因为：

（1）单位体积溢流将占据更长的环空。

（2）单位体积溢流将施加更多的套管鞋处的压力。

（3）更大的井眼喷空的可能。

以传统的尺寸井眼作为基础，小井眼必须评价有多少额外的井控风险。通常分为常规井眼、半小井眼、小井眼三种，其风险值必须进行认真评价。

10. 井身剖面

井眼的二维或三维剖面对井控影响很大：

（1）垂直井：没有额外风险。

（2）斜井（小角度、低曲率）：没有明显的额外风险。

(3)斜井(中角度、中曲率)：气体在狗腿高边聚集引起井控问题。

(4)斜井(大角度、高曲率)：气体在井眼高边连续聚集引起井控问题。

(5)水平井：存在大溢流量的可能性。

(6)分支井：两个或多个不同压力系统导致压井过程复杂。

11. 最大设计压力

选择的防喷器的压力级别应满足最大预期地面压力要求并有一个安全附加值。常用防喷器压力级别有：

(1)14MPa：常用于陆上欠压井。

(2)21MPa：常用于陆上低压井。

(3)35MPa：属于常规配置。

(4)70MPa：属于高压配置。

(5)105MPa及以上：属于超高压配置(用于高温高压井)。

12. 钻机位置

该部分包括两个因素：地面位置包括进出难度、化学物品供应和其他服务。水深包括节流管线长度、水合物和蓄能器要求等带来的风险。

井位需考虑的范围包括：

(1)陆上：容易进入。

(2)陆上：限制进入。

(3)海上：滩海钻井平台(支撑式)。

(4)海上：浅海钻井平台(支撑式)。

(5)海上：浅海钻井船<500m水深。

(6)海上：500m<钻井船<2000m水深。

(7)海上：钻井船>2000m水深。

13. 环境恢复风险

井控问题带来的污染影响很难评估。每个井位必须对可能产生的具体风险进行评估并打分。这里关注的主要是恢复成本和相关工作的难度。与两个参数相关的指标是：

1)低风险因素

(1)沙漠深部地区；

(2)没有农作物地区；

(3)居民很少地区；

(4)地面河流少地区；

(5)地下水位较深或隐蔽的地区。

2)高风险因素

(1)人口稠密区域；

(2)作物密集区域；

(3)浅而暴露水体的区域；

(4)海岸或内陆水道区域；

(5)保护环境如热带雨林、天然公园、珊瑚礁等区域；

(6)高价值地产区域。

14. 环境条件

与恢复风险评估一样，环境条件对井控的影响很难具体定义，只能大概指出一些基本影响。对井控操作和设备。物资储备有影响的情况是：

1）低风险因素

（1）陆上作业；

（2）运输/通信条件良好；

（3）温带气候；

（4）地势平缓；

（5）政治稳定。

2）附加风险可能包括

（1）井位偏远；

（2）深水作业；

（3）洪水；

（4）极地条件；

（5）台风区域；

（6）强潮汐；

（7）山地；

（8）运输困难；

（9）局势动荡。

二、资料收集

1. 基础资料

大部分公司都有钻井设计资料收集的最低要求，下列资料就是钻井设计应收集的最低限度：

（1）地层构造；

（2）地震资料及解释，包括浅层气调查；

（3）对于老井侧钻，提供现有井眼状态、完整性、周边井等资料；

（4）邻井地层岩性、孔隙度、渗透率、稳定性及故障提醒等；

（5）薄弱层和漏层提示；

（6）地层流体类型、储层深度、气层 H_2S、CO_2 等；

（7）各种测井、测试资料；

（8）其他海底和地面风险如蠕动盐层、洪水等。

2. 地层压力剖面

井控设计的目的是满足钻井施工中对井下压力的控制要求，防止井喷及井喷失控事故的发生。地层压力剖面，是科学合理编制井控设计的直接依据。没有正确的地层压力剖面，就难以达到井控设计的科学合理。

通常情况下，探井钻井将要遇到的复杂情况是用邻近控制井的资料进行提示。邻近控制井的选择应与所设计的探井在同一断块上，且地层层位相对应，构造的位置也相似。地质构造图应包括有邻近控制井有关的资料（图 3－1－1）。

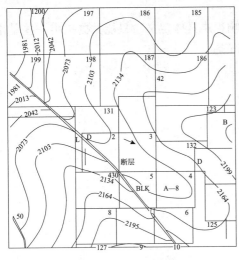

图 3-1-1　地质构造图

在邻近井资料很少的情况下，可使用地震资料来确定浅气层的位置、地质构造和地层压力的顶界。

精确的地层压力是井控设计的重要条件。为了掌握井内各层段的地层压力，可以采用以下方法建立地层压力曲线。

1）邻近井的钻井液密度和钻井报告

了解地层压力的传统方法是研究该地区邻近井的钻井液记录和钻井报告。钻井液密度会很好地显示地层压力的情况。任何井下问题，如井涌、井漏、压差卡钻等都会包括在钻井液记录中。而钻井报告对于钻井液设计以及在钻井中所遇到的各种问题，都会提出更加详细的资料。同时，报告中还有钻头记录、套管情况、试压结果等内容。

用钻井液密度估算地层压力，有时也可能造成很大的误差。许多老井钻进所使用的钻井液密度可能超过地层压力 $0.24\mathrm{g/cm^3}$ 以上。有时在容易发生井下复杂情况的页岩（裂缝、脆性、水敏性地层等）地区，使用更高的钻井液密度以利于稳定井眼。

因此，从钻井液记录与钻井报告所得到的资料需要修正。特别是对于有断层与盐丘等的地层，必须考虑到设计的差异。

2）电测资料、dc 指数或 σ 曲线及传播时间评价

除 dc 指数或 σ 曲线等方法外，用于估算地层压力的电测曲线方法还有：电导率或电阻率；层段传播时间；密度测井；孔隙度测井。

在缺少邻近井参考的新探区，必须通过使用先进的计算技术把地震数据转换成层段传播时间，经速度分析解释以后把层段速度标定成地层孔隙压力梯度或当量钻井液密度。

选用以上方法，作出地层孔隙压力剖面图，如图 3-1-2 所示。

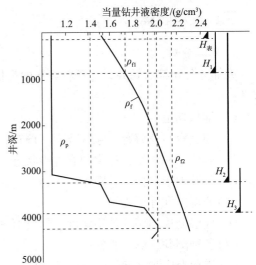

图 3-1-2　压力剖面及井身结构

ρ_p—地层孔隙压力曲线；ρ_f—地层破裂压力曲线

三、设计内容

1. 钻前工程及井场布置

从井控安全角度考虑，一口井的井控工作是从钻前工程开始的。在进行钻前施工前，必须考虑季节风向、道路的走向与位置，进而确定井场的方向位置、机泵房的方向位置、

循环系统的方向位置以及油罐、水罐、钻井液储备罐的方向位置，确定放喷管线的走向与材料房、值班房、地质录井房的方向位置等。从某种意义上讲，井场的布置合理与否，决定着井控工作的成败。如有的井场是倒井场，道路先经过油罐区、机泵房再进入井场，一旦发生井喷失控，救援车辆很难进入井场。在进行钻前施工时，要把油罐区、机泵房布置在季节风的上风方向位置，放喷管线走向不要对向宿舍区、民房以及其他重要设施。关于井场的布置，目前已经形成了相应的标准。

2. 井身结构的确定和校核

为有效地保护压力不同的油气层，封固不同压力的其他流体地层，避免钻井作业中产生喷、漏、塌、卡等井下复杂问题的发生，套管设计必须仔细确定和校核。除遵循正常的设计程序外还必须满足井控技术的要求。确定套管程序，是井控设计的重要内容，是进行有效井控的基础。套管程序内容包括套管层次、套管尺寸与套管下入深度等。

1）套管层次

选择最佳的套管层次及下入深度，比其他工艺对钻井的经济性与安全性影响都大。各层套管及相应井眼的尺寸，根据勘探、开发对生产套管的要求确定。为了保证水泥封固质量，一般情况下要求套管与井眼环空间隙不小于19mm。影响套管层次的主要因素有：

（1）封隔并保护淡水层和松软非固结地层；

（2）封隔蠕变性地层（盐岩层、膏岩层等）和易发生复杂问题的页岩层段；

（3）在钻高压层前封隔上部的低压地层；

（4）在钻正常压力井段前先封隔上部的异常高压地层。

选择套管程序，首先要考虑压力剖面，即地层压力梯度曲线、破裂压力梯度曲线与有效钻井液密度曲线的综合图（图 3 - 1 - 2）。有效钻井液密度是所需钻井液密度加上各种附加的压力，如环形空间压力降、起下钻的激动压力或抽吸压力。

2）确定套管下入深度

进行套管层次设计时，应使钻进过程中及井涌压井时不因压裂地层而井漏，并在钻进及下套管时不发生压差卡钻事故。具体讲，对于钻下部高压层的情况，当上一层套管鞋处的有效钻井液密度达到破裂压力梯度或者在套管鞋处达到测试极限时，就应该再下一层技术套管，否则将会在该处发生井漏；当高压层在低压层上面时，技术套管应下过高压层以便能以较低的钻井液密度钻进下面的层位。如果不下技术套管，上部地层所用的高密度钻井液可能压裂下部地层，即发生上部油气侵而下部发生井漏，从而造成井控困难并严重破坏油气压力系统。同时，用超平衡的方法钻进下部低压层，机械钻速也将受到影响。

目前国内大多采用由下而上逐层确定下入深度的设计方法，现介绍设计步骤如下。由于生产套管主要由油气层位置和完井方法决定，因此，设计应从技术套管开始。

（1）最大钻井液密度确定：

在压力异常情况下，压差卡套管最容易发生在孔隙压力最小的部分。在发生井涌关井或采用高密度钻井液压井时，破裂压力低的地层最容易破裂。因此，确定套管下入深度应以井内压力梯度分布为基础。最大钻井液密度与最大井内压力梯度由以下计算确定。

一般情况下，正常压力井段是靠近异常压力过渡带的上部砂岩井段。某一层套管的钻进井段所用的最大钻井液密度与该井段最大地层孔隙压力有关。

$$\rho_{\max} = \rho_{p\max} + S_b \qquad (3-1-1)$$

式中，ρ_{max} 为该井段最大地层孔隙压力当量密度，g/cm^3；S_b 为抽吸压力当量密度，g/cm^3。我国中原地区为 $0.05 \sim 0.08 g/cm^3$，美国海湾地区为 $0.06 g/cm^3$。

（2）井内最大压力梯度当量密度：

在一定的钻井液密度下，井内最大压力梯度发生在下放钻柱时，由于产生激动压力而使井内压力升高。井内最大压力梯度当量密度用下式计算。

$$\rho_{Br} = \rho_{max} + S_g \qquad (3-1-2)$$

式中，ρ_{Br} 为井内最大压力梯度当量密度，g/cm^3；S_g 为激动压力系数当量密度，g/cm^3。一般情况下，$S_g = 0.07 \sim 0.10 g/cm^3$，美国海湾地区为 $0.06 g/cm^3$。

发生井涌时，需要关闭防喷器并产生井口回压，井内最大压力梯度由下式计算。

$$\rho_{BK} = \rho_{max} + \rho_k \qquad (3-1-3)$$

式中，ρ_{BK} 为井内最大压力梯度当量密度，g/cm^3；ρ_k 为关井井口回压当量钻井液密度，也称井涌余量，g/cm^3。我国中原地区为 $0.06 \sim 0.14 g/cm^3$，美国为 $0.06 g/cm^3$。

式（3-1-3）只适用于最大孔隙压力在井底时发生井涌的情况。对于其他深度处，则：

$$\rho_{BK} = \rho_{max} + \frac{H_k}{H_n} \cdot \rho_k \qquad (3-1-4)$$

式中，H_k 为发生井涌时井深，m；H_n 为小于井深 H_k 的某一深度，m。

由式（3-1-4）可知，当 H_n 较小时（深度较浅时）ρ_{BK} 值大，H_n 较大时（深度较深时）ρ_{BK} 值小，ρ_{BK} 随 H_n 变化呈双曲线关系。

（3）确定各层套管（生产套管除外）下入深度初选点 H_n。

为确保上一层套管鞋处裸露地层不被压裂，则应有：

下钻时：
$$\rho_{Br} \leqslant \rho_f - S_f \qquad (3-1-5)$$

关井时：
$$\rho_{Bk} \leqslant \rho_f - S_f \qquad (3-1-6)$$

式中，ρ_f 为上一层套管鞋处地层破裂压力当量密度，g/cm^3；S_f 为地层破裂安全系数，g/cm^3。我国中原地区为 $0.03 g/cm^3$，美国为 $0.024 g/cm^3$。正常作业下钻时，上部裸露地层不被压裂应达到的地层破裂压力当量密度为：

$$\rho_{fnr} = \rho_{pmax} + S_b + S_g + S_f \qquad (3-1-7)$$

式中，ρ_{fnr} 为第 n 层套管以下井段下钻时，上部裸露地层不被压裂应达到的地层破裂压力当量密度，g/cm^3。

发生井涌情况时，上部裸露地层不被压裂应达到的地层破裂压力当量密度为：

$$\rho_{fnK} = \rho_{pmax} + S_b + S_f + \frac{H_K}{H_{ni}} \cdot \rho_k \qquad (3-1-8)$$

式中，ρ_{fnK} 为第 n 层套管以下井段发生井涌时，上部裸露地层不被压裂应达到的地层破裂压力当量密度，g/cm^3；H_{ni} 为第 n 层套管下入深度初选点，m。

对照式（3-1-7）和式（3-1-8），显然 $\rho_{fnK} > \rho_{fnr}$，所以一般用 ρ_{fnK} 进行设计计算，在肯定不会发生井涌时用 ρ_{fnr} 计算。

对技术套管，可用试算法试取 H_{ni} 值代入式中求 ρ_{fnK}，然后由地层破裂压力梯度曲线上求得 H_{ni} 深度时实际的地层破裂压力梯度。如计算值 ρ_{fnK} 与实际相差不多且略小于实际值时，可取 H_{ni} 为下入初选点，否则另取 H_{ni} 进行计算，直至满足为止。

（4）校核各层套管下到初选点 H_{ni} 深度时是否发生压差卡钻。

求出该井段中最大钻井液密度与最小地层孔隙压力之间的最大静止压差 Δp_{rn}：

$$\Delta p_{\text{rn}} = 10^{-3}(\rho_{\text{pmax}} + S_{\text{b}} - \rho_{\text{min}})gH_{\text{mm}} \qquad (3-1-9)$$

式中，Δp_{rn} 为第 n 层套管钻进井段内实际最大静止压差，MPa；ρ_{min} 为该井段内最小地层孔隙压力当量密度，g/cm³；H_{mm} 为该井段内最小地层孔隙压力的最大深度，m；Δp 为允许压差，正常压力地层用 Δp_{n}，异常压力地层用 Δp_{a}。我国中原地区为：正常压力井段 $\Delta p_{\text{n}} = 11.76 \sim 14.70\text{MPa}$，异常压力井段 $\Delta p_{\text{a}} = 14.70 \sim 19.60\text{MPa}$；美国 $\Delta p_{\text{n}} = 16.66\text{MPa}$，$\Delta p_{\text{a}} = 21.66\text{MPa}$。

当 $\Delta p_{\text{rn}} < \Delta p$ 时，不易发生压差卡钻，H_{ni} 即为该层套管下入深度。

当 $\Delta p_{\text{rn}} > \Delta p$ 时，可能发生压差卡钻，该层套管下深应浅于初选点 H_{ni}。

令 $\Delta p_{\text{rn}} = \Delta p$，则允许的最大地层孔隙压力当量密度 ρ_{pper} 为：

$$\rho_{\text{pper}} = \frac{\Delta p}{10^{-3}gH_{\text{mm}}} + \rho_{\text{min}} - S_{\text{b}} \qquad (3-1-10)$$

由地层孔隙压力曲线图上查出 ρ_{pper} 所在井深，即为该层套管下入深度 H_{n}。

(5)确定尾管下入深度 $H_{(n+1)i}$。

由技术套管鞋处的地层破裂压力梯度当量密度 ρ_{fn}，可求得下部裸眼井段允许最大地层孔隙压力梯度当量密度 ρ_{pper}。由(3-1-8)式有：

$$\rho_{\text{pper}} = \rho_{\text{fn}} - S_{\text{b}} - S_{\text{f}} - \frac{H_{(n+1)i}}{H_{\text{n}}} \cdot \rho_{\text{k}} \qquad (3-1-11)$$

式中，ρ_{fn} 为技术套管鞋处地层破裂压力梯度当量密度，g/cm³；ρ_{pper} 为技术套管鞋处地层破裂压力梯度当量密度为 ρ_{fn} 时，下部裸眼井段允许最大地层孔隙压力梯度当量密度，g/cm³；H_{n} 中层套管下入深度，m；$H_{(n+1)i}$ 尾管下入深度初选点深度，m。

求出尾管下入深度后，应校核是否发生压差卡钻，校核方法同前。

(6)确定必封点。

以上是根据压力剖面确定的套管层次。但影响钻进的复杂因素并不能全部反映到压力剖面上，如吸水膨胀易坍塌的泥页岩、含蒙脱石的泥页岩、盐膏层、蠕变性盐岩、胶结不良的砂岩等。有些复杂情况的产生又与时间有关，如钻进速度快、钻井液浸泡时间短，复杂情况显示不出来。反之，钻进速度慢、施工环节多、裸露井眼受钻井液浸泡时间长，就会发生膨胀、缩径与坍塌。对于这类必封点，若能知道控制坍塌的压力，则可用钻井液密度控制它，但大多情况下需要凭经验来解决。

3)确定尾管下入深度

(1)确定尾管下入深度初选点 H_{3i}：

由剖面图查得 3250m 处地层破裂压力当量密度 $\rho_{\text{f2}} = 2.15\text{g/cm}^3$，由式(3-1-11)并代入各值得：

$$\rho_{\text{pper}} = 2.15 - 0.05 - 0.03 - \frac{H_{3i}}{2500} \times 0.06$$

试取 $H_{3i} = 3900\text{m}$，代入上式得：$\rho_{\text{pper}} = 2.15 - 0.05 - 0.03 - \frac{3900}{2500} \times 0.06 = 2.00\text{g/cm}^3$。

由剖面图查得 3900m 处地层孔隙压力当量密度 $\rho_{\text{p3900}} = 1.94\text{g/cm}^3$。

因为 $\rho_{\text{p3900}} < \rho_{\text{pper}}$ 且相差不大，不会发生压裂技术套管鞋处地层，所以确定尾管下入深度初选点 $H_{3i} = 3900\text{m}$。

（2）确定尾管下到初选点 3900m 过程中能否发生压差卡套管：

由式（3-1-9）得：

$$\Delta p_{r3} = 10^{-3}(1.94 + S_b - \rho_{min})gH_{mm} = 10^{-3}(1.94 + 0.05 - 1.41) \times 9.81 \times 3250 = 18.50$$

因为 $\Delta p_{r3} < \Delta p_a$，所以尾管下深 $H_3 = H_{3i} = 3900m$ 不致发生压差卡套管问题，满足设计要求。

4）确定上一层技术套管下深 H_1

由式（3-1-8），将各值代入得：

$$\rho_{flK} = 1.41 + 0.05 + 0.03 + \frac{3250}{H_{1i}} \times 0.06$$

试取 $H_{11} = 500m$，代入上式得：

$$\rho_{flK} = 1.41 + 0.05 + 0.03 + \frac{3250}{500} \times 0.06 = 1.88 g/cm^3$$

由剖面图查得 500m 处地层破裂压力当量密度 $\rho_{f500} = 1.65 g/cm^3$，不能满足要求。

再试取 $H_{12} = 850m$，代入上式得：

$$\rho_{flK} = 1.41 + 0.05 + 0.03 + \frac{3250}{850} \times 0.06 = 1.72 g/cm^3$$

由剖面图查得 850m 处地层破裂压力当量密度 $\rho_{f850} = 1.73 g/cm^3$，$\rho_{flK} < \rho_{f850}$，满足设计要求，因此，确定第一层技术套管下深 $H_1 = 850m$。

5）确定表层套管下深 $H_表$

由式（3-1-8）并试取导管下深为 150m，将各值代入得：

$$\rho_表 = 1.07 + 0.05 + 0.03 + \frac{850}{150} \times 0.06 = 1.49 g/cm^3$$

由剖面图查得 150m 处地层破裂压力当量密度 $\rho_{f150} = 1.52 g/cm^3$，$\rho_{f导} < \rho_{f150}$，满足设计要求，确定表层套管下深 $H_表 = 150m$。

设计中未提示其他复杂地层问题，因此不必考虑其他必封点。这样，全部套管下入深度都确定了，将各层套管下深绘于图 3-1-2 中。

3. 钻井液设计

1）钻井液密度的确定

钻井液体系，要基于适合地层特性、完成主要功能、满足井控要求。从控制井下压力的观点来看，适当的黏度与切力对于悬浮加重材料是十分必要的，这样就能够使钻井液的密度足够高，以使钻井液静液柱压力稍高于地层压力。同时，钻井液的黏度和切力应当能够有效携带岩屑并在循环静止时悬浮岩屑。因此，钻井液其他性能，在一定程度上说是为了维持密度的需要。而钻井液的密度，直接用来平衡地层压力、稳定井壁、实现钻井井控和井下安全。

钻井液的密度由下式确定：

$$\rho_m = \rho_{pmax} + a \qquad (3-1-12)$$

式中，ρ_m 为钻井液密度，g/cm^3；ρ_{pmax} 为裸露井段最大地层孔隙压力当量密度，g/cm^3；a 为安全附加值，油井为 $0.05 \sim 0.10 g/cm^3$，气井为 $0.07 \sim 0.15 g/cm^3$。

过平衡状态受钻屑和地层流体的影响，因此，对钻速高和过平衡敏感地区控制钻速是必要的。使用 MWD 工具可以准确确定动态的井底压力。

欠平衡钻井用于地下情况很了解、风险可控的地区。此时一级井控依靠钻井液和旋转防喷器来实现。应做好欠平衡转化为过平衡的应急准备，以应对可能出现的问题。

2）钻井液性能要求

钻井液性能的好坏，直接影响着钻井和起下钻安全。对于常规开发井，传统测量的七个钻井液性能基本能够满足钻井需要。对于高温、高压、山前构造带、盐膏层以及含 H_2S 地层等复杂地层，就需要进行钻井液流变参数控制。目前钻井液流变参数已达到十几项，但从钻井与井控安全角度考虑，最重要的参数还是钻井液的密度、黏度与切力。

必须按要求制定钻井液密度、黏度和其他性能的测量措施。钻井液录井设备也必须使用，以测量钻井液性能并进行上述地层压力预测相关参数的录取。

所钻地层类型对于钻井液选择影响很大。如钻蒸发岩就应采用一种不会渗透到地层里的体系；钻进盐岩层应用盐水泥浆或油基钻井液体系，以防止出现盐层溶解井径扩大形成的"大肚子"；又如钻进某些对钻井液水相敏感的泥页岩层，应设计应用抑制性钻井液体系，等等。只有这样，才能保证井下安全、钻井施工顺利，才能实现井控要求和保护油气层的需要。

多孔渗透性地层具有过滤液体介质的作用，钻井液中的液相进入这种地层而把固态物质留在井壁的表面。如果这种多孔渗透层含有油气，则这种过滤很容易改变井眼周围的空隙度与渗透率，从而引起油气产量下降。从钻井的立场来看，在多孔渗透层上沉积大量固相物质，会产生很多力学方面的问题，如钻具的摩擦阻力增大导致上提下放钻具困难、转盘扭矩增大，严重时可造成黏附卡钻或压差卡钻与卡套管问题。从井控角度来分析，这种渗透层在含有油气时就可能因抽吸而引发井涌井喷事故。为此，应加强钻井液性能的控制，保持合适的密度、减小失水、降低固相含量、增强流动性能，以利于减少固相在井壁上的沉积。

用于含 H_2S 地层的钻井液，可以是水基的也可以是油基的。不管用哪一种，都必须进行特殊的考虑。

在这种地层钻井施工，首先要考虑的是钻井液的密度。钻井液静液柱压力必须大于含 H_2S 地层的压力，即采用将 H_2S "压死"的钻井液密度值。即使如此，钻进时 H_2S 的扩散也能进入到钻井液中，因此还必须使用中和 H_2S 的处理剂进行处理。常用的处理剂有碱式碳酸锌等。

对于油基钻井液，应加入中和 H_2S 的处理剂；对于水基钻井液，除加入中和 H_2S 的处理剂外，还应保持钻井液 pH 值至少为 9.5，以使 H_2S 分解。

3）钻井液监控设备

监控在用钻井液的密度和体积十分重要。必须提供钻井液液面监测设备和钻井液体积计量设备。可以联合使用几种不同的设备以满足不同的井下情况需要。这些设备包括：泵冲计数器、带警报的返速测量仪、带警报的循环池液面记录仪、灌浆罐及体积计量仪、流量计(尤其用于小井眼溢流探测)、PWD。

4）钻井液储存能力

一定数量的密度适当的钻井液对平衡地层压力保持一级井控状态是必须的。井控操作要求有一定的钻井液储备。井场储备量应进行仔细设计，尤其是海上钻井，平台面积有限。优先考虑充分数量的基浆、加重材料和堵漏材料的储备。钻井液处理方案和配方应事先设计并切实可用。最好是在钻可能有浅层气地层和高压过渡带时储备现成的压井液和堵漏钻井液。

4. 井控装备选择

井控装备包括所有用于井控的设备，即：井口防喷器组、节流压井管汇、除气器、放喷管线、远控台和其他辅助设备。其主要功能是控制井内流体、提供压井钻井液进入和控制方法、在管柱受控运动的情况下排放一定体积的井内流体。具体一口井的井控装备选择取决于下列许多因素，包括但不限于：套管和钻柱设计、预期井内压力、环境要求、空间大小、政府规定、设备可用性等。

1）井口防喷器组合

目前，已经形成了比较完善的钻井井控标准，这些标准是进行设计的依据，更是进行配套与使用的依据。在实际工作中，应严格贯彻执行标准，才能使井控安全得到保障。

闸板防喷器额定工作压力应大于预期地面最大压力。防喷器必须能够关闭在用各种钻杆、钻铤和套管。

设计中应有用于各次开钻的井控装备组装图，应清楚指出套管头安装方法、闸板位置、尺寸和类型，以及所需的各种阀门、管线、管汇和辅助设备的安装位置和要求。对这些标准和操作规定的任何改变都应该在设计中详细说明。

不同闸板在组合中的位置应在仔细研究防喷器可能的用途和风险评价之后加以确定。闸板顺序改变的理由应征得甲方同意并在设计中详细说明其具体功能和替代措施。

如果可能，闸板类型、尺寸和配置方案设计应保证在整个钻井和修井中尽量减少闸板更换次数。由于在用钻杆尺寸变化，或者要求使用固定的闸板在下套管时提供防喷能力，必须整体调整闸板的位置、尺寸和类型。当这种调整必须进行时，一定要保证在油层和井口之间，存在两道独立的、经过充分试验的压力隔离屏障。

如果预报或怀疑地下有 H_2S 存在，用于井下的材料和地面的设备应具有抵抗 H_2S 腐蚀的能力。

2）节流、压井管汇

节流、压井管汇可按标准与井控防喷器组合配套选择。对于极端天气条件的地区，应有防冻、防堵的设施和提醒注意事项。

3）防喷器液压控制系统

防喷器液压控制系统，其控制能力应与井控防喷器组合的防喷器及节流、压井管汇液动阀的个数和开关耗油量相符。设计应提出防喷器液压控制系统控制阀门个数和液压油有效容积的最低要求。

4）液气分离器及除气器

井控设计应根据所钻地层压力、地层流体性质、钻井液体系、设备状况、人员状况等提出液气分离器及除气器分离能力的最低要求。

5）分流系统

在浅层气地区钻井，井控设计应提出分流系统的相关要求。

6）内防喷工具

井控设计应根据所钻地层压力、地层流体性质、钻井液体系、设备状况、人员状况等提出内防喷工具的最低要求。

7）试压要求

防喷设备应按标准规定定期试压。闸板防喷器组、节流压井管汇、内防喷工具按额定压力试压，环形防喷器试压到额定压力的70%。放喷管线、液气分离器按标准要求试压。

5. 监视检测设备

石油工业中使用的监视检测设备是很广泛的。在钻井作业中，用于检测井涌的设备主要有钻井泵冲数计数器、循环罐液面指示报警器、返出流量指示器、可燃气体检测器、H_2S检测报警仪和起钻监控系统等。对于新区探井和重点区域钻井，应配备齐全可靠的监视检测设备，并能正确使用。在油田内部施工的开发井，因为参考资料多。地层压力情况比较清楚，可根据实际情况配备相应设备。

特别在含有H_2S和其他酸性气体的区域钻井，必须有可燃气体检测器、H_2S检测报警仪和其他气体检测分析设备，这些设备的检测报警阈值都有明确规定。同时，应配备正压式空气呼吸器、充气设备，保证发生险情时用得上，确保安全。

6. 井控措施

一旦所有资料收集完毕，钻井设计完成之后，应重点考虑在钻井、完井和以后作业过程中可能的井控问题。对以下列出的典型情况必须有现成的处理措施。这些措施大部分应该在公司的井控手册里有说明，但对于手册里没有说明的该井的特殊要求，应在井控设计中详细说明。

（1）各次开钻井控资料的收集要求，包括：井身形状和井底位置；地层强度试验；低泵速试验等。

（2）导流程序。

（3）各次开钻的关井程序。

（4）起下钻时发生溢流的处理方法。

（5）下套管或尾管时发生溢流的处理方法。

（6）空井时发生溢流的处理方法。

（7）浅层气。井控设计一定要包含钻遇浅层气可能性方面的陈述。该陈述不仅借鉴浅层气测井资料，还要依赖地震数据、井史资料、浅盖层、煤层及地面油气露头等资料。

（8）交叉作业。钻井或修井作业与其他作业（如采油井）距离很近时，应进行交叉作业设计。交叉作业由于周围存在采油气设备、管线、油井及相关生产和服务人员，所以在某些关键风险操作时应考虑关闭油井及油气处理设备。关键风险操作包括：关井及压井、起放井架、搬家安装、上部钻进、吊装等。

7. 应急预案

在制定应急预案时，主要考虑三方面问题：人员安全、防止污染、恢复控制。

1）人员安全

H_2S是一种剧毒致命的气体，在预计含有H_2S的地区，必须保证人身安全。这不仅包括钻井及现场其他相关人员，也包括邻近公众的安全。

应当建立应急计划（预案），告诉有关人员下列事项：

（1）有关H_2S与SO_2的一般知识和对身体的危害；

（2）安全规程；

（3）每个人员的责任和任务；

(4)确定安全区与紧急集合点；

(5)紧急集合与撤离计划；

(6)应急救援医院、医务人员与设备清单；

(7)邻近公众人员清单；

(8)通信联络方式及人员。

2)污染控制与环保

污染控制与环保要求是应急计划的重要组成部分。在油气井井喷时，大量的石油与天然气、甚至有毒有害流体释放到周围的环境中来。如果控制不好，释放出来的油气以及有毒有害流体将会污染周边自然环境。

在陆上，一般根据油气层压力、是否含有 H_2S 与 CO_2 等有毒有害流体划分安全区，设置紧急集合点与逃生路线，制定单井及区块应急预案来保证污染的控制与环保工作。

3)恢复控制

在应急计划里，这是第三方面的考虑，也是最为重要的环节。恢复控制首先考虑的是关闭井口以控制井喷继续发生。很多情况下井口已经损坏，需要更换已损坏的井口再进行关井。

在许多情况下，在靠近发生井喷的井附近钻救援井。为了使救援井钻至井喷层位，井斜与方位必须精确定位，应采用随钻测量系统。

作为应急计划的一部分，在含 H_2S 地区必须考虑，是用泵把气侵循环出来点燃烧掉还是把气侵顶回地层里去？这就必须考虑到井深、气侵量大小、地层情况、井眼状况和井的位置等。如果要循环出来，必须小心处置由于 H_2S 燃烧而产生的有毒气体 SO_2。

8. 培训取证要求

井控问题，尤其是浅层气井喷，演变快速而且很难早期探测。所有相关人员必须熟悉井控设备的作用并能正确使用。人员培训和训练的基本要求如下：

(1)所有安全关键岗位人员应进行监督或司钻级别的井控理论和操作的正规培训。钻井公司应规定这些能力和培训要求并建立检查机制，保证井控证件的有效性。

(2)对于需要先进井控技术和设备的复杂井施工，应根据规定的井控程序进行专门的、有针对性的培训。

附　　录

1. API 标准钻杆容积与排代体积表

通称尺寸/mm	质量/(kg/m)	外径/mm	内径/mm	容积/(L/m)	排代量/(L/m)
60.3[①]	7.143	60.3	50.8	2.029	0.871
60.3[①]	9.897	60.3	46.1	1.699	1.200
73.0[①]	9.599	73.0	62.7	3.088	1.215
73.0[①]	12.426	73.0	59.0	2.733	1.513
73.0[①]	15.477	73.0	54.6	2.342	2.071
88.9[①]	12.650	88.9	77.8	4.752	1.513
88.9[①]	16.668	88.9	73.7	4.262	1.982
88.9	19.793	88.9	70.2	3.870	2.624
88.9	23.027	88.9	66.1	3.432	3.062
101.6	20.835	101.6	84.8	5.654	2.608
114.3	18.975	114.3	101.6	8.106	2.436
114.3	20.463	114.3	100.5	7.939	2.864
114.3	20.704	114.3	97.2	7.417	3.380
114.3	29.764	114.3	92.5	6.713	4.048
127.0	29.020	127.0	108.6	9.264	3.912
139.7	32.592	139.7	121.4	11.569	4.016
139.7	36.759	139.7	118.6	11.053	4.538
141.3[①]	28.275	141.3	126.4	12.540	3.390
141.3[①]	33.038	141.3	123.4	11.966	3.964
141.3[①]	37.577	141.3	120.2	11.350	4.590

①表示非 API 标准。

2. 钻铤容积与排代体积表

外径/mm	内径/mm	容积/(L/m)	排代量/(L/m)	外径/mm	内径/mm	容积/(L/m)	排代量/(L/m)
79.4	31.8	0.788	4.152	171.5	71.4	4.006	19.075
88.9	38.1	1.137	5.065	177.8	71.4	4.006	20.818
95.3	38.1	1.137	5.983	184.2	71.4	4.006	22.622
101.6	50.8	2.024	6.077	190.5	71.4	4.006	24.490
104.8	50.8	2.024	6.593	196.9	71.4	4.006	26.425

外径/mm	内径/mm	容积/(L/m)	排代量/(L/m)	外径/mm	内径/mm	容积/(L/m)	排代量/(L/m)
108.0	50.8	2.024	7.125	203.2	71.4	4.006	28.418
114.3	57.2	2.561	7.694	203.2	76.2	4.559	27.865
120.7	57.2	2.561	8.867	209.6	76.2	4.599	29.925
127.0	57.2	2.561	10.098	215.9	76.2	4.599	32.480
133.4	57.2	2.561	11.397	222.3	76.2	4.599	34.234
139.7	57.2	2.561	12.759	228.6	76.2	4.599	36.482
146.1	57.2	2.561	14.183	235.0	76.2	4.599	38.792
152.4	57.2	2.561	15.675	241.3	76.2	4.599	41.166
158.7	57.2	2.561	17.224	247.7	76.2	4.599	43.607
158.7	71.4	4.006	15.784	254	76.2	4.599	46.105
165.1	57.2	2.561	18.841	279.4	76.2	4.599	56.752
165.0	71.4	4.006	17.396	285.8	76.2	4.599	59.568

3. 套管容积表

外径/mm	质量/(kg/m)	内径/mm	容积/(L/m)	外径/mm	质量/(kg/m)	内径/mm	容积/(L/m)
114.3	9.50	103.9	8.502	219.1	41.62	201.2	31.766
114.3	17.26	101.6	8.085	219.1	53.58	198.8	31.036
114.3	20.09	99.6	7.772	219.1①	56.55	197.5	30.619
114.3	22.47	97.2	7.407	219.1	59.53	196.2	30.254
127.0	17.11	115.8	10.537	219.1①	63.99	194.3	29.68
127.0	19.35	114.1	10.224	219.1	65.48	193.7	29.471
127.0	22.32	112.0	9.859	219.1	72.92	190.8	28.584
127.0	26.79	108.6	9.285	244.5	43.16	230.2	41.625
127.0①	31.25	105.5	8.763	244.5	48.07	228.6	41.051
139.7	19.35	128.1	12.884	244.5	53.58	226.6	40.321
139.7	20.83	127.3	12.727	244.5①	56.55	225.5	39.903
139.7①	22.32	126.3	12.519	244.5	59.52	224.4	39.538
139.7	23.07	125.7	12.414	244.5	64.74	222.4	38.860
139.7	25.30	124.3	12.101	244.5	69.95	220.5	38.182
139.7	29.76	121.4	11.580	244.5	79.62	216.8	36.930
139.7	34.23	118.6	11.058	273.1	48.74	258.9	52.631
168.3	25.30	155.8	19.091	273.1①	53.20	257.5	52.057
168.3	29.76	153.6	18.517	273.1	60.27	255.3	51.170
168.3①	32.74	152.1	18.152	273.1	67.71	252.7	50.179

外径/mm	质量/(kg/m)	内径/mm	容积/(L/m)	外径/mm	质量/(kg/m)	内径/mm	容积/(L/m)
168.3	35.72	150.4	17.787	273.1	75.90	250.2	49.188
168.3①	38.69	148.7	17.370	273.1①	80.36	248.5	48.510
168.3	41.76	147.1	17.005	273.1	82.60	247.9	48.249
168.3①	43.16	146.3	16.796	273.1	90.33	245.4	47.258
168.3	47.62	144.1	16.327	273.1	97.77	242.8	46.319
177.8	25.30	166.1	21.647	298.5	56.55	283.2	63.011
177.8	29.76	164.0	21.125	298.5	62.50	281.5	62.229
177.8①	32.74	162.5	20.760	298.5	69.95	279.4	61.290
177.8	34.23	162.0	20.552	298.5	80.36	276.4	59.990
177.8①	35.72	160.9	20.343	298.5	89.29	273.6	58.790
177.8	38.69	159.4	19.978	339.7	71.43	323.0	81.946
177.8①	41.67	157.8	19.561	339.7	81.11	320.4	80.642
177.8	43.16	157.1	19.352	339.7	90.78	317.9	79.338
177.8①	44.65	156.3	19.195	339.7	101.20	315.3	78.086
177.8	47.62	154.8	18.830	339.7	107.15	313.6	77.251
177.8	52.09	152.5	18.256	406.4	81.85	390.6	119.815
177.8	56.55	150.4	17.735	406.4	96.73	387.4	117.833
193.7	29.76	181.0	25.716	406.4	111.62	384.1	115.903
193.7	35.72	178.4	24.985	406.4	125.01	381.3	114.181
193.7	39.20	177.0	24.620	473.1①	116.08	453.5	161.544
193.7	44.20	174.6	23.942	473.1①	130.22	451.0	159.718
193.7	50.15	171.8	23.212	473.1①	143.61	448.4	157.945
193.7	58.04	168.3	22.221	508.0①	133.94	486.8	186.112
219.1	35.72	205.7	33.227	508.0	139.91	485.7	185.330
219.1	41.67	203.6	32.548				

①表示非 API 标准。

4. 井眼环空容积表

井眼尺寸/mm	井眼容积/(L/m)	88.9mm 钻杆	101.6mm 钻杆	114.3mm 钻杆	127mm 钻杆
120.7	11.423	5.216			
142.9	16.014	9.806			
149.2	17.474	11.267			
155.6	18.987	12.780			
158.8	19.769	13.562			
165.1	21.386	15.179	13.301		

井眼尺寸/mm	井眼容积/(L/m)	88.9mm 钻杆	101.6mm 钻杆	114.3mm 钻杆	127mm 钻杆
168.3	22.221	16.014	14.136		
171.5	23.055	16.848	14.970		
174.6	23.942	17.735	15.857		
187.3	27.541		19.456	17.265	
193.7	29.419		21.334	19.195	
196.9	30.410		22.325	20.186	
200.0	31.401		23.316	21.125	
212.7	35.522		27.437	25.246	22.846
215.9	36.565		28.480	26.342	23.942
219.1	37.660			27.437	25.347
222.3	38.756			28.532	26.132
241.3	45.693			35.470	33.018
244.5	46.893			36.669	34.270
250.8	49.397			39.121	35.722
269.9	57.169			46.893	44.494
311.2	75.999			65.723	63.324
342.9	92.274			82.050	79.650
374.7	110.165			99.941	97.541
444.5	155.076			144.852	142.453
660.4	342.586			332.111	329.660